屈曲约束
新机制和新方法

NEW MECHANISMS AND METHODS OF
BUCKLING-RESTRAINED TECHNOLOGY

王春林　曾滨·著

东南大学出版社
·南京·

内 容 提 要

本书针对建筑结构抗震性能提升的需求,以"屈曲约束新机制和新方法"为核心,总结了作者在屈曲约束构件、小型消能杆和套管构件等消能减震技术方面的研究成果。一方面,围绕屈曲约束内核共性特征,如内核焊缝、定位栓和无黏结材料等,通过系列试验阐明了其对构件滞回性能和安全裕度的影响机理,并提出了屈曲部分约束新机制。另一方面,将新机制逐步融入新方法的研究:为了满足大跨工业建筑抗震和震后评估需求,迭代研发了系列大吨位高性能构件;首次研发了系列全金属、小尺寸、低承载力消能杆,满足了预制节点外附消能减震装置的需求;为了提升既有桁架结构的承载和耗能能力,提出了在役压杆的套管约束理论和技术;研发的耐腐蚀铝合金屈曲约束构件拓展了复杂环境工程的应用场景。

本书的研究成果可推动相关消能减震技术的发展,加速"屈曲约束"高性能构件的工程实践,也可作为防灾减灾技术研发、设计和施工等行业人员的参考用书。

图书在版编目(CIP)数据

屈曲约束新机制和新方法 / 王春林,曾滨著. — 南
京 : 东南大学出版社,2024.3
ISBN 978-7-5766-1333-9

Ⅰ.①屈⋯ Ⅱ.①王⋯ ②曾⋯ Ⅲ.①屈曲-支撑-
建筑结构-防震设计 Ⅳ.①TU323.204

中国国家版本馆 CIP 数据核字(2024)第 040879 号

责任编辑:丁 丁　　责任校对:韩小亮　　封面设计:王 玥　　责任印制:周荣虎

屈曲约束新机制和新方法
Ququ Yueshu Xinjizhi He Xinfangfa

著　　者	王春林　曾　滨	
出版发行	东南大学出版社	
出 版 人	白云飞	
社　　址	南京市四牌楼 2 号(邮编:210096　电话:025 - 83793330)	
经　　销	全国各地新华书店	
印　　刷	江苏凤凰数码印务有限公司	
开　　本	787 mm×1092 mm　1/16	
印　　张	14.5	
字　　数	350 千字	
版　　次	2024 年 3 月第 1 版	
印　　次	2024 年 3 月第 1 次印刷	
书　　号	ISBN 978-7-5766-1333-9	
定　　价	168.00 元	

本社图书若有印装质量问题,请直接与营销部调换。电话(传真):025-83791830

作者简介

王春林，东南大学青年首席教授，国家级高层次青年人才。研究聚焦于预应力与预制结构。获得国家科技进步二等奖 1 项、江苏省科技进步一等奖 1 项、中国钢协科技进步特等奖/一等奖 2 项和中冶集团科技进步一等奖 1 项；主持国家重点研发计划课题 1 项、国家自然科学基金项目 4 项。兼任中国工程建设标准化协会预应力工程专委会副秘书长和抗震专委会委员以及《工业建筑》等期刊编委。

作者简介

曾滨，中国工程院院士。中国五矿集团有限公司首席科学家，中冶建筑研究总院有限公司总工程师。长期从事预应力结构的理论研究、技术开发、标准编制和工程应用工作。获得国家技术发明二等奖 1 项、国家科技进步二等奖 1 项和中国工程院光华工程科技奖。完成国家科技项目 8 项、预应力结构设计施工鉴定加固工程 100 余项，研究成果应用于近千项建筑结构、公铁桥梁和特种结构的预应力工程。

　　我国是地震频发国家，近年来的汶川地震、玉树地震等都造成了大量建构筑物损毁。我国现有 660 个城市，其中 46％的城市、重大工程和工业基地位于强震区。支撑国家经济主战场的重要基础设施，如信息数据中心、智慧物流仓储和立式工业建筑等，都将面临强震考验，抗强震韧性仍有待进一步提升。通过设置消能减震高性能构件，最大限度地减轻主体结构地震响应，已逐渐被技术人员和社会大众认可，经济效益和社会效应显著。因此，研究新建和既有结构抗震韧性提升技术，仍是当前土木工程从业人员的主要任务之一。

　　利用"屈曲约束"形成的消能减震构件，通过给受压构件施加侧向支承，约束其低阶屈曲，使其向高阶多波变形发展，对应承载力和滞回性能逐步提升，有着全新的工程应用价值。但是由于受压构件多样性、约束机构复杂性，精准控制和有效利用屈曲约束构件的高阶多波接触滞回行为，仍然是工程结构研究与应用的巨大挑战。在过去十年间，我们以"屈曲约束新机制和新方法"为核心，开展了系列试验研究和理论解析。一方面，阐明了屈曲约束内核共性特征的影响机制，主动控制了局部约束内核的高阶多波变形，提出了屈曲部分约束新机制；另一方面，根据新机制迭代研发了大吨位高性能构件、全金属低承载力消能杆和无损装配式套管加固技术等新产品和新技术，发展了屈曲约束新方法。成果纳入了我国相关技术标准，并成功应用于一批重点工程的抗震性能提升。

　　本书聚焦于屈曲约束内核的高阶多波接触滞回行为分析与调控，从屈曲约束构件、小型全金属消能杆和组合式套管技术三个方面详细介绍了我们在研发过程中的关键试验、理论和方法。第 1 章从应用场景角度梳理了三种屈曲约束高性能构件的研究现状和进展，并由此引出本书的思想和主要内容。第 2～3 章主要围绕约束内核共性特征，如内核焊缝、定位栓和无黏结材料等，通过系列试验和精细解析，揭示了典型构造对构件滞回性能和安全裕度的影响机制，并给出设计建议。第 4 章进一步创新了屈曲部分约束机制，实现了内核变形可视化。第 5～6 章分别针对大跨重载多层工业建筑等对大吨位消能构件以及预制结构节点对小型低承载力消能构件的需求，逐步融入屈曲约束新机制，迭代研发了系列大吨位高性能构件和全金属小尺寸消能杆，简化了外约束部件构造，提高了约束效率。第 7～8 章针对既有结构静动力性能提升,提出了系列在役组合套管设计理论和加固技术。第9章考虑沿海和工业环境下结构性能提升需要,研发了耐腐蚀铝合金高性能构件。

本书的研究工作得到了"十四五"国家重点研发计划项目(2022YFC3801800)、"十三五"国家重点研发计划课题(2018YFC0705702)、国家自然科学基金重点项目(52038010)、国家自然科学基金面上和青年项目(51678138、51008077)等多方支持,在本书出版之际,笔者再次衷心感谢上述资助。

在本书内容研究的酝酿、实施和推广过程中,十分感恩导师吕志涛院士的悉心教诲,感激葛汉彬院士和宇佐美勉教授在第一作者留日期间的谆谆教导,感谢同门孟少平教授、吴京教授和吴刚教授等的鼎力支持。笔者的学生卿缘(第2章)、陈泉和高远(第3章)、袁玥(第4和5章)、刘烨和巩兆辉(第6和9章)、史海荣和陈映(第7和8章)等人参与了相关章节的研究和撰写工作,在此一并表示感谢。

2021年初笔者开始梳理总结屈曲约束相关研究,多次讨论,不断完善,时间长达两年多。由于笔者学识所限,难免有疏漏和不妥之处,敬请读者批评指正。

王春林　曾滨

2024年春

目录

上篇:屈曲约束新机制

下篇：屈曲约束新方法

上篇
屈曲约束新机制

1 | 绪论

1.1 概述

为了保证结构的安全,需要对结构及构件进行强度和稳定验算。随着高强材料在工程结构中广泛使用,稳定问题更加突出。受压的细长杆或者薄壁构件处于压弯状态,当达到临界荷载时构件屈曲变形迅速增大,丧失承载能力,如图 1.1(a)所示。由于受压失稳具有失稳前变形小不易察觉、失稳时承载力骤降等特点,应严格控制以避免因构件失稳导致结构整体或局部坍塌。受压构件的屈曲失稳有着严重的危害,但是通过给构件施加侧向支承,约束构件的低阶屈曲,使其向高阶屈曲发展,对应的构件承载力逐步提升,如图 1.1(b)和(c)所示,带来了全新的工程应用价值。屈曲约束根据受力形式可分为剪切屈曲约束和轴压屈曲约束等,限于本书内容,下文仅讨论轴压屈曲约束的相关进展。

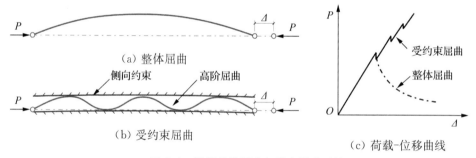

图 1.1 轴压构件屈曲与约束屈曲对比

1971 年,日本学者 Yoshino 等人[1]提出了一种新颖的内嵌钢板钢筋混凝土剪力墙,内嵌钢板作为承力构件承受荷载,剪力墙约束钢板屈曲,试验发现试件具有稳定且优异的滞回性能,在钢板和混凝土之间预留间隙能够提高其变形能力。1976 年这一概念被引入支撑的设计。Kimura 等人[2]将钢支撑置入内填砂浆的钢管,并隔离两者的黏结力,填充砂浆横向变形为钢支撑发生压缩变形提供了必要的空隙,从而在拉压两方向都获得了近似对称的滞回性能。1988 年,Watanabe 等人[3]、Fujimoto 等人[4]研制出了第一个具有工程应用前景的屈曲约束支撑(Buckling-Restrained Brace,BRB),以钢管和填充砂浆作为约束部件,并确定了无黏结材料的规格,来获得稳定的耗能能力,并很快应用于工程实践。

BRB 是一种典型的屈曲受约束构件,如图 1.2(a)所示,可分为核心部件和约束部件,二者之间常采用空气间隙、无黏结材料或填充材料分隔。核心部件常通过两端焊接加劲肋加强或者中部削弱形成承载力低、易于屈服的区段,当核心部件承受轴压时发生受约束屈曲变形并进入屈服消能,而约束部件不参与承载,仅为核心部件提供侧向支承。由于核心部件的屈曲变形受到约束,BRB 拉压承载力稳定,容许较大的轴向变形,滞回曲线呈现一定的对称性,如图 1.2(b)所示。

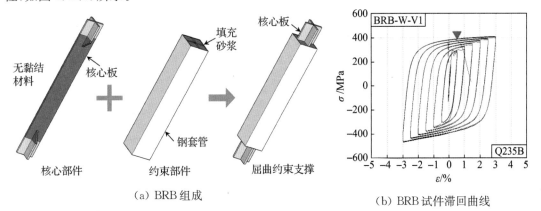

（a）BRB 组成

（b）BRB 试件滞回曲线

图 1.2　屈曲约束支撑构型和滞回曲线

1990 年,Sridhara[5]也提出了一种新型屈曲受约束构件——套管承压构件,如图 1.3 所示。这种受压构件构造简单,内核管和外套管均为常截面管材,二者之间留有间隙。内核管两端伸出外套管,因而轴向荷载仅由内核管承担,外套管为内核管提供侧向约束,控制其屈曲变形。虽然与 BRB 相似,但是 BRB 重点是提供稳定的消能能力,而套管构件主要用来提升承载力,内核管一般不削弱或者加强。因此套管构件形式简单、易于装配,在钢结构压杆加固中有着较好的应用前景。

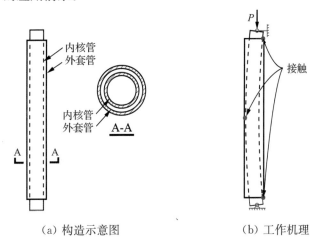

（a）构造示意图

（b）工作机理

图 1.3　套管承压构件示意图

1990 年,美日开展了装配式结构抗震研究项目 PRESSS（PREcast Seismic Structural Systems）,项目推荐了采用预应力压接与消能装置相结合形成的"混合体系"（Hybrid system）[6]。由于压接梁柱节点中的预应力筋始终处于弹性阶段,节点滞回环面积较小,消能能力相对较低。为此,文献[7]提出在预制混凝土梁柱节点位置预留槽道植入普通钢筋,通过小段无黏结钢筋屈服来消能。2002 年,Christopoulos 等人[8]提出将钢筋放入圆管形成具有屈曲约束机制的小型外置消能元件。Palermo 等人[9]将钢筋的截面削弱,放入约束套管,并在两者之间填充环氧树脂,开发了一种新型外置消能元件来提升装配式木梁柱节点性能。如图 1.4 所示,这种小型消能元件也是一种典型的屈曲受约束构件,常使用局部削弱的低屈服点钢棒作为消能内核,外设钢套管避免内核屈曲,外套管与内核之间可填充砂浆或环氧树脂[10]。

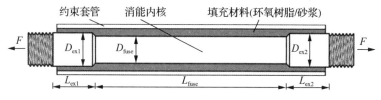

图 1.4　小型消能杆构造示意图[10]

屈曲约束机制受力明确,同时结合结构抗震能力、压杆承载性能和预应力压接结构消能效果等的提升需求,逐渐发展成屈曲约束构件、套管承压构件和外置小型消能杆等。下文将围绕这三种装置来阐述屈曲约束新机制和新方法。

1.2　屈曲约束构件研究进展

1.2.1　BRB 构型及特点

1.2.1.1　BRB 核心部件

BRB 核心部件与主体结构直接连接,承受轴向荷载,常通过端部截面加强或者中间截面削弱来形成中部屈服段、两端弹性段,以及从屈服段过渡到弹性段的过渡段。两端弹性段一般采用焊接加劲肋来增加其截面面积以及平面外稳定。屈服段一般沿纵向的截面保持不变,使得应变尽量均匀分布。同时应合理设计屈服段的长度,使支撑在地震作用下不发生过大的塑性应变,满足结构对支撑的性能需求。过渡段主要是缓解屈服段与弹性段之间的应力变化,也会局部进入屈服。

BRB 持续研究使得其屈服段截面多样化,考虑到选材和加工的便利性,常用的截面形式有一字形、H 形、十字形和圆管形。一字形核心部件常用一块厚钢板[3],在约束部件内主要发生平面外的多波变形,其应力和应变容易被模拟和预测,也常被用来作为 BRB 理论和试验研究的对象[11-13]。H 形核心部件一般采用 H 型钢或工字钢加工而成,其核心自身有着较高的抗弯刚度和抗扭刚度,常在端部翼缘或腹板焊接钢板形成弹性段[14-15]。十字形核心部件不仅拥有较大的屈服截面积,更重要的是支撑端部容易与节点板连接,通常由平板焊接而成,也可由 4 个角钢背靠背焊接而成[16]。圆管作为核心部件时,其约束部件通常也为圆管,需要同时考虑约束圆管向外的鼓曲和向内的凹陷[17]。核心部件屈服段截面也有些特殊形式,如截面沿纵向做周期性削弱来实现核心部件更好的延性[18]。

BRB 核心部件常采用低屈服点的钢材,通过合理设计和制造,国产钢材加工的 BRB 与日本钢材加工的 BRB 低周疲劳性能几乎相同[19]。考虑到 BRB 可能在沿海等腐蚀环境中应用,铝合金也被用来制造 BRB,轻质和耐腐蚀是其重要特点[20]。

BRB 可以有一个核心部件,也可以并联多个核心部件[21-22]。如通过设计两个消能核心的相对位置,将连接节点板插入两个消能核心端部之间,从而更方便地实现支撑和结构的可靠连接[21]。

1.2.1.2 BRB 约束部件

BRB 的约束部件通常分为套管填充砂浆约束和组合型钢约束,如图 1.5 所示。套管填充砂浆 BRB 主要先将核心部件包裹无黏结材料,然后置入套管内浇筑混凝土或砂浆。钢管和砂浆共同作为约束部件,无须配置钢筋。套管填充砂浆的支撑制作简单,具有较好的约束刚度,同时也避免了耐久性问题,而且造价相对较低,有着广泛的工程应用。但该约束形式的支撑需要进行浇筑、养护等,生产周期较长。

组合型材 BRB 通常将钢板或型材等通过焊接[15]和螺栓连接[14]进行组合,其核心部件与约束部件之间的接触界面属性多为钢-钢接触。约束部件和核心部件多为钢材,取材便利,加工周期短。所有部件均可在钢结构工厂加工和组装,显著提高了 BRB 出货效率。此外,由于钢材的本构关系相对于混凝土更简单,可以更方便地对全钢 BRB 进行模拟。

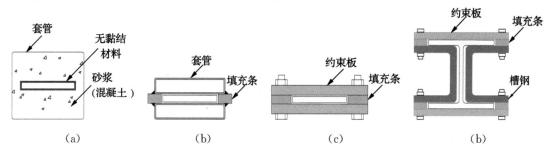

图 1.5 不同约束形式的 BRB 截面

1.2.2 BRB 共性特征

BRB 核心板的特征是影响 BRB 低周疲劳性能的重要因素。其中,焊接、定位栓和粘贴无黏结材料等是多种构型 BRB 的共性特征。BRB 低周疲劳试验表明试件破坏常发生在核心部件焊缝处[19]。

针对钢核心部件,借助机械打磨焊缝可消除焊接残余应力的部分影响,提升 BRB 的疲劳性能[11]。也可将核心板的焊缝退至弹性段,远离过渡段[23]。对于铝合金核心部件,焊接的影响尤为显著,建议采用螺栓拼装[20]或一体成型[24]的方式来避免焊接。

在核心部件中部设置定位栓,并嵌入约束部件预留的凹槽中,以限制约束部件的下滑。可以焊接短钢筋[19],也可将屈服段中间截面宽度进行局部放大[25]来作为定位栓,但是其作用常不被认可。大应变幅值作用下 BRB 试验和模拟表明,设置定位栓后核心部件所受摩擦力沿定位栓对称分布,核心部件应变和变形分布更均匀,支撑具有更好的性能[26]。

约束部件和核心部件之间摩擦力大小也影响着 BRB 的性能。由于施工工艺的要求,钢管填充砂浆 BRB 需在核心部件表面包裹无黏结材料,不但可以降低核心部件和约束部件之间的摩擦系数和摩擦力,还为核心部件提供足够的受压膨胀空间[3,27]。可以通过试验对比[28]来选择无黏结材料,同时也需要兼顾施工便利性和价格。

与钢管填充砂浆约束的构件不同,组合型钢约束的构件可通过控制约束部件的尺寸,在核心部件和约束部件之间设置一定缝隙来提供核心部件膨胀的空间,从而免去粘贴无黏结材料的工序。缝隙尺寸通常由 BRB 核心板尺寸和加工精度来决定,一般在 0.7~3.5 mm 之间[21]。不使用无黏结材料,仅设置缝隙的 BRB 展现出良好的滞回性能[25],也能够满足结构对支撑的性能需求。但是对比试验表明,不使用无黏结材料的支撑,其核心部件和约束部件间的摩擦力较大,使得核心部件表面应变沿纵向分布不均,构件性能有所降低[29]。更多的对比试验和模拟进一步揭示,在往复荷载作用下不使用无黏结材料的 BRB 构件,核心部件表面磨损严重,摩擦力逐渐增大,也使得核心部件屈服段中部收缩,两端膨胀,甚至挤压约束部件,导致严重的拉压不对称现象,明显降低了构件性能裕度[30]。因此建议在施工允许的前提下,预留缝隙中设置无黏结材料,特别是对于屈服段较长、核心部件较薄的 BRB 构件。

1.2.3 BRB 新思考

强震及强余震后,如何评估 BRB 剩余寿命,特别是震后快速观察并给出判断非常有意义。虽然螺栓拼装的约束部件震后可拆卸[11,25],但由于核心部件可能发生较大的塑性变形,再次组装将变得相当困难。因此,研究如何在震后不拆卸约束部件前提下对核心部件直接观测将会更有意义。沿着核心部件平面方向,可以设置检槽孔来直接观察 BRB 核心部件边缘裂纹,以及核心部件平面外变形分布[31]。如图 1.6(a)所示,也可以仅约束核心板边缘,通过中间部位的鼓曲变形来判断构件剩余性能,为此提出了屈曲部分约束新机制[32]。针对 H 形核心部件,进一步拓展新机制的应用,形成了新型 HBRB[14-15],丰富了支撑选型。

复杂的高层建筑和巨型空间结构不断增多,BRB 的工程应用范围持续扩大。为满足工程要求,研发大吨位 BRB 也成为重点。当构件吨位较大,即截面增大和支撑较长时,为了避免支撑失稳,约束部件需要具有较大的抗弯刚度。为了提高约束部件的刚度,可在约束部件外表面增设额外的预应索结构[33]或者桁架[34]。也可以让约束部件尽量远离构件截面的几何中心,增大约束部件截面的回转半径,或者并联两个 BRB[21-22]。如图 1.6 所示,在屈曲部分约束新机制[32]研究基础上,拓展应用到双核心板,并优化约束部件,使得支撑承载能力显著提高,形成了新型双核屈曲部分约束支撑[35],而且也能够在约束部件开孔,震后直接观察到核心板平面外变形。

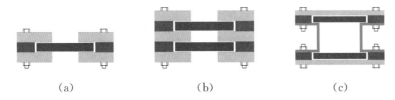

(a)   (b)   (c)

图 1.6 双核屈曲部分约束支撑截面演变

1.3 小型消能杆研究进展

1.3.1 灌浆套管约束消能杆

消能杆概念及构造初步成型后,相关学者开展了大量关于灌浆套管约束消能杆及应用的研究。在构件层面,文献[36]开展了不同局部削弱的屈服段直径和长度的消能杆试验,结果均得到稳定的滞回曲线,当试件受压时刚度有所增加。文献[10]对比了内核与外套管之间分别填充砂浆和环氧树脂的约束效果,发现两种填充材料效果基本一致,并研究了内核屈服段长细比的影响[37]。文献[38]在消能杆内核与外套管间填充金属填料,可进一步减小消能内核横向变形。

在结构体系层面,文献[39]通过试验评估了消能杆安装在木结构梁柱节点的抗震效果,消能杆能够明显改善结构消能能力,且方便更换,并进一步拓展应用于混凝土桥墩的拟静力试验中[40]。文献[41]将填充有环氧树脂的消能杆放置在混凝土摇摆墙体系外部,并与黏滞流体阻尼器的效果进行了对比。文献[42]的试验也表明消能杆能够增强双肢木剪力墙消能能力。文献[43]也将消能杆安装在预应力装配式木剪力墙底部。除试验研究外,作为梁柱连接节点的外部消能装置,灌浆套管约束消能杆已在新西兰得到了实际应用,如图 1.7 所示。

(a) 惠灵顿维多利亚大学的学习和研究大楼　　(b) 克赖斯特彻奇城的 Merritt 大楼

图 1.7　消能杆的工程应用案例[10]

1.3.2　多样化全钢消能杆

文献[37]的系列试验表明,上述灌浆套管约束消能杆还有待改进:① 受压性能不足:试验表明该消能杆在受拉阶段表现出稳定的滞回性能,但在经历较小的受压位移时填充材料与内核弹性段接触,挤压力导致消能杆过早屈曲;② 生产工艺略微复杂:消能杆尺寸都较小,难以保证砂浆的灌入与密实质量,会直接影响内核的约束效果。

基于上述思考,有学者提出了无填充材料的全钢消能杆,即消能杆内核与外管之间无填充材料。如图 1.8(a)所示,竹形消能杆[44]使用弹性竹节来代替填充材料为消能段提供侧向约束。进一步的,多种不同消能段截面的消能杆被提出,包括部分约束消能杆[45]、类三角截面消能杆[46]、槽形消能杆[47]以及沿着杆长的波浪形消能杆[48],如图 1.8 所示,并通过试验和有限元模拟,分析了内核尺寸和材料、约束套管壁厚等参数的影响。

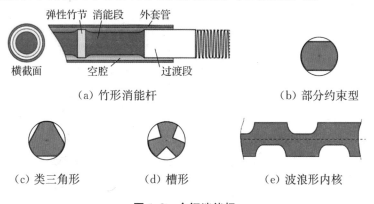

图 1.8　全钢消能杆

1.3.3　新材料和新工艺

除低屈服钢作为消能杆内核材料外,其他材料相继被用来研发消能杆。文献[49]采用铝合金来制作消能内核提升构件耐腐蚀性能,结果表明试件低周疲劳性能能够满足工程需求。文献[50]开展了屈曲约束超弹性 SMA 棒材试验,结果表明 SMA 棒材在多次循环加载条件下获得了稳定的旗帜形滞回曲线。文献[51]提出一种以超弹性 SMA 棒材作为消能内核的新型自定心阻尼器,通过特殊的构造设计,实现了阻尼器拉压行为的对称性。

不同减震结构对消能器的需求各不相同,但消能器构造仅限于尺寸差异,基于同种设计理念的重复设计增加了时间和制造成本。将消能器进行模块化设计,根据结构需求组装使用是降低消能器成本的新思路。文献[52]在竹形消能杆[44]研究基础上,提出了一种模块化消能杆,如图 1.9(a)所示。这种模块化消能杆的优点在于可根据结构需求,选用不同规格和数量的消能单元进行组合[图 1.9(b)],可实现标准化设计、规格化生产和模块化组装。

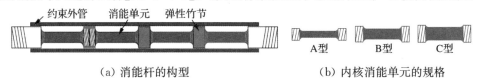

（a）消能杆的构型　　　　　　　（b）内核消能单元的规格

图 1.9　模块化消能杆

1.4　套管构件研究进展

1.4.1　延性受压构件

1990 年,Sridhara[5]提出由内核与外套管构成套管构件,内核与外套管之间存在间隙。1992 年,Prasad[53]通过套管构件的单向轴压模型试验发现,随着荷载的增加,内核向高阶屈曲模态发展,是较早开展套管承压构件的研究成果。

近年来,文献[54]提出了一种具有两端限位的套管构件并开展了两端铰接轴压试验,如图 1.10 所示,外套管端部安装限位螺栓,确保内核管两端外伸长度相等,外套管端部与内核管有着相同的侧向位移。在此基础上又发展成一种屈曲监测装置[55],通过在外套管中部设置传感器,实现对内核屈曲模态的监测和整体结构的健康预警。文献[56]将套管构件应用于复合材料空间桁架结构中,其内核为 GFRP 圆管,外部是不锈钢套管,套管两端设置螺栓来定位,并开展了 GFRP 桁架梁静载试验来确认套管构件的效果[57]。

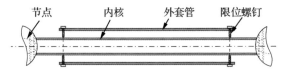

图 1.10　具有两端限位的套管构件

1.4.2　套管加固技术

套管加固技术在 2009 年上海世博园浦西综艺大厅改建工程中被用于加固屋面单层空间网架[58],分别针对受拉及受压杆件,提出了"黏接型套管"及"无黏接型约束套管"两种不同加固方案。其中,无黏接型约束套管构件的内核与外管之间有一层海绵胶带来隔离内外管并辅助定位。文献[59]提出了外包螺栓装配式套管的加固技术,并应用到某剧场屋盖网架加固工程中来避免现场焊接,也在内外管之间设置无机材料填充层。为确保加固效果,开展了往复加载试验,套管构件的内核两端固接[60]。

上述套管加固中,外套管与结构杆件之间均设有填充材料。文献[61]提出了一种无填充材料的卡箍式套管加固方法,将两片半圆管片包裹杆件后,采用卡箍拼装,由于卡箍式外管与内核杆之间无间隙,二者间摩擦力限制外管的滑动。文献[62]提出了内核管与装配式外管间无限位的套管构件,在自重作用下,外管滑向内核一端,内核仅另一端外伸,如图 1.11 所示。同时,为了对比装配式套管影响,也开展了无缝钢套管试件试验研究[63]。

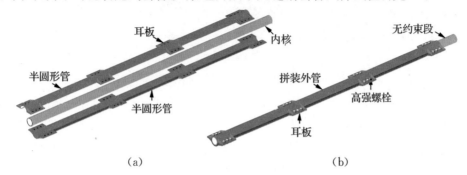

图 1.11　拼装式套管无限位加固技术

1.5　本书主要内容

过去五十年,屈曲约束机制应用主要集中于 BRB 领域,研发了形式多样的产品,明确了屈曲约束条件下内核的变形模式和约束部件的作用。笔者也畅游其间,围绕 BRB 共性特征,开展了系列试验和理论解析,探讨了关键构造对构件滞回性能和安全裕度的影响,如内核焊缝、定位栓和无黏结材料等,并给出相应的设计建议。进一步的,建筑结构抗强震和震后易评估需求也对 BRB 构型和性能提出了更高的期待。笔者提出了屈曲部分约束的新机制,实现了内核变形可视化,提高了外约束部件的效率,逐步研发了系列大吨位高性能构件。同时,将 BRB 设计理念融入小尺寸、低承载力消能杆的研究中,首次研发了系列全金属消能杆,解决了传统消能杆灌浆/胶不易的难题。此外,为了提升空间结构压杆的承载力,提出了无损加固、施工便捷的装配式套管加固技术和设计方法,促进了屈曲约束机制以及套管构件在空间结构加固中的应用。同时,笔者也努力拓展了耐腐蚀铝合金的应用。

本书是首次对笔者的研究成果进行系统的梳理和汇总并呈现给读者。全书共分两篇,上篇屈曲约束新机制包括绪论(第 1 章)、屈曲约束支撑内核特征(第 2 章)、屈曲约束接触界面(第 3 章)和屈曲部分约束新机制(第 4 章),下篇屈曲约束新方法包括新型大吨位支撑(第 5 章)、小型全钢耗能杆(第 6 章)、套管构件失效模式(第 7 章)、套管构件设计方法(第 8 章)和耐腐蚀铝合金应用(第 9 章),侧重结合新技术和新方法,促进了屈曲约束机制的应用,各章的重点内容如下:

第 2 章通过系列试验研究了打磨焊缝来减轻 BRB 屈服段焊接的影响,观察了有无定位栓的核心板失效形态和构件滞回特征,讨论了伸出约束部件的无约束屈服段发生扭转失效的临界状态。

第 3 章阐明了无黏结材料对 BRB 的钢-钢接触界面和支撑性能的贡献,提出了新型钢衬板砂浆组合约束套管,评估了砂浆和钢-钢混合接触界面的效果,讨论了核心板平面内屈曲对套管作用。

第4章首次提出了屈曲部分约束新机制,一字形核心板只有边缘被约束,而大部分区域震后可直接观察。围绕新机制,研发震后可视检屈曲部分约束支撑,提出了相应的设计方法。

第5章为了增大构件承载力和约束部件刚度,将屈曲部分约束构件并联形成双核BRB,并将新机制拓展应用到H形核心部件,提出了新型HBRB,丰富了大吨位构件的截面形式。

第6章为了解决消能杆尺寸小,注胶/浆质量会影响约束效果和试件性能,提出了更多无须注胶的新型全钢消能杆,并从理论、试验和设计方法等方面阐述新型消能杆的工作机理和性能。

第7章提出了一种内核与外管之间无限位连接的套管构件,不影响正常使用阶段压杆及结构特性,并通过轴压性能试验,探究套管构件的承载机理、变形特征以及失效模式。

第8章为促进套管加固在工程中的应用,实现有效提高受压杆件承载能力和屈曲后行为,采用理论与有限元相结合,剖析了整体失稳和端部压弯的破坏模式,给出了相应设计方法。

第9章拓展了耐腐蚀铝合金的应用,开展了拼装式铝合金BRB、挤压式铝合金BRB和铝合金竹形耗能杆的系列试验,以期促进铝合金消能器在工业环境和沿海环境中的应用。

本书以"屈曲约束新机制和新方法"为主线,力争将笔者点滴思考汇成一泓溪水呈现给广大读者,以供广大师生及技术人员参考使用。

参考文献

[1] Yoshino T, Karino Y, Kuwahara T, et al. Experimental study on shear wall with braces (Part 2)[C]. Summaries of Technical Papers of Annual Meeting: Architectural Institute of Japan, 1971: 403 - 404.

[2] Kimura K, Yoshizaki K, Takeda T. Tests on braces encased by mortar in-filled steel tubes[C]. Summaries of Technical Papers of Annual Meeting: Architectural Institute of Japan, 1976: 1041 - 1042.

[3] Watanabe A, Hitomi Y, Saeki E, et al. Properties of brace encased in buckling-restraining concrete and steel tube[C]. 9th World Conference on Earthquake Engineering. Tokyo-Kyoto, Japan, 1988: 719 - 724.

[4] Fujimoto M, Wada A, Saeki E, et al. A Study on brace enclosed in buckling-restraining mortar and steel tube (Part 1 & Part 2)[C]. Summaries of Technical Papers of Annual Meeting: Architectural Institute of Japan, 1988.

[5] Sridhara B. Sleeved column: As a basic compression member[C]. 4th International Conference on Steel Structures & Space Frames. Singapore, 1990: 181 - 188.

[6] Priestley M J N. Overview of PRESSS research program[J]. PCI Journal, 1991, 36 (4): 50 - 57.

[7] Cheok G,Stone W. Performance of 1/3-scale model precast concrete beam-column connections subjected to cyclic inelastic loads[R]. Gaithersburg:National Institute of Standards and Technology,1994.

[8] Christopoulos C,Filiatrault A,Uang C M,et al. Posttensioned energy dissipating connections for moment-resisting steel frames[J]. Journal of Structural Engineering, 2002,128(9):1111 – 1120.

[9] Palermo A, Pampanin S, Buchanan A H. Experimental investigations on LVL seismic resistant wall and frame subassemblies [C]. First European Conference on Earthquake Engineering and Seismology. Geneva,Switzerland,2006.

[10] Sarti F,Smith T,Palermo A, et al. Experimental and analytical study of replaceable Buckling-Restrained Fuse-type (BRF) mild steel dissipaters[C]. NZSEE Conference. Wellington,2013:26 – 28.

[11] Wang C L,Usami T,Funayama J. Improving low-cycle fatigue performance of high-performance buckling-restrained braces by toe-finished method[J]. Journal of Earthquake Engineering,2012,16(8):1248 – 1268.

[12] Wu J,Liang R J,Wang C L,et al. Restrained buckling behavior of core component in buckling-restrained braces[J]. International Journal of Advanced Steel Construction, 2012,8(3):212 – 225.

[13] Wu A C,Lin P C,Tsai K C. High-mode buckling responses of buckling-restrained brace core plates[J]. Earthquake Engineering & Structural Dynamics,2014,43(3): 375 – 393.

[14] Wang C L,Gao Y,Cheng X,et al. Experimental investigation on H-section buckling-restrained braces with partially restrained flange[J]. Engineering Structures,2019, 199:109584.

[15] Yuan Y,Gao J W,Qing Y,et al. A new H-section buckling-restrained brace improved by movable steel blocks and stiffening ribs[J]. Journal of Building Engineering,2022, 45:103650.

[16] Zhao J X,Wu B,Ou J P. A novel type of angle steel buckling-restrained brace:Cyclic behavior and failure mechanism[J]. Earthquake Engineering & Structural Dynamics, 2011,40(10):1083 – 1102.

[17] Kuwahara S,Tada M,Yoneyama T, et al. A study on stiffening capacity of double-tube members[J]. Journal of Structural and Construction Engineering,1993,445:151 – 158.

[18] Jia L J,Ge H B,Xiang P,et al. Seismic performance of fish-bone shaped buckling-restrained braces with controlled damage process[J]. Engineering Structures, 2018, 169:141 – 153.

[19] 黄波,陈泉,李涛,等. 国标 Q235 钢屈曲约束支撑低周疲劳试验研究[J]. 土木工程学报,2013,46(6):29 – 34.

［20］Usami T,Wang C L,Funayama J. Developing high-performance aluminum alloy buckling-restrained braces based on series of low-cycle fatigue tests［J］. Earthquake Engineering & Structural Dynamics,2012,41(4)：643－661.

［21］Tsai K,Lai J,Hwang Y,et al. Research and application of double-core buckling restrained braces in Taiwan［C］. 13th World Conference on Earthquake Engineering. Vancouver B C,Canada,2004.

［22］Guo Y L,Zhang B H,Jiang Z Q,et al. Critical load and application of core-separated buckling-restrained braces［J］. Journal of Constructional Steel Research,2015,106：1－10.

［23］Wang C L,Li T,Chen Q,et al. Experimental and theoretical studies on plastic torsional buckling of steel buckling-restrained braces［J］. Advances in Structural Engineering,2014,17(6)：871－880.

［24］Wang C L,Usami T,Funayama J,et al. Low-cycle fatigue testing of extruded aluminium alloy buckling-restrained braces［J］. Engineering Structures,2013,46：294－301.

［25］Chou C C,Chen S Y. Subassemblage tests and finite element analyses of sandwiched buckling-restrained braces［J］. Engineering Structures,2010,32(8)：2108－2121.

［26］Wang C L,Usami T,Funayama J. Evaluating the influence of stoppers on the low-cycle fatigue properties of high-performance buckling-restrained braces［J］. Engineering Structures,2012,41：167－176.

［27］Iwata M,Kato T,Wada A. Buckling-restrained braces as hysteretic dampers［M］// Behaviour of steel structures in seismic areas. London：CRC Press,2021：33－38.

［28］Tsai K C,Wu A C,Wei C Y,et al. Welded end-slot connection and debonding layers for buckling-restrained braces［J］. Earthquake Engineering & Structural Dynamics,2014,43(12)：1785－1807.

［29］Tremblay R,Bolduc P,Neville R,et al. Seismic testing and performance of buckling-restrained bracing systems［J］. Canadian Journal of Civil Engineering,2006,33(2)：183－198.

［30］Chen Q,Wang C L,Meng S P,et al. Effect of the unbonding materials on the mechanic behavior of all-steel buckling-restrained braces［J］. Engineering Structures,2016,111：478－493.

［31］Wu A C,Lin P C,Tsai K C. High-mode buckling responses of buckling-restrained brace core plates［J］. Earthquake Engineering & Structural Dynamics,2014,43(3)：375－393.

［32］Wang C L,Chen Q,Zeng B,et al. A novel brace with partial buckling restraint：An experimental and numerical investigation［J］. Engineering Structures,2017,150：190－202.

［33］Guo Y L,Fu P P,Zhou P,et al. Elastic buckling and load resistance of a single cross-arm pre-tensioned cable stayed buckling-restrained brace［J］. Engineering Structures,2016,126：516－530.

[34] Guo Y L, Zhou P, Wang M Z, et al. Numerical studies of cyclic behavior and design suggestions on triple-truss-confined buckling-restrained braces [J]. Engineering Structures, 2017, 146: 1 - 17.

[35] Yuan Y, Qing Y, Wang C L, et al. Development and experimental validation of a partially buckling-restrained brace with dual-plate cores[J]. Journal of Constructional Steel Research, 2021, 187: 106992.

[36] Marriott D J. The Development of high-performance post—tensioned rocking systems for the seismic design of structures [D]. Christchurch: University of Canterbury, 2009.

[37] Sarti F, Palermo A, Pampanin S. Fuse-type external replaceable dissipaters: Experimental program and numerical modeling [J]. Journal of Structural Engineering, 2016, 142(12):04016134.

[38] Zhong Y L, Li G Q, Gao Y Z. Experimental and analytical investigations on hysteretic behavior of assembled mild steel rod energy dissipaters[J]. Engineering Structures, 2021, 245: 112834.

[39] Palermo A, Pampanin S, Buchanan A, et al. Seismic design of multi—storey buildings using laminated veneer lumber (LVL) [D]. Christchurch: University of Canterbury, 2005.

[40] Palermo A, Pampanin S, Marriott D. Design, modeling, and experimental response of seismic resistant bridge piers with posttensioned dissipating connections[J]. Journal of Structural Engineering-asce, 2007, 133: 1648 - 1661.

[41] Marriott D, Pampanin S, Bull D K, et al. Improving the seismic performance of existing reinforced concrete buildings using advanced rocking wall solutions[R]. Civil & Natural Resources Engineering, University of Canterbury, Christchurch, New Zealand, 2007.

[42] Smith T, Ludwig F, Pampanin S, et al. Seismic response of hybrid-LVL coupled walls under quasi-static and pseudo-dynamic testing[C]. 2007 New Zealand Society for Earthquake Engineering Conference. Palmerston North, New Zealand, 2007.

[43] Sarti F, Palermo A, Pampanin S. Quasi-static cyclic testing of two-thirds scale unbonded post-tensioned rocking dissipative timber walls[J]. Journal of Structural Engineering, 2016, 142(4):1 - 28.

[44] Wang C L, Liu Y, Zhou L. Experimental and numerical studies on hysteretic behavior of all-steel bamboo-shaped energy dissipaters[J]. Engineering Structures, 2018, 165: 38 - 49.

[45] Liu Y, Wang C L, Wu J. Development of a new partially restrained energy dissipater: Experimental and numerical analyses[J]. Journal of Constructional Steel Research, 2018, 147: 367 - 379.

[46] Yang S, Guan D, Jia L J, et al. Local bulging analysis of a restraint tube in a new

buckling-restrained brace[J]. Journal of Constructional Steel Research, 2019, 161: 98 - 113.

[47] Liu R, Palermo A. Characterization of filler-free buckling restrained fuse-type energy dissipation device for seismic applications[J]. Journal of Structural Engineering, 2020, 146(5): 04020059.

[48] Gu T Y, Li J H, Sun J B, et al. Experimental study on miniature buckling-restrained brace with corrugated core bar[J]. Journal of Earthquake Engineering, 2022, 26(13): 6633 - 6655.

[49] Wang C L, Liu Y, Zhou L, et al. Concept and performance testing of an aluminum alloy bamboo-shaped energy dissipater[J]. The Structural Design of Tall and Special Buildings, 2018, 27(4): e1444.

[50] Wang B, Zhu S Y. Cyclic tension-compression behavior of superelastic shape memory alloy bars with buckling-restrained devices[J]. Construction and Building Materials, 2018, 186: 103 - 113.

[51] Qiu C X, Fang C, Liang D, et al. Behavior and application of self-centering dampers equipped with buckling-restrained SMA bars[J]. Smart Materials and Structures, 2020, 29(3): 035009.

[52] Wang C L, Zhao J, Gao Y, et al. Experimental investigation of modular buckling-restrained energy dissipaters with detachable features[J]. Journal of Constructional Steel Research, 2020, 172: 106191.

[53] Prasad B. Experimental investigation of sleeved column[C]. 33rd Structures, Structural Dynamics and Materials Conference, 1992: 991 - 999.

[54] Hu L, Shen B, Ma K J, et al. A mechanical model and experimental investigations for axially compressed sleeved column[J]. Journal of Constructional Steel Research, 2013, 89: 107 - 120.

[55] Zhang C H, Deng C G. Static behaviors of buckling-monitoring members[J]. Engineering Structures, 2019, 178: 55 - 69.

[56] 李峰, 李达, 朱锐杰. 基于套管屈曲约束的拉挤型 GFRP 管轴压性能[J]. 复合材料学报, 2021, 38(10): 3255 - 3269.

[57] Zhu R J, Li F, Chen Y, et al. The effect of Tube-in-Tube buckling-restrained device on performance of hybrid PFRP-Aluminium space truss structure[J]. Composite Structures, 2021, 260: 113260.

[58] 赵海东, 赵鸣, 周松叶. 上海世博浦西综艺大厅改建工程中的屋面网架加固技术[J]. 建筑施工, 2009, 31(5): 349 - 350.

[59] 聂祺, 罗开海, 郭浩, 等. 某剧场平板网架屋盖鉴定与修复[J]. 工程抗震与加固改造, 2017, 39(S1): 125 - 130.

[60] 聂祺, 罗开海, 唐曹明, 等. 网格结构受屈曲影响压杆套管加固法研究及工程应用[J]. 建筑科学, 2019, 35(5): 130 - 135.

［61］姜丽萍,楼昕,李潭. 卡箍套管加固网架杆件试验研究［J］. 工程抗震与加固改造, 2018,40(5)：124－130.

［62］Chen Y,Wang C L,Wang C,et al. Experimental study and performance evaluation of compression members in space structures strengthened with assembled outer sleeves ［J］. Thin-Walled Structures,2022,173：108999.

［63］曾滨,许庆,陈映,等. 空间结构压杆的套管加固失效模式试验研究［J］. 工程力学, 2022,39(11)：212－221.

2 | 屈曲约束内核特征

屈曲约束构件/支撑(BRB)由约束部件包裹核心部件,核心部件承受轴向拉压荷载进入屈服耗能,而约束部件仅为核心部件提供侧向支承。BRB形式多样,但是其低周疲劳性能与核心部件的特征构造密切相关,如焊缝、定位栓等,但很少被关注。笔者在系列试验中观察发现部分试件的内核破坏始于焊缝,在此基础上提出利用焊缝打磨来减轻焊缝对BRB性能的影响[1]。核心板中部设置定位栓,常用来阻止约束部件向一侧滑动,但有些试件并没有设置定位栓仍具有较好的性能,下文将通过对比试验来揭示定位栓的作用机制[2]。由于BRB构造限定,核心部件屈服段有可能伸出约束部件,发生塑性扭转屈曲引起构件失效,下文将通过理论结合试验,建立内核端部塑性扭转屈曲失效判断准则[3]。

2.1 内核焊缝打磨提高疲劳寿命

2.1.1 焊缝打磨技术

BRB核心部件的屈服段焊缝会诱发核心板的低周疲劳裂缝,但少有文献量化评估焊缝对BRB性能的影响及如何改善。试验将12个钢BRB试件分为S-Ⅰ和S-Ⅱ两组,并在S-Ⅱ组中对核心板屈服段的焊缝进行打磨。试验采用了构造相对简单的全钢BRB,如图2.1所示。该种BRB由一个核心部件(Brace Member,BM)和一对约束板(Restraining Members,RMs)组成,约束板由穿过填充板条的螺栓锚固。在BM的四个侧面包裹了1 mm厚的丁基橡胶。在S-Ⅱ组中采用了一种焊缝打磨技术,该技术已被用于提升焊缝疲劳性能的研究中[4]。如图2.2所示,打磨效果由半径ρ以及深度d_w表示。下文试验将首次量化焊缝打磨技术对BRB低周疲劳性能的影响。

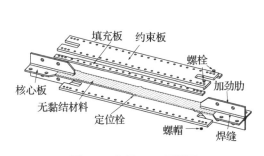

图 2.1 全钢 BRB 组装图

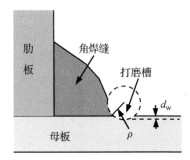

图 2.2 角焊缝的处理方法

2.1.2 试件设计和加载

图2.3给出了核心板(BM)的设计尺寸。在BM端部的两侧各焊接加劲肋形成十字形

截面,该方法通过端部加强使得 BM 中部能够更早进入屈服,形成屈服段。在 BM 中心区域焊接定位栓来限制约束部件(RMs)滑移。图 2.4 给出了 BRB 的横截面,BM 与 RMs 以及 BM 与填充板之间的间隙分别表示为平面外间隙 d 和平面内间隙 d_0。图 2.5 也给出了约束板和填充板的几何尺寸。RM、RMs 和填充板都使用日本产 SM400A 钢加工。

如图 2.3 和图 2.6(b)所示,S-Ⅰ组试件角焊缝宽度为 6 mm,并且焊接后不进行额外处理。加载结束后发现在加劲肋端部横向焊缝处出现疲劳裂纹。因此在 S-Ⅱ组试件中引入了焊缝打磨技术。如图 2.6(a)所示,对 S-Ⅱ试件中的横向和纵向焊缝进行了打磨。因此,S-Ⅰ组和 S-Ⅱ组分别被命名为焊接 BRB 和焊缝打磨 BRB。如图 2.7 打磨槽的测量深度所示,由于打磨凹槽的几何参数难以直接测量,试验采用了牙齿印模材料对其进行间接测量。图中给出了打磨槽的实测半径 ρ 和深度 d_w,其测量平均值与文献[4]中的推荐值接近。

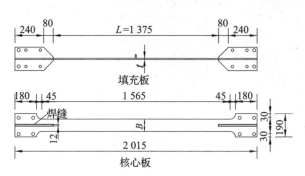

图 2.3 内核的设计尺寸(单位:mm)

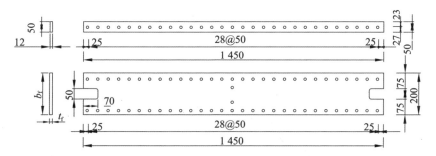

图 2.4 屈曲约束支撑的截面图

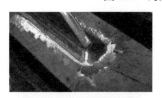

图 2.5 约束盖板和填充板的设计尺寸(单位:mm)

(a)试验前的打磨焊缝

(b)试验后的角焊缝

图 2.6 焊缝对比图

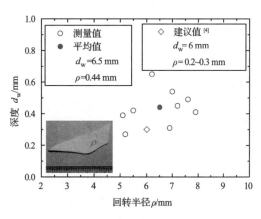

图 2.7 打磨槽的测量深度

以试件"FE-1.0"和"FT-1.0"为例说明试件命名规则："FE"表示普通焊缝，"FT"表示打磨焊缝；"1.0"表示加载制度为加载幅值 1.0% 的等幅加载。此外，试件名"R""R1"和"R2"都是变幅加载制度。"FT-3(6)"中"(6)"表示 BM 和填充板的平面内间隙 d_0 为 6 mm。如图 2.8 所示，试件水平放置，通过两个作动器施加轴向荷载，八个位移计采集 BRB 试件两端位移来计算得到试件轴向变形，并控制加载位移。如图 2.9 所示，试验采用拉压往复循环加载，由 BRB 屈服段的轴向应变 ε 控制。

图 2.8　试验加载装置

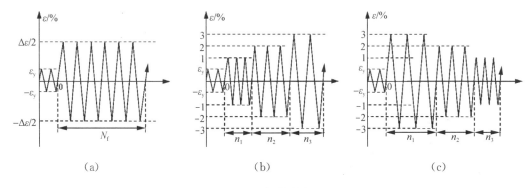

图 2.9　加载制度

2.1.3　滞回性能和失效形态对比

表 2.1 列出了焊接试件和焊缝打磨试件的试验结果。焊接试件 FE-1.0 和 FE-2.0 的失效圈数分别为 111 圈和 29 圈，焊缝打磨试件 FT-1.0 和 FT-2.0 的失效圈数 N_f 分别增加为 168 圈和 42 圈。另一方面，试件 FT-3.0 与 FE-3.0 的 N_f 值相等。通过上述对比可知，在相对较小的应变幅值下，焊缝打磨 BRB 比焊接 BRB 表现出更好的低周疲劳性能。此外，试件 FT-3(6) 的面内间隙 d_0 是试件 FT-3.0 的 3 倍，N_f 值相比试件 FT-3.0 下降了 14.3%。

表 2.1　BRB 试件试验结果

分组	试件	$\Delta\varepsilon/2$	$\Delta\varepsilon$	$\Delta\varepsilon_e$	$\Delta\varepsilon_p$	N_f	n_i	D_{lower}	断裂位置	加载模式
S-Ⅰ	FE-1.0	0.01	0.02	0.003	0.017	111	—	1.04	加劲肋端部	常应变幅
	FE-2.0	0.02	0.04	0.004	0.036	29	—	1.12	加劲肋端部	
	FE-3.0	0.03	0.06	0.005	0.055	14	—	1.21	跨中	
	FE-4.0	0.04	0.08	0.006	0.074	7	—	1.09	跨中	
	FE-R	0.015	0.03	0.004	0.026	—	5	1.61	跨中	变应变幅
		0.025	0.05	0.004	0.046	—	8			
		0.035	0.07	0.006	0.064	—	1			
		0.03	0.06	0.005	0.055	—	10			
S-Ⅱ	FT-1.0	0.01	0.02	0.004	0.016	168	—	1.11	跨中	常应变幅
	FT-2.0	0.02	0.04	0.004	0.036	42	—	1.40	跨中	
	FT-3.0	0.03	0.06	0.005	0.055	14	—	1.21	跨中	
	FT-3.5	0.035	0.07	0.005	0.065	9	—	1.08	跨中	
	FT-3(6)	0.03	0.06	0.005	0.055	12	—	1.03	跨中	
	FT-R1	0.01	0.02	0.004	0.016	—	5	1.41	跨中	变应变幅
		0.02	0.04	0.004	0.036	—	10			
		0.03	0.06	0.005	0.055	—	12			
	FT-R2	0.03	0.06	0.005	0.055	—	8	1.23	跨中	
		0.02	0.04	0.005	0.035	—	10			
		0.01	0.02	0.004	0.016	—	32			

注：$\Delta\varepsilon/2$ 表示应变幅；$\Delta\varepsilon$ 表示应变范围；$\Delta\varepsilon_e$ 表示弹性应变范围；$\Delta\varepsilon_p$ 表示塑性应变范围；N_f 表示最终破坏圈数；n_i 表示 $\Delta\varepsilon_i$ 对应的出现频次；D_{lower} 表示基于式(2.19)和式(2.20)的损伤指标。

图 2.10 给出了各试件的应力-应变曲线，将 BRB 受拉定义为正方向。所有试件均具有稳定和可重复的滞回曲线，且未出现整体屈曲。试件 FE-1.0 的滞回曲线表明，除第一加载圈外，其余加载圈的滞回曲线明显受应变硬化效应的影响。在其他试件的滞回曲线中也可观察到相同的结果。应变幅较大的试件，如 FE-3.0、FT-3.0、FT-3(6)等，其滞回曲线出现拉压不对称，最大压应力约超出最大拉应力的 15%～30%。另一方面，在较小的应变幅度下，试件滞回行为基本对称。

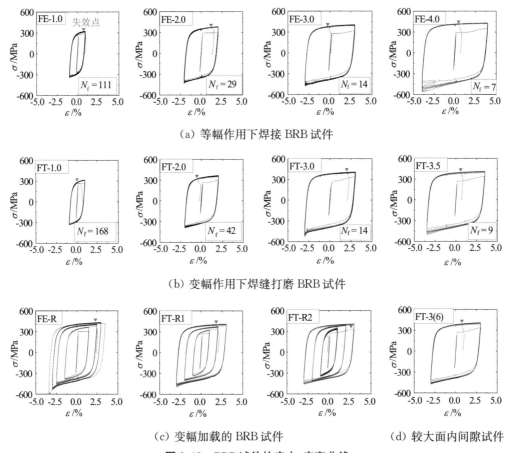

(a) 等幅作用下焊接 BRB 试件

(b) 变幅作用下焊缝打磨 BRB 试件

(c) 变幅加载的 BRB 试件　　　　　　　(d) 较大面内间隙试件

图 2.10　BRB 试件的应力-应变曲线

图 2.11 和图 2.12 给出了试件的失效位置和形态。如图 2.11(a)和(b)所示,疲劳裂纹始于加劲肋横向焊缝,并垂直于加载方向沿核心板的厚度方向扩展。最终,疲劳裂纹导致了应变幅相对较小的试件 FE-1.0 和 FE-2.0 的失效。上述破坏模式被认为是焊缝带来的残余应力所致。另一方面,在较大的应变幅下,裂纹发生在核心板的跨中位置,如图 2.11(c)和(d)所示。这可能是加载幅值较大时跨中区域产生的应力比加劲肋焊缝处的应力更大。因此,可认为加劲肋焊缝影响了 BRB 在较小应变幅下的失效模式。如图 2.11(i)所示,尽管变幅加载中包括几个应变幅度相对较小的循环,但裂纹并非始于加劲肋的焊缝,而是发生在核心板的跨中。

在 S-Ⅱ组试件中,采用了焊缝打磨技术来提高 BRB 试件的低周疲劳寿命。如图 2.11(e)~(h)所示,所有裂缝都发生在核心板的跨中并导致了试件失效。由此可知,当施加的应变幅值低于 2% 时,焊缝打磨可以改变 BRB 的失效模式并提高其低周疲劳寿命。

图 2.13 比较了试件 FT-3.0 和 FT-3(6)的核心板面内变形。由于具有较大的面内间隙 d_0,试件 FT-3(6)核心板具有更为明显的绕强轴方向的多波横向变形。

此外,如图 2.11(c)、(e)和(i)所示,对试样 FE-3.0、FT-1.0 和 FE-R 观察可知,定位栓的点焊对失效模式有轻微影响。

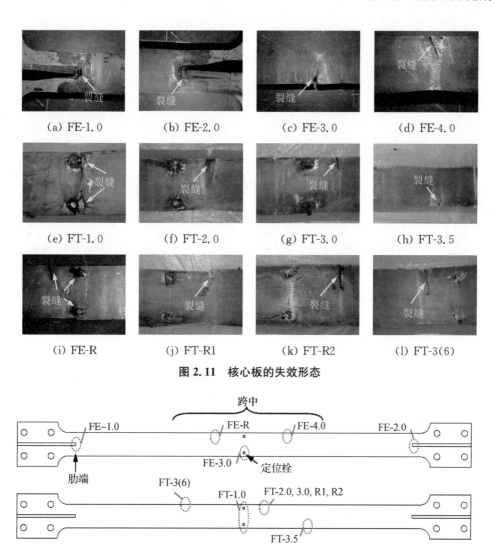

图 2.11　核心板的失效形态

图 2.12　核心板的失效位置

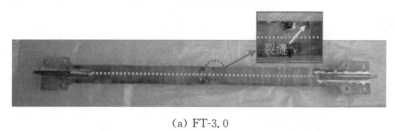

(a) FT-3.0

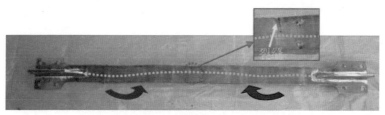

(b) FT-3(6)

图 2.13　内核部件与约束部件间间隙的影响

2.1.4 低周疲劳模型与寿命预测

2.1.4.1 低周疲劳模型

Manson-Coffin 方程定义了疲劳圈数 N_f 与弹性和塑性应变范围之间的关系[5]，可表示如下：

$$\Delta\varepsilon_e = C_e \cdot (N_f)^{-k_e} \tag{2.1}$$

$$\Delta\varepsilon_p = C_p \cdot (N_f)^{-k_p} \tag{2.2}$$

式中，$\Delta\varepsilon_e$ 表示弹性应变范围；$\Delta\varepsilon_p$ 表示塑性应变范围；N_f 是疲劳圈数；C_e、C_p、k_e 和 k_p 表示材料性能常数。因此，总应变-疲劳寿命公式可表示为：

$$\Delta\varepsilon = C_e \cdot (N_f)^{-k_e} + C_p \cdot (N_f)^{-k_p} \tag{2.3}$$

式中，$\Delta\varepsilon$ 表示应变范围。C_e、C_p、k_e 和 k_p 可由焊接 BRB 试件的试验结果（表 2.1）通过最小二乘法得到：

$$\Delta\varepsilon_e = 9.88\times10^{-3} \cdot N_f^{-0.259} \tag{2.4}$$

$$\Delta\varepsilon_p = 2.03\times10^{-1} \cdot N_f^{-0.511} \tag{2.5}$$

$$\Delta\varepsilon = 2.03\times10^{-1} \cdot N_f^{-0.511} + 9.88\times10^{-3} \cdot N_f^{-0.259} \tag{2.6}$$

图 2.14 给出了由式（2.4）至式（2.6）计算出的 N_f 和应变范围关系。图中纵坐标表示弹性、塑性或总应变范围。由于弹性应变相对塑性应变较小，并且总应变范围可直接测量，总应变-疲劳寿命公式如下：

$$\Delta\varepsilon = \overline{C} \cdot (N_f)^{-k} \tag{2.7}$$

式中，$\overline{C}$ 和 k 为材料常数。从焊接 BRB 试件的试验结果可得出：

$$\Delta\varepsilon = 0.210 \cdot N_f^{-0.488} \tag{2.8}$$

如图 2.14 所示，公式（2.8）中的疲劳曲线和公式（2.6）接近相同。因此，公式（2.7）可用于下文中对 Miner 公式的推导。进一步的，焊缝打磨 BRB 试件的总应变-疲劳寿命公式可表示为：

$$\Delta\varepsilon = 0.171 \cdot N_f^{-0.401} \tag{2.9}$$

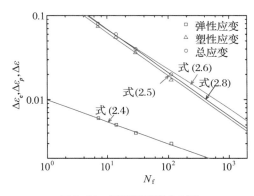

图 2.14 低周疲劳寿命对比

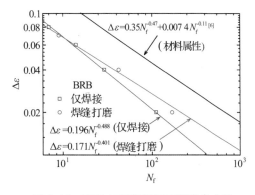

图 2.15 BRB 与材料低周疲劳寿命曲线

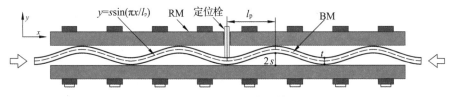

图 2.16 核心板的变形模式

图 2.15 比较了 BRB 和文献[6]中给出的 SS400 钢材的低周疲劳曲线。SS400 钢的力学性能与 SM400A 钢相似,可以看出 BRB 的低周疲劳性能明显低于材料。这一现象可归因于核心板的高阶屈曲导致沿纵向的应变分布不均匀,如图 2.16 所示。Matsui 和 Takeuchi[7]提出了 BRB 核心板的应变集中比:

$$\alpha_c = \frac{\Delta\varepsilon_m}{\Delta\varepsilon} = \frac{\Delta\varepsilon + \varepsilon_b - \varepsilon_g}{\Delta\varepsilon} \tag{2.10}$$

式中,$\Delta\varepsilon$ 表示轴向应变范围,可从加载模式获得;$\Delta\varepsilon_m$ 是核心板表面的修正应变范围或局部应变范围;ε_b 和 ε_g 分别是由核心板的高阶约束屈曲引起的弯曲应变和几何应变,并可按下式计算:

$$\begin{cases} \varepsilon_b = 6 \cdot \dfrac{s}{t} \cdot \dfrac{\sigma_y}{E_t} \\ \varepsilon_g = 3 \cdot \left(\dfrac{s}{t}\right)^2 \cdot \dfrac{\sigma_y}{E_t} \end{cases} \tag{2.11}$$

式中,s 为核心板和约束板之间的面内间隙宽度,如图 2.16 所示;t 是核心板的厚度;σ_y 是核心板的屈服应力;E_t 为塑性范围内核心板的切线模量。此外,由于在加载过程中的泊松效应,面内间隙宽度 s 是可变的,但与初始的面外间隙值 d 相比,其变化相对较小。因此,将式(2.11)中的 s 替换为 d,并将式(2.11)代入式(2.10),可得:

$$\alpha_c = 1 + 3 \cdot \frac{\sigma_y}{E_t\Delta\varepsilon}\left[2\frac{d}{t} - \left(\frac{d}{t}\right)^2\right] \tag{2.12}$$

值得注意的是,α_c 与 d/t 相关,建议 $d/t < 0.2$[8],随着间隙宽度 d 的增加而增加。ε_g 相对 ε_b 和 $\Delta\varepsilon$ 较小,可忽略不计。因此,公式(2.12)可简化为:

$$\alpha_c = 1 + 6 \cdot \frac{d}{t} \cdot \frac{\sigma_y}{E_t\Delta\varepsilon} \tag{2.13}$$

显然,公式(2.13)可以用来调整轴向应变范围。其中 E_t 值的确定较为复杂,对于 SS400 钢[9]、SS400 钢[10]、ASTM Gr. 50[11] 钢的 E_t 值分别取为 $0.02E$(弹性模量的 0.02 倍)、$0.025E$ 和 $0.05E$。本文将上述不同的取值代入,并对 BRB 与材料的低周疲劳寿命进行比较。如图 2.17 所示,根据局部应变调整后的试验结果和钢材的低周疲劳曲线接近,E_t 对局部应变范围有明显影响。当 E_t 取为 $0.025E$ 时,材料的低周疲劳寿命可以有效反映由式(2.13)调整后的 BRB 的低周疲劳寿命。因此,以下讨论是基于 E_t 为 $0.025E$ 的假设展开的。

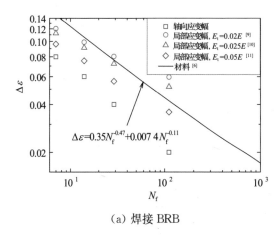

(a) 焊接 BRB

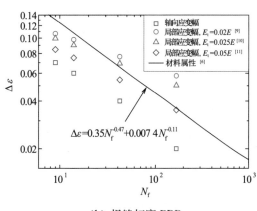

(b) 焊缝打磨 BRB

图 2.17　BRB 与材料低周疲劳寿命对比

当轴向应变范围 $\Delta\varepsilon$ 小于 4%（相应局部应变范围 $\Delta\varepsilon_m$ 小于 7%），如果直接根据钢材的低周疲劳寿命来评价，则会低估 BRB 的低周疲劳寿命。另一方面，当 $\Delta\varepsilon$ 大于 4%（相应局部应变范围 $\Delta\varepsilon_m$ 大于 7%）时，BRB 试验结果偏离钢材的低周疲劳曲线，采用钢材的低周疲劳曲线会高估 BRB 的低周疲劳寿命。

2.1.4.2 累积损伤评估

为了给 BRB 损伤评估提供参考，给出了焊接 BRB 和焊缝打磨 BRB 的疲劳寿命下限曲线：

$$\Delta\varepsilon = 0.196 \cdot N_f^{-0.488} \tag{2.14}$$

$$\Delta\varepsilon = 0.171 \cdot N_f^{-0.428} \tag{2.15}$$

此外，为了在图上添加变幅加载试件（FE-R、FT-R1 和 FT-R2）试验结果，等效应变范围和等效疲劳圈数 N 可以表示为[12]：

$$\begin{cases} \Delta\varepsilon_{eq} = \left(\dfrac{\sum \varepsilon_i^{1/k} \cdot n_i}{N} \right)^k \\ N = \sum n_i \end{cases} \tag{2.16}$$

图 2.18 和图 2.19 对比了下限疲劳曲线和由式（2.8）和式（2.9）得出的均值疲劳曲线。由图可知，试件位于下限疲劳曲线偏于安全一侧。

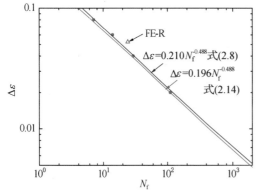

图 2.18　焊接 BRB 疲劳寿命曲线

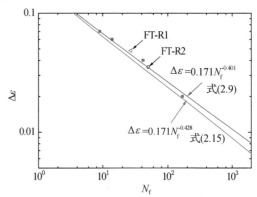

图 2.19　焊缝打磨 BRB 的疲劳寿命曲线

此外，常用 Miner 法则来评估累积损伤，可表示为：

$$D = \sum \frac{n_i}{N_{f,i}} \tag{2.17}$$

式中，n_i 和 $N_{f,i}$ 分别为对应于应变范围 $\Delta\varepsilon_i$ 的出现频率和失效圈数；D 为累积损伤指数。当累积损伤指数不大于 1.0 时，结构偏于安全。结合式（2.7）和式（2.17），可以得到：

$$D = \overline{C}^{-1/k} \cdot \sum n_i \cdot (\Delta\varepsilon_i)^{1/k} = C \cdot \sum n_i \cdot (\Delta\varepsilon_i)^m \tag{2.18}$$

该式表征了累积损伤指数与应变范围的关系。"雨流法"通常用于评估加载历史中应变范围 $\Delta\varepsilon_i$ 的出现频次 n_i。根据下限疲劳曲线，焊接 BRB 和焊缝打磨 BRB 的累积损伤公式为：

$$D_{lower,焊接BRB} = 28.2 \sum n_i \cdot (\Delta\varepsilon_i)^{2.05} \tag{2.19}$$

$$D_{lower,打磨BRB} = 61.7 \sum n_i \cdot (\Delta\varepsilon_i)^{2.34} \tag{2.20}$$

表 2.1 列出了使用式(2.19)和式(2.20)计算的 D_{lower} 值。由表 2.1 可知,评估公式是保守且有效的。因此,式(2.19)和式(2.20)可分别用来评估焊接 BRB 和焊缝打磨 BRB 的低周疲劳损伤。

2.2　内核定位栓限位效果

2.2.1　定位栓的作用

为避免约束部件向核心部件一端滑动,BRB 核心部件上通常会设置定位栓。定位栓主要有两类:① 核心板中部局部扩大;② 核心板中部焊接凸出物。然而,本次试验之前少有文献来评估定位栓的作用。图 2.20 中对比了压力作用下有和没有定位栓的 BRB 变形示意图。随着压力增加,核心板发生屈曲但被约束,如图 2.20(b)所示。由于存在不对称屈曲波峰和波谷,当核心板继续压缩时,会在接触面产生摩擦力,驱动约束部件滑动。如图 2.20(c-1)所示,由于存在定位栓,将限定核心部件和约束部件的相对位置,使得核心部件向中间压缩。如图 2.20(c-2)所示,如果没有定位栓,BRB 的约束部件将跟随受压的核心部件向另一侧滑动。如图 2.20(d)所示,如果 BRB 倾斜,约束构件更容易向核心板的一端滑动。

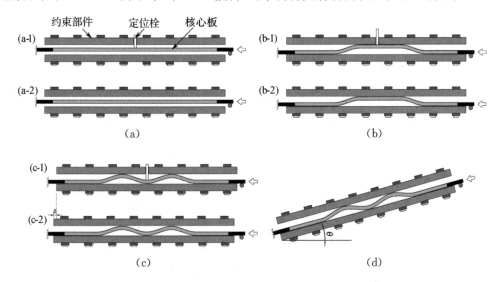

图 2.20　有无定位栓对核心板变形的影响

2.2.2　试验评估定位栓效果

完成了 4 根 BRB 试件拟静力加载试验,带定位栓的试件分别为 2.1.3 节中的试件 FE-4.0 和 FT-3.5,不带定位栓的试件分别命名为 FT-3.5(NS)和 FT-4.0(NS),设计尺寸和加载装置与 2.1.2 节中相同。BRB 试件水平放置,加载模式为等幅加载。

表 2.2 汇总了 4 根试件的加载结果。累积塑性变形 CPD 结果表明,即使在 3.5% 或更大的幅值作用下,有和没有定位栓的 BRB 试件 CPD 都远大于 200,这也是定位栓常被忽略的原因之一。有定位栓的 BRB 试件疲劳圈数 N_f 比没有定位栓的试件高约 75%,显然定位栓提高了大应变幅值作用下 BRB 的低周疲劳性能。

表 2.2   BRB 试件的试验结果

系列	试件	$\Delta\varepsilon/2$	N_f	CPD	失效位置
S-Ⅰ	FE-4.0	0.040	7	738	中部
S-Ⅱ	FT-4.0 (NS)	0.040	4	453	中部
	FT-3.5	0.035	9	907	中部
	FT-3.5 (NS)	0.035	5	500	中部

注：$\Delta\varepsilon/2$ 为应变幅值；N_f 是疲劳圈数；CPD 为试件累积塑性应变与核心板屈服应变 ε_y 的比值。

2.2.2.1   滞回曲线

图 2.21 给出了 BRB 试件的应力-应变曲线，BRB 的拉伸为正向。试件的最大压应力比最大拉应力大 30% 左右。即使幅值为 4% 时，也能够表现出稳定的滞回曲线，未发生整体失稳。

图 2.22 对比了试件 FT-3.5 和 FT-3.5(NS)滞回曲线的第一个和最后一个滞回环。试件 FT-3.5(NS)第一圈的最大压应力比试件 FT-3.5 大 5%，但其最后一圈大致相同。两个试件第一圈的差异被认为是由约束部件的滑移引起的，而最后一圈主要受核心部件的累积弯曲变形影响。

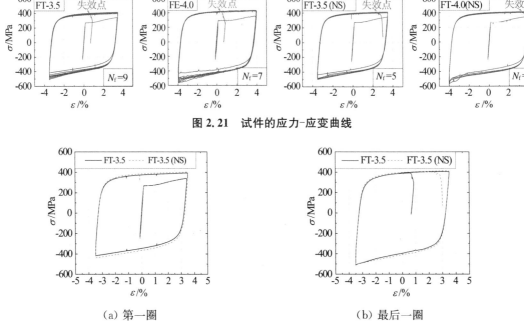

图 2.21   试件的应力-应变曲线

（a）第一圈　　　　　　　　　　　　（b）最后一圈

图 2.22   试件 FT-3.5 和 FT-3.5(NS)的对比

2.2.2.2   失效模式

核心部件的失效形态和位置如图 2.23(a)~(e)所示。结果表明，支撑的失效主要是由核心部件跨中的裂纹引起的。虽然定位栓焊接在核心表面，但焊接对失效模式没有特别影响。试件 FT-3.5 和 FE-4.0 的失效模式表明，裂纹沿横向从核心边缘向核心中间扩展。然而，试件 FT-3.5(NS)和 FT-4.0(NS)失效模式表明，裂纹沿着横截面从中间向边缘扩展。因此，约束部件的滑动对 BRB 核心部件裂纹的开展产生了影响。

在无定位栓的试件加载过程中,可以清楚地观察到加劲肋和约束部件之间的相互移动。如图 2.24(a)所示,试件 FT-3.5(NS)加载前,加劲肋和约束部件之间存在间隙。加载结束后,约束部件移动到一侧,接触到加劲肋,如图 2.24(b)所示。试件 FT-4.0(NS)加载前后也观察到相同现象。

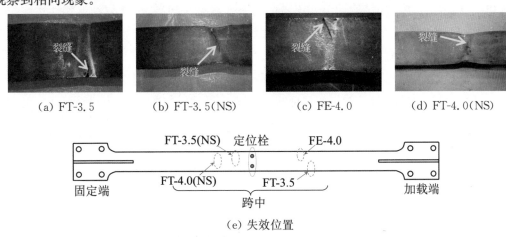

(a) FT-3.5　　　(b) FT-3.5(NS)　　　(c) FE-4.0　　　(d) FT-4.0(NS)

(e) 失效位置

图 2.23　试件的失效模式

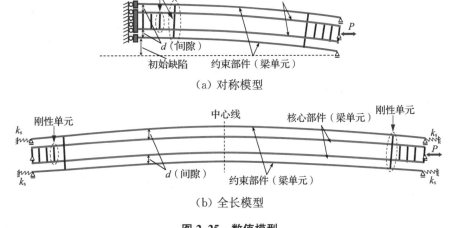

(a) 试验前　　　　　　　　　(b) 试验后

图 2.24　试件 FT-3.5(NS)内核和加劲肋相对位置

2.2.3　对称和全长杆系模型

为了进一步验证有定位栓和没有定位栓的 BRB 试件试验结果,本节结合文献[13]中的循环本构关系建立了如图 2.25 所示的有限元模型。

(a) 对称模型

(b) 全长模型

图 2.25　数值模型

2.2.3.1 BRB 对称模型和全长模型

如图 2.25(a)所示,由于核心板焊接了定位栓,可以建立 BRB 的半结构模型,即对称模型。将一对约束部件模拟为两个二维梁,并通过刚性单元来模拟约束部件之间的高强度螺栓连接。核心部件也采用了刚性单元连接的两个二维梁来模拟,方便与约束部件建立接触关系。核心部件和约束部件之间的平面外间隙 d 设置为 1 mm。初始挠度被视为半波正弦模式,最大值 a 设定为核心部件屈服段长度 L 的 0.1%。

在上述模型的基础上,建立了无定位栓的 BRB 全长模型。试验表明,无定位栓试件的约束部件由摩擦力驱动,最终被核心端部加劲肋阻止滑动。如图 2.25(b)所示,全长模型中使用了 4 个非线性弹簧来模拟约束部件的滑动行为。如图 2.26 所示,弹簧的刚度 k_1 约为约束部件轴向刚度的千分之一,使约束部件自由滑动,k_2 的值等于约束部件轴向刚度,来阻止约束部件滑动。根据约束部件和核心部件端部加劲肋之间的间隙(如图 2.24 所示),位移 u_1 设置为 32.5 mm。

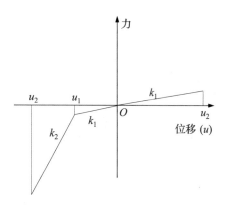

图 2.26 非线性弹簧的力-位移关系

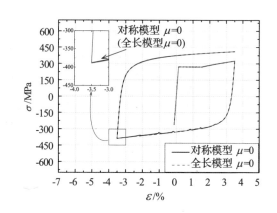

图 2.27 $\mu=0$ 时的应力-应变曲线

2.2.3.2 模拟与试验结果对比

图 2.27、图 2.28 对比了利用对称模型和全长模型模拟得到的应力-应变曲线与试验曲线。

如图 2.27 所示,当忽略核心部件和约束部件之间的摩擦力时,两个模型具有相同的应力-应变关系。因此,认为这两个模型可相互印证,具有一定的准确性。然而,FT-3.5(NS)试件第一圈的最大压应力比相应的模拟结果大约 13%。因此,如果在模拟中忽略摩擦力,则对称模型和全长模型无法正确模拟试验。

图 2.28 分别对比了不同摩擦系数的模型模拟与试验结果。随着摩擦系数 μ 的增加,对称模型和全长模型都有效地模拟试件 FT-3.5 和 FT-3.5(NS)的滞回行为。因此,当摩擦系数在 0.075 和 0.1 之间时,两个模型可以准确地模拟试验结果。因此,选择 $\mu=0.075$ 开展后续模拟。图 2.29 对比了 $\mu=0.075$ 的对称模型和全长模型的滞回曲线以及试验结果。全长模型比对称模型能更好地模拟试件 FT-3.5(NS)。而且在相同摩擦系数下,两种模型均能准确模拟相应的试件。

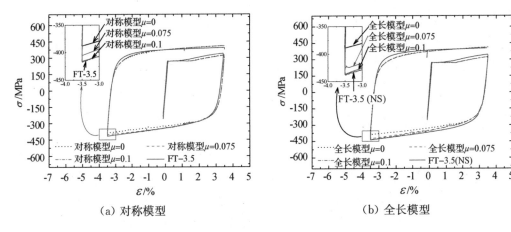

（a）对称模型　　　　　　　　　　（b）全长模型

图 2.28　不同摩擦系数的模拟和试验结果对比

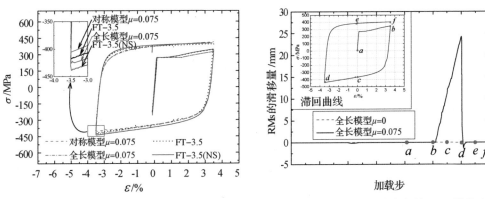

图 2.29　$\mu=0.075$ 时模拟和试验曲线　　**图 2.30　全长模型中约束部件 RMs 的滑动**

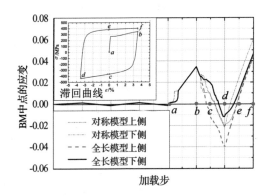

图 2.31　核心板 BM 中点的应变变化

　　图 2.30 对比了 μ 分别为 0 和 0.075 的全长模型中约束部件的滑动。点 a 到 f 表示约束部件的滑动与试件滞回曲线的对应关系。从 b 点到 d 点，约束部件沿核心部件的滑动位移增加，当核心的应变幅值为 -3.5%（最大压应变）时，位移达到峰值；从 d 点到 f 点，约束部件的滑移减小到 0。然而，在试验中，当应变幅值为 3.5% 时约束部件的滑移并没有一直减小到 0。在全长模型中，使用一个相对简单的弹簧单元来模拟约束部件的滑移，虽然模拟与试验结果略有差异，但也能反映问题的本质。

　　图 2.31 比较了半长模型和对称模型中核心板中点的应变变化。当试样受压（从 b 点

到 d 点)时,全长模型中核心板上表面中点的压应变大于其他模型的相应压应变。如上所述,定位栓阻止约束部件的滑移,从而导致多波约束屈曲的边界条件发生变化。可移动的约束部件提供了相对较弱的摩擦约束,并导致某些区域的曲率较高,如图 2.23(b)和图 2.23(d)所示,这可能是没有定位栓的 BRB 试件核心板的应变比较高的原因之一。

2.3　端部塑性扭转失稳

为了保证 BRB 核心板在受压时不与约束部件发生挤压,核心板两端通常预留一定长度的受压变形空间,且在核心板两端焊接有加劲肋,用来加强无约束段的平面外刚度,防止端部和该预留空间在由受拉转受压过程中因平面外刚度不足而发生局部失稳。另一方面,如 2.1 节所讨论的,加劲肋深入核心板屈服段的焊缝对 BRB 低周疲劳性能产生了不利的影响。为了消除屈服段焊缝的影响,研究者提出了将核心板端部加劲肋焊缝由原来位置退至起弧点(塑性段向弹性段过渡的起点)处,如图 2.32 所示。此种做法等于取消了焊缝对预留变形空间段的约束作用,使得该段也成为无约束自由段。为讨论上述端部构造的可行性和总结相应的设计建议,下文开展了对比试验研究。

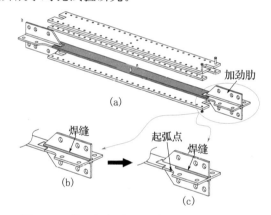

图 2.32　核心板加劲肋焊缝退至起弧点示意图

2.3.1　试件设计和试验方案

图 2.33 给出了全部焊接与部分焊接 BRB 的核心板设计图。全部焊接 BRB 的加劲肋三面围焊在核心板上,而部分焊接 BRB 的加劲肋只从核心板端部焊接至起弧点处。两种BRB 试件均在核心板中部焊接小圆钢棒作为定位栓。试件的约束部件与 2.1.2 节相似,采用了螺栓穿过填充板条连接约束盖板形成整体。如图 2.33 所示,l_y 为核心屈服段中两端部焊缝之间的距离,即核心屈服段长度,L 为核心部件的总长度,t 和 b 分别为核心屈服段的截面厚度和宽度,l_f 和 h_f 分别为两端部加劲肋处焊缝的焊缝长度和焊缝高度。

试件名由两部分组成:"WW"或"PW"分别表示试件为全部焊接 BRB(wholly-welded BRB)和部分焊接 BRB(partly-welded BRB);"1.0""2.0"及"3.0"表示对应试件采用常幅加载并且加载幅值分别为 1.0%、2.0%和 3.0%。试件采用等幅加载制度,所有试件的加载速率为 0.3 mm/s。

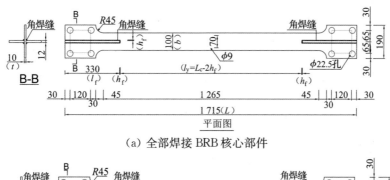

（a）全部焊接 BRB 核心部件

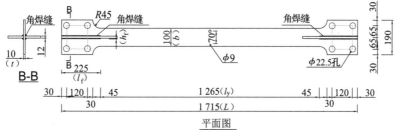

（b）部分焊接 BRB 核心部件

图 2.33　试件的核心部件设计图（单位:mm）

2.3.2　滞回曲线和失效形态

2.3.2.1　滞回曲线

图 2.34 给出了 BRB 试件的滞回曲线。两组试件的滞回曲线都很饱满,有稳定的耗能能力。表 2.3 汇总了所有试件疲劳寿命和受压承载力调整系数 β。在等幅应变 1.0% 作用下,试件 WW-1.0 和 PW-1.0 的疲劳圈数分别为 140 圈和 101 圈。在等幅应变 2.0% 作用下,试件 PW-2.0 受压时端部发生扭转,但其滞回曲线仍非常饱满,一直加载至第 47 圈才失效,而试件 WW-2.0 的疲劳圈数为 33 圈。在 3.0% 等幅应变作用下,试件 PW-3.0 在加载初期发生了严重扭转,加载至第 8 圈时因扭转变形过大致使位移计滑脱,于是停止加载。

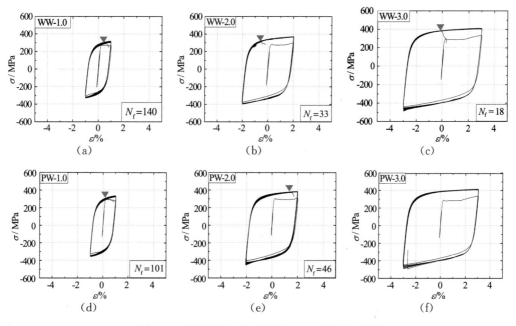

图 2.34　全部焊接和部分焊接 BRB 试件滞回曲线

表 2.3　部分焊接与全部焊接 BRB 试件的结果汇总

	试件	β	N_f	失效点
全部焊接	WW-1.0	1.04	140	第 141 圈，从 -1% 至 1% 段：0.4% 处
	WW-2.0	1.11	33	第 33 圈，从 -2% 至 2% 段：-0.7% 处
	WW-3.0	1.17	18	第 18 圈，从 -3% 至 3% 段：-0.1% 处
部分焊接	PW-1.0	1.06	101	第 101 圈，从 -1% 至 1% 段：0.2% 处
	PW-2.0	1.18	46	第 47 圈，从 -2% 至 2% 段：1.51% 处
	PW-3.0	1.20	>8	因扭转过大致位移计无法测量而中断

2.3.2.2　失效形态

图 2.35 给出了所有试件的失效形态。试件 PW-1.0 在核心板中部非焊缝处发生断裂，而试件 WW-1.0 在加劲肋顶部焊缝处发生断裂，与 2.1.3 节试验现象相同。由此可知，采用部分焊接能够避免小应变幅值往复作用下试件在加劲肋焊缝处失效。大应变幅值作用下，试件 WW-2.0 和 WW-3.0 都在核心部件中部定位栓焊缝处失效。而试件 PW-2.0 端部发生扭转，在无约束屈服段被拉断，而试件 PW-3.0 的端部扭转更加严重。由此可知，试件的加载幅值影响着部分焊接 BRB 试件端部无约束屈服段的失效模式。

(a) WW-1.0	(b) WW-2.0	(c) WW-3.0
(d) PW-1.0	(e) PW-2.0	(f) PW-3.0

图 2.35　BRB 试件的失效形态

2.3.3　端部防扭转失稳设计方法

2.3.3.1　端部扭转失效分析

如图 2.36 所示，部分焊接 BRB 核心板端部形成了一段初始长度为 l_0 的无约束屈服段。在加载过程中，当试件受拉到最大应变时，该无约束屈服段的长度达到 $l_0 + \varepsilon_{nom} \times L_y$，其中 ε_{nom} 为加载应变幅值。在 BRB 由受拉达到最大值转变为受压时，该无约束屈服段的应力急剧增加，当其应力大于该段最大临界压应力时，该段区块就发生局部屈曲，致使试件端部发生扭转。部分焊接 BRB 端部无约束屈服段在受压时将绕其形心轴发生转动，因此可根据对称关系将该段分成两块三边简支、一边自由的受压板块，如图 2.36 所示。在压力作用下区

段的变形函数为 $w(x,y)$，则该区段的平衡方程可表示为：

$$D\left(\frac{\partial^4 w}{\partial x^4}+2\frac{\partial^4 w}{\partial x^2\partial y^2}+\frac{\partial^4 w}{\partial y^4}\right)+\sigma_x t\frac{\partial^2 w}{\partial x^2}=0 \tag{2.21}$$

$$D=Et^3/\left[12(1-\nu^2)\right] \tag{2.22}$$

式中，σ_x 为板块沿轴向的压应力；D 为板块的抗弯刚度；t 为板厚；ν 为核心板钢材泊松比；E 为其弹性模量。

当该段板块受压进入塑性以后，加载方向板塑性模量变为 ηE，而在与加载正交的方向其截面模量仍保持为 E，抗扭刚度折减为 $\sqrt{\eta}E$，其中 η 为材料的切线模量与弹性模量的比值：

$$\eta=E_t/E \tag{2.23}$$

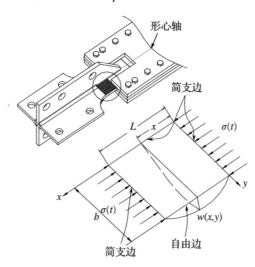

图 2.36　无约束屈服段的变形示意图

该区段在塑性阶段的平衡方程可表示为：

$$D\left(\eta\frac{\partial^4 w}{\partial x^4}+2\sqrt{\eta}\frac{\partial^4 w}{\partial x^2\partial y^2}+\frac{\partial^4 w}{\partial y^4}\right)+\sigma_x t\frac{\partial^2 w}{\partial x^2}=0 \tag{2.24}$$

满足图 2.36 所示的无约束屈服段的变形方程可表示为：

$$w=f\cdot\frac{y}{b}\cdot\sin\frac{m\pi x}{l} \tag{2.25}$$

式中，f 为图 2.36 中区段自由边中点处的变形；b 为板宽（为核心板宽度的一半）；m 为板块沿加载方向所形成的半波数；l 为该无约束屈服段的计算长度，可表示为：

$$l=l_0+\varepsilon\cdot L_y \tag{2.26}$$

上述平衡方程可采用最小势能原理求解，其势能表达式可表示为：

$$\prod = \frac{1}{2}D\iint\left[\eta\left(\frac{\partial^2 w}{\partial x^2}\right)^2+\left(\frac{\partial^2 w}{\partial y^2}\right)^2+\nu(1+\eta)\frac{\partial^2 w}{\partial x^2}\frac{\partial^2 w}{\partial y^2}+\right.$$
$$\left.2\sqrt{\eta}(1-\nu)\left(\frac{\partial^2 w}{\partial x^2}\right)\right]\mathrm{d}x\mathrm{d}y-\frac{1}{2}\iint\sigma_x t\left(\frac{\partial w}{\partial x}\right)^2\mathrm{d}x\mathrm{d}y \tag{2.27}$$

对势能进行微分，当势能的微分等于 0 时，板块上的应力即为所求临界应力：

$$\frac{\mathrm{d}\prod}{\mathrm{d}f}=0 \tag{2.28}$$

将式(2.25)带入式(2.27)可得该无约束区段发生屈曲的临界应力为：

$$\sigma_{cr}=\left[\frac{6(1-\nu)}{\pi^2}\sqrt{\eta}+\frac{m^2b^2}{l^2}\eta\right]\frac{\pi^2}{b^2}\cdot\frac{Et^2}{12(1-\nu^2)} \tag{2.29}$$

在试验中我们发现板在沿加载方向上形成一个半波，因此可取 $m=1$；板在进入塑性以后，其泊松比可取 $\nu=0.5$，从而可将式(2.29)化简为：

$$\sigma_{cr}=\frac{E_t}{3}\left(\frac{\pi^2b^2}{3l^2}+\sqrt{\frac{E}{E_t}}\right)\frac{t^2}{b^2} \tag{2.30}$$

上述 σ_{cr} 是部分焊接 BRB 端部无约束屈服段在受压时能够保持稳定而不发生局部屈曲的临界应力，在试验中，根据所施加的荷载可以计算出作用在该段板块上的实际应力：

$$\sigma_{max}=\frac{F_{cmax}}{2bt} \tag{2.31}$$

式中，F_{cmax} 为 BRB 试件在加载过程中所受的最大压力；σ_{max} 为相应的核心板截面最大压应力；b 和 t 分别为核心板端部无约束区段宽度（核心板宽度的一半）和厚度。

在试验中，要避免试件端部无约束区段发生局部屈曲，需满足下式：

$$\sigma_{cr}\geqslant\sigma_{max} \tag{2.32}$$

2.2.3.2 试验校核

表 2.4 给出了 3 根部分焊接 BRB 试件端部无约束屈服段的临界应力及实际应力。由表可知，试件 PW-1.0 端部无约束屈服段在试验中实际应力小于其出现局部扭转屈曲的临界应力，所以该试件没有发生端部扭转。而试件 PW-2.0 和试件 PW-3.0 端部无约束屈服段在试验中实际应力均超过了其局部扭转屈曲临界应力，两根试件均出现了因端部扭转而失效。其中，试件 PW-3.0 的实际应力超过其临界应力较多，试件扭转更严重。

表 2.4 端部无约束屈服段的临界应力与实际应力

试件	ε_{nom}/%	l_0/mm	L_y/mm	l/mm	b/mm	t/mm	E_t/MPa	F_{cmax}/kN	σ_{cr}/MPa	σ_{max}/MPa
PW-1.0	1.0	54.6	1 237	60.8	48.41	9.45	4 040	321.4	471.8	351.3
PW-2.0	2.0	62.5	1 250	75.3	50.18	9.46	4 040	428.5	424.5	451.3
PW-3.0	3.0	55.8	1 240	74.4	50.33	9.40	4 040	471.4	436.1	498.2

2.3.3.3 防扭转失效设计方法

在设计时要保证试件端部无约束屈服段不出现扭转屈曲，则其实际压应力和临界应力应满足式(2.32)，试件的临界应力根据式(2.30)可得，但实际压应力在设计阶段尚不知晓，需要根据核心板材料性能来预估。

假设核心板钢材的应力-应变曲线为双折线形，并取其屈服后的切线模量为弹性模量的 $1/50$。则核心板在所加载的任一应变下的最大应力为：

$$\sigma_{max}=[\varepsilon_yE+(\varepsilon-\varepsilon_y)E_t]\cdot\beta \tag{2.33}$$

式中，ε_y 为钢材屈服应变；ε 为加载应变幅值；E 和 E_t 为钢材的弹性模量和切线模量；β 为受压强度调整系数，其随着加载应变幅值的增大而变大，根据已有试验数据，可将其与加载应变幅值之间的关系简化成一线性关系式，可表示为：

$$\beta = 1.01 + 7\varepsilon \tag{2.34}$$

将式(2.32)与式(2.34)带入式(2.33),可得端部无约束屈服段计算长度应满足:

$$\frac{1}{l^2} \geqslant \frac{C_1}{t^2} - \frac{C_2}{b^2} \tag{2.35}$$

其中,

$$C_1 = (0.92 + 6.4\varepsilon) \left[\left(\frac{E}{E_t} - 1 \right) \varepsilon_y + \varepsilon \right] \tag{2.36}$$

$$C_2 = 0.3 \sqrt{\frac{E}{E_t}} \tag{2.37}$$

式(2.35)中,b 和 t 由 BRB 核心板截面尺寸确定,C_1 和 C_2 由材料试验和加载应变幅值确定。在设计阶段,可根据上述公式简洁而又快速地检验所设计 BRB 在试验或正常工作中是否会出现因端部无约束屈服段局部屈曲而导致的试件扭转现象。

将式(2.35)稍作变化,可以得到端部无约束屈服段保持稳定而不发生局部扭转屈曲计算长度限值为:

$$l_{max} = \left(\frac{C_1}{t^2} - \frac{C_2}{b^2} \right)^{-0.5} \tag{2.38}$$

根据式(2.38)可快速计算出部分焊接 BRB 试件在端部预留变形空间的限值。表 2.5 给出了 3 根部分焊接 BRB 试件所能设置的端部预留变形空间的最大值。试件 PW-2.0 与 PW-3.0 无约束屈服段的实际长度均超过了其在端部扭转屈曲计算长度限值,因此在试验中导致 2 根试件发生了扭转。

表 2.5　BRB 试件端部预留变形空间最大值的评估

试件	E/E_t	$\varepsilon/\%$	$\varepsilon_y/\%$	β	C_1	C_2	t/mm	b/mm	l_{max}/mm	l/mm
PW-1.0	50	1.0	0.15	1.08	0.075	2.121	10.0	50.0	107.2	60.8
PW-2.0	50	2.0	0.15	1.15	0.084	2.121	10.0	50.0	67.8	75.3
PW-3.0	50	3.0	0.15	1.22	0.093	2.121	10.0	50.0	52.9	74.4

2.4　本章小结

通过 BRB 系列试验研究了利用打磨焊缝来减轻核心板屈服段焊缝的影响[1],观察了有和没有定位栓的核心板失效形态和试件的滞回特征[2],讨论了核心板伸出约束部件的无约束屈服段发生塑性扭转屈曲失效的临界状态[3],主要结论如下:

(1) 焊缝打磨技术可以有效提高 BRB 在较小应变幅值下的低周疲劳性能。尽管所有试件都具有较高的低周疲劳性能,但焊缝打磨 BRB 相对于焊接 BRB 具有更大的安全冗余度。面内间隙宽度对 BRB 的低周疲劳寿命有轻微影响,但不能忽略。

(2) 有定位栓的 BRB 比无定位栓的 BRB 具有更高的低周疲劳性能。在 3.5% 和 4% 的应变幅值下,有定位栓的 BRB 试件的低周疲劳寿命提高了 75%。所提出的全长模型比所提出的对称模型更好地模拟了无定位栓的 BRB。设置核心和约束部件之间的合适摩擦系数,所提出的两种模型都能有效地模拟有和没有定位栓的 BRB 滞回行为。

（3）部分焊接 BRB 的内核屈服段伸出约束部件，形成无约束屈服段，易发生扭转屈曲失效，加载应变幅值是重要影响因素。基于最小势能原理，建立了无约束屈服段扭转屈曲临界应力的理论公式，给出了 BRB 端部无约束屈服段的计算长度限值。

参考文献

［1］Wang C L, Usami T, Funayama J. Improving low-cycle fatigue performance of high-performance buckling-restrained braces by toe-finished method［J］. Journal of Earthquake Engineering,2012,16(8)：1248－1268.

［2］Wang C L, Usami T, Funayama J. Evaluating the influence of stoppers on the low-cycle fatigue properties of high-performance buckling-restrained braces［J］. Engineering Structures,2012,41：167－176.

［3］Wang C L, Li T, Chen Q, et al. Experimental and theoretical studies on plastic torsional buckling of steel buckling-restrained braces［J］. Advances in Structural Engineering,2014,17(6)：871－880

［4］Tateishi K, Hanji T, Hanibuchi S. Improvement of extremely low cycle fatigue strength of welded joints by toe finishing［J］. Welding in the World,2009,53(9/10)：R238－R245.

［5］Stephens R I, Ali F, Stephens R R, et al. Metal fatigue in engineering ［M］. 2nd ed. New York:John Wiley & Sons Inc,2001.

［6］Saeki E, Sugisawa M, Yamaguchi T, et al. A study on low cycle fatigue characteristics of low yield strength steel［J］. Journal of Structural and Construction Engineering,1995(472)：139－147.

［7］Matsui R, Takeuchi T. Effect of local buckling of core plates on cumulative deformation capacity in buckling restrained braces［C］. STESSA 2012. Chile,2012.

［8］Usami T, Kato M, Kasai A. Required performances for buckling-restrained braces as a structural control damper［J］. Journal of Structural Engineering,2004,50：527－538.

［9］Takeuchi T, Hajjar J F, Matsui R, et al. Local buckling restraint condition for core plates in buckling restrained braces［J］. Journal of Constructional Steel Research,2010,66(2)：139－149.

［10］Shen C, Tanaka Y, Mizuno E, et al. A two-surface model for steels with yield plateau ［J］. Structural Engineering and Earthquake Engineering,1992,8(4)：179s－188s.

［11］Chou C C, Chen S Y. Subassemblage tests and finite element analyses of sandwiched buckling-restrained braces［J］. Engineering Structures,2010,32(8)：2108－2121.

［12］Tateishi K, Hanji T, Minami K. A prediction model for extremely low cycle fatigue strength of structural steel［J］. International Journal of Fatigue,2007,29(5)：887－896.

［13］Shen C, Mamaghani I H P, Mizuno E, et al. Cyclic behavior of structural steels. II：Theory［J］. Journal of Engineering Mechanics,1995,121：1165－1172.

3 屈曲约束接触界面

屈曲约束构件/支撑(BRB)通常分为套管填充砂浆 BRB 和组合型钢 BRB 两类。套管填充砂浆 BRB 主要先将核心部件包裹无黏结材料,然后置入套管内浇筑混凝土或砂浆来约束核心部件,其核心部件与填充砂浆之间的接触界面属性为钢-砂浆接触。组合型钢 BRB 通常将钢板或型钢等通过焊接或螺栓连接形成约束部件,其核心部件与约束部件之间的接触界面属性为钢-钢接触。

无黏结材料在套管填充砂浆 BRB 中不可或缺,但在组合型钢 BRB 中无黏结材料的作用没有被明确。本章通过对比试验揭示了无黏结材料对核心部件和约束部件之间的接触界面和支撑低周疲劳性能的影响[1]。填充砂浆约束套管可以更好地适应不同截面形式的核心部件,且造价相对于钢材较低,因而得到了广泛的应用,但是如何改进填充砂浆约束套管与核心部件之间的砂浆-钢接触界面性能仍少有研究。本章提出了新型钢衬板砂浆组合约束套管,其与核心部件之间形成了砂浆和钢-钢接触界面,通过试验评估了其对支撑性能的影响,进一步讨论了核心板平面内变形对套管局部稳定的作用[2]。

3.1 界面粘贴无黏结材料的影响

3.1.1 对比试件和加载方案

如图 3.1 所示,本章 BRB 试件主要由核心板、两块抑制核心板平面外变形的约束板以及两块抑制核心板平面内变形的填充板组成。其中,约束板和填充板通过 10.9 级高强螺栓连接成整体,共同形成了抑制核心板平面内外屈曲的约束部件。根据试验目的,部分试件的核心板和约束部件之间采用丁基橡胶来减小两者之间的摩擦。为了防止核心板的端部在受压时发生局部屈曲变形,在核心板两端平面外各焊接加劲肋。

此种 BRB 由全钢组成,构造简单,方便加工,在试验研究中有以下优点:

(1) 核心板和约束板为平板,方便对核心板的屈曲行为进行理论分析。

(2) 全部由钢材制作,易于装配,能够提高试件精度,便于建模精确分析。

(3) 此类支撑的研究结果有助于其他形式的 BRB 开发。

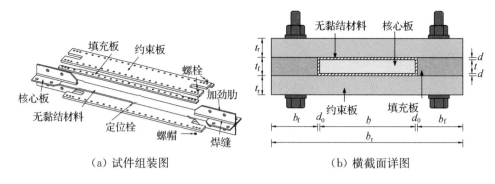

（a）试件组装图 （b）横截面详图

图 3.1 试验屈曲约束支撑示意图

表 3.1 给出了试件列表,图 3.2 给出了核心板的设计尺寸,其中 S-Ⅰ系列试件在核心部件与加劲肋的焊缝附近发生破坏,为避免上述不利失效模式,S-Ⅱ系列试件采用了更小的屈服段宽度 b(80 mm)和较长的过渡段长度(90 mm),L_t 和 L_y 分别为核心板的总长度和屈服段长度。2 个系列试件都采用了同样形式和尺寸的约束板,如图 3.1 所示。

表 3.1 根据试件是否采用无黏结材料和加载制度进行命名。例如,试件 A-V2 中"A"指试件核心部件和约束部件间未采用无黏结材料,只预留一定间隙,"V2"为加载模式编号。试件 U-V1 中"U"指试件核心板和约束部件间采用无黏结材料(1 mm 厚丁基橡胶),"V1"为加载模式编号。试件 A-V2(3)与试件 A-V2 的主要区别是平面内间隙 d_0 分别为 3.0 mm 和 1.0 mm,如图 3.3 所示,括号里面的 3 是间隙值。但为限制核心部件端部转动,试件 A-V2(3)核心板的过渡段与填充板之间的平面内间隙 d_1 为 1.0 mm。表 3.1 给出了各试件的关键实测尺寸,核心板均采用 Q235-B 钢。

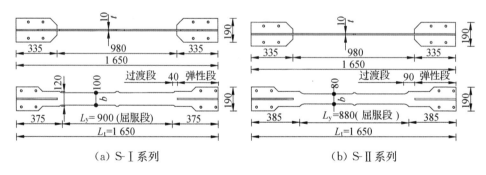

（a）S-Ⅰ系列 （b）S-Ⅱ系列

图 3.2 核心板的设计尺寸(单位:mm)

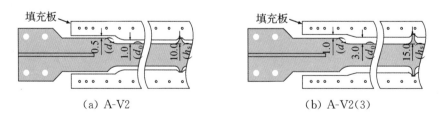

（a）A-V2 （b）A-V2(3)

图 3.3 试件的平面内尺寸剖面详图(单位:mm)

表 3.1　试件的关键实测尺寸

系列	试件	L_t /mm	L_y /mm	b /mm	t /mm	d /mm	d_0 /mm	无黏结材料	加载模式
S-Ⅰ	A-V1	1 649.5	897.5	100.12	9.83	1	1	无	V1
	U-V1	1 650.0	898.5	100.04	9.77	1	1	有	V1
S-Ⅱ	A-V2	1 648.3	879.5	79.93	9.64	1	1	无	V2
	U-V2	1 649.3	879.5	79.81	9.68	1	1	有	V2
	A-V2(3)	1 648.5	879.0	79.84	9.73	1	3	无	V2
	A-C1	1 649.0	879.8	79.90	9.66	1	1	无	C1
	A-C2	1 649.3	879.3	79.91	9.67	1	1	无	C2

本试验中采用 4 种不同加载制度,各试件首先进行 4 圈应变幅值较小的弹性预加载,以此来检测试验加载和测量系统并计算试件在弹性阶段的初始轴向刚度。加载制度 V1 在弹性预加载后,进行应变幅值不断增加的变幅加载,加载应变幅值分别为 0.5%、1.0%、1.5%、2.0%、2.5% 和 3.0%,每个应变幅值进行 2 个加载循环,最后对试件进行应变幅值为 2.0% 的常幅加载,直至试件发生破坏;加载制度 V2 在弹性加载后,进行 3 个系列的应变幅值不断增加的变幅加载,每个系列应变幅值分别为 0.5%、1.0%、1.5%、2.0%、2.5% 和 3.0%,在 0.5% 应变幅值下进行 3 个加载循环,其余应变幅值下进行 2 个加载循环,最后对试件进行应变幅值为 2.0% 的常幅加载,直至试件发生破坏;加载幅值 C1 为应变幅值为 1.0% 的常幅加载;加载幅值 C2 为应变幅值为 2.0% 的常幅加载。

此外,为方便表述,下文将变幅加载简称为"变幅",将常幅加载简称为"常幅",将加载制度 V2 中 3 个相同系列的变幅加载分别简称为"变幅 1""变幅 2"和"变幅 3"。

3.1.2　滞回曲线和失效模式

3.1.2.1　滞回曲线

图 3.4～图 3.9 给出了 7 个试件的滞回曲线,由于 2 个系列支撑核心板屈服段长度和宽度不同,为方便对试件进行比较,滞回曲线采用应变-应力曲线。图中用三角形标出了各试件的失效点,同时在右下角列出了各试件在常幅加载下的疲劳圈数。试件滞回曲线特性如下:

1. 试件 A-V1 和 U-V1

两个试件唯一的区别在于是否在核心部件和约束部件之间粘贴无黏结材料。由图 3.4 和图 3.5 可知,试件 A-V1 和 U-V1 的滞回曲线饱满,性能稳定,分别在常幅加载第 43 圈和 52 圈发生破坏,破坏前强度和刚度均未发生退化。对比图 3.4(a) 和图 3.5(a),在变幅加载过程中,两个试件的滞回曲线相似;对比图 3.4(b) 和图 3.5(b),在常幅加载过程中,试件 A-V1 的滞回曲线不同于试件 U-V1 的滞回曲线,出现明显拉压不对称现象,随着加载历程的发展,其受压承载力逐渐增大,而受拉承载力保持不变。

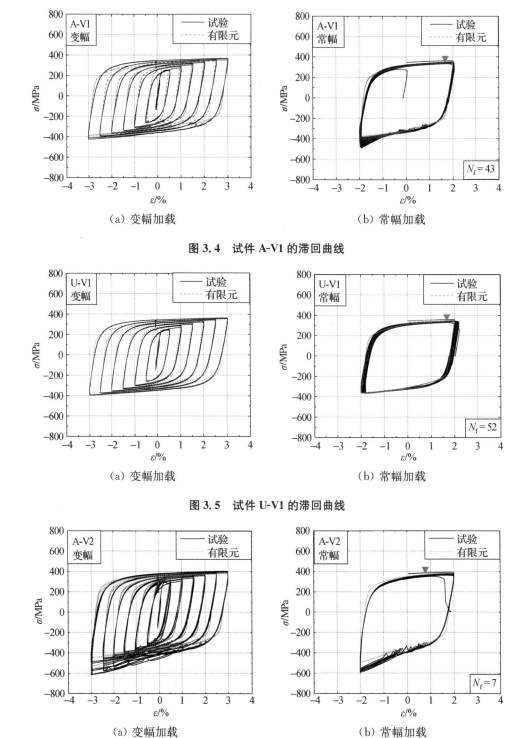

（a）变幅加载　　　　　　（b）常幅加载

图 3.4　试件 A-V1 的滞回曲线

（a）变幅加载　　　　　　（b）常幅加载

图 3.5　试件 U-V1 的滞回曲线

（a）变幅加载　　　　　　（b）常幅加载

图 3.6　试件 A-V2 的滞回曲线

2. 试件 A-V2、U-V2 和 A-V2(3)

由图 3.6 和图 3.7 可知,试件 A-V2 和 U-V2 的差别与试件 A-V1 和 U-V1 之间的差别类似,在变幅 2 和变幅 3,以及常幅加载阶段,试件 A-V2 滞回曲线逐渐出现严重拉压不对称现象。试件 U-V2 在常幅加载中的疲劳圈数为 38，远大于试件 A-V2 的疲劳圈数。如图 3.8 所示，由于试件 A-V2(3) 的平面内间隙 d_0 为 3.0 mm，拉压不对称现象在变幅 2 阶段比较明显，加载完成后即发生破坏。

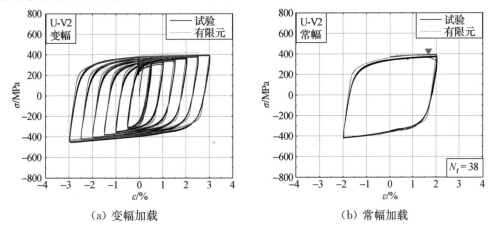

（a）变幅加载　　　　　　　　　　　（b）常幅加载

图 3.7　试件 U-V2 的滞回曲线

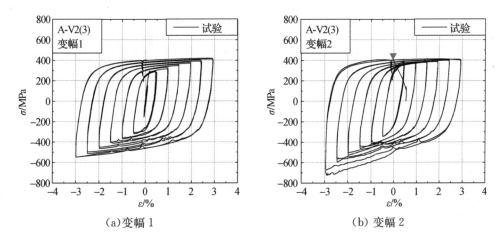

（a）变幅 1　　　　　　　　　　　（b）变幅 2

图 3.8　试件 A-V2(3) 的滞回曲线

3. 试件 A-C1 和 A-C2

由图 3.9 可知，试件 A-C1 在应变 1.0% 的常幅加载下疲劳寿命达到 249 圈，尽管其滞回曲线拉压不对称，但程度远小于试件 A-C2，试件 A-C2 在应变 2.0% 的常幅加载下疲劳寿命为 44 圈。

综上所述，未采用无黏结材料的 BRB 试件随着加载历程的发展，会出现受压承载力显著增大的现象，采用无黏结材料的试件则没有该现象；从试件在常幅加载下的疲劳圈数 N_f 可知，采用无黏结材料的 BRB 试件低周疲劳性能优于相应未采用无黏结材料的试件。试件 A-V1、U-V1、A-V2、U-V2、A-V2(3)、A-C1 和 A-C2 的累积塑性变形能力（CPD）分别为 3 022、3 532、2 188、5 391、1 058、5 734 和 2 202。累积塑性变形较高的原因有：采用了线切割，比水刀割和激光割等加工精度更高；核心板屈服段没有焊缝，降低了焊接对试件低周疲劳性能的影响。另外，采用无黏结材料的 BRB 试件的累积塑性变形能力高于未采用无黏结材料的试件。

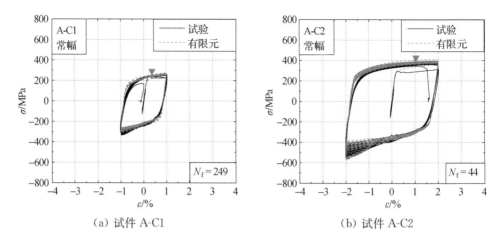

（a）试件 A-C1   （b）试件 A-C2

图 3.9　试件滞回曲线

3.1.2.2　失效模式

　　试验结束后，将试件约束部件的高强螺栓拆除，可以直接观测到核心板的失效模式，图 3.10 给出了 7 个试件的失效模式，标明了各试件裂缝产生的位置，各试件失效模式特性如下：

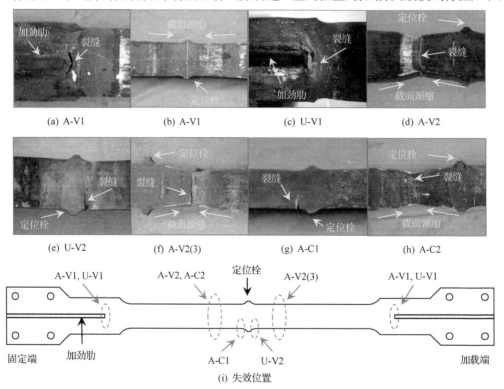

图 3.10　BRB 试件的失效模式

1. 试件 A-V1 和 U-V1

　　由图 3.10(a)～(c)可知，S-Ⅰ系列的 2 个试件核心板的主裂缝均在过渡段与加劲肋的焊缝附近开展，其原因为：①该区域的材料以及受力状况受焊接影响较大，焊缝附近核心板的低周疲劳性能较差；②核心板屈服段宽度为 100 mm，过渡段宽度为 120 mm，仅为屈服宽度的 1.2 倍,且过渡段焊缝离屈服段仅 40 mm[图 3.2(a)],在较大应变幅值反复加载下,试件屈服段产生显著的强化,过渡段会出现一定程度的塑性。此外,试件 A-V1 屈服段中部出现较明显截面颈缩现象,试件 U-V1 核心板在定位栓附近有多条细微裂缝。

2. 试件 A-V2、U-V2 和 A-V2(3)

为避免类似 S-Ⅰ系列构件在过渡段焊缝处的破坏,S-Ⅱ系列试件在核心板几何尺寸上做了两处改进[图 3.2(b)]:①核心板屈服段的宽度由 100 mm 降低到 80 mm,焊缝处过渡段宽度保持在 120 mm,过渡段宽度和屈服段宽度的比值提高到 1.5,屈服段横截面变小,试件在相同应变幅值下的轴向力变小,过渡段内部的应力水平相对 S-Ⅰ系列试件降低;②过渡段的长度从 40 mm 提高到 90 mm,过渡段焊缝处离屈服段的距离变长,进一步抑制了塑性应变在该区域的开展。经过以上改进,试件 A-V2 的主裂缝在过渡段和定位栓之间的屈服段开展[图 3.10(d)],试件 U-V2 的主裂缝在定位栓附近开展[图 3.10(e)]。试件 A-V2 和试件 A-V2(3)的中部截面均发生严重的颈缩,试件 A-V2(3)的定位栓在加载过程中发生过大的弯曲变形而失效[图 3.10(f)]。

3. 试件 A-C1 和 A-C2

由图 3.10(h)可知,试件 A-C2 的主裂缝位于屈服段,且中部发生颈缩,失效模式和试件 A-V2 类似。试件 A-C1 的裂缝发生在定位栓附近,且核心板中部无明显颈缩现象[图 3.10(g)],失效模式和试件 U-V2 类似。

3.1.3 核心板残余变形及成因

从图 3.10 观测到未采用无黏结材料的试件中部会发生严重的截面颈缩,进一步测量了各试件核心板屈服段在多个截面横向残余变形,S-Ⅰ和 S-Ⅱ系列试件的测点位置分别如图 3.11(a)和图 3.12(a)所示。

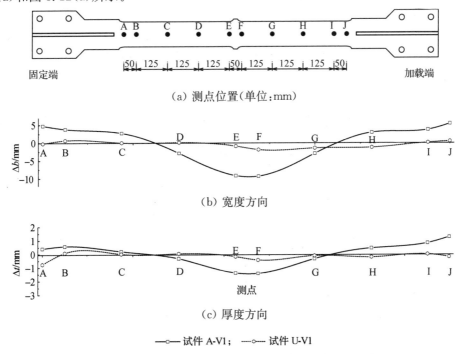

图 3.11 试件 A-V1 和 U-V1 核心板横截面残余变形分布

　　试验前测得核心板的加工误差在宽度方向控制在 0.2 mm 之内,在厚度方向控制在 0.05 mm 之内,因此以试件屈服段平均初始宽度 b 和厚度 t 为基准来计算截面横向残余变形。图 3.11～图 3.13 给出了各试件沿宽度方向的残余变形 Δb 和沿厚度方向的残余变形 Δt,未采用无黏结材料的试件中部截面宽度和厚度方向均发生颈缩,端部截面沿宽度和厚度方向发生膨胀,而采用无黏结材料的试件的截面残余变形相对较小且不规律。此外,由于试件 A-C2 的常幅加载幅值较大,其截面宽度和厚度方向残余变形均大于试件 A-C1。

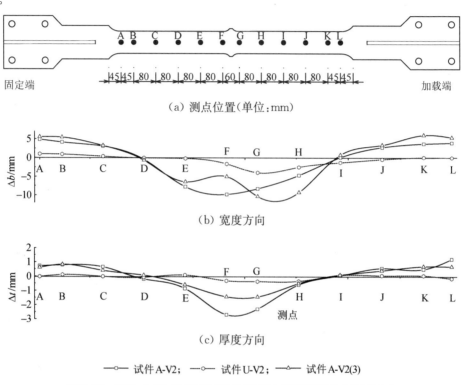

（a）测点位置(单位:mm)

（b）宽度方向

（c）厚度方向

——□—— 试件 A-V2；　——○—— 试件 U-V2；　——△—— 试件 A-V2(3)

图 3.12　试件 A-V2、U-V2 和 U-V2(3)核心板横截面残余变形分布

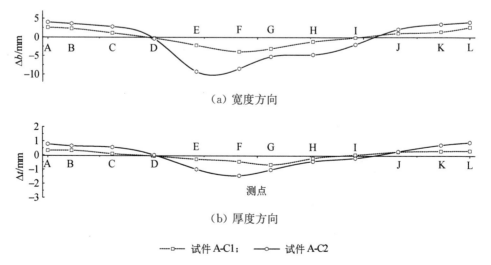

（a）宽度方向

（b）厚度方向

——□—— 试件 A-C1；　——○—— 试件 A-C2

图 3.13　试件 A-C1 和 A-C2 核心板横截面残余变形分布

图 3.14 进一步给出了未采用无黏结材料的试件核心板屈服段在不同轴向力作用阶段的变形。在受压阶段,由于核心板与约束板之间存在摩擦力,核心板屈服段端部轴力 P_e 大于中部轴力 P_m,而屈服段端部和中部的截面大小在初始阶段保持相同,因此屈服段轴向应力分布与轴力分布保持一致,即屈服段端部轴向压应力 σ_e 大于中部轴向压应力 σ_m。但钢材在塑性阶段,较小的应力差别即可产生较大的应变差别,因而核心板端部受压膨胀程度远大于中部受压膨胀程度[图 3.14(b)]。

在受拉阶段,核心板屈服段的轴向力沿纵向均匀分布,核心板屈服段端部的轴力 P_e 与中部的轴力 P_m 相等,但由于受压阶段存在屈服段横截面的残余变形,且端部截面大于中部截面,因而屈服段端部的轴向拉应力 σ_e 小于中部轴向拉应力 σ_m,造成了核心板中部截面相对端部产生更大的截面收缩。

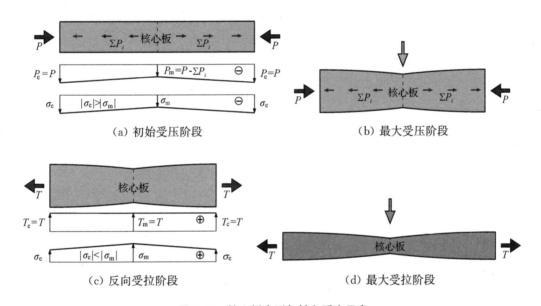

图 3.14 核心板变形与轴向受力示意

3.1.4 受压承载力调整系数趋势

图 3.15～图 3.17 给出了所有 7 个试件在各加载幅值和不同累积塑性变形下受压承载力调整系数 β 变化趋势,具体对比结果如下:

1. 试件 A-V1 和 U-V1

由图 3.15 可知,在变幅加载过程中,试件 A-V1 的受压承载力调整系数 β 从 $1.05(\varepsilon=0.5\%)$ 增加到 $1.15(\varepsilon=3.0\%)$,其增加幅度大于试件 U-V1;在常幅加载过程中,试件 A-V1 的 β 在累积塑性变形(CPD)为 2 000 时,超过了 1.30,当 CPD 超过 3 000 时,试件 A-V1 的 β 最终增长至 1.43;而试件 U-V1 的 β 在常幅加载过程中保持稳定,约为 1.09。

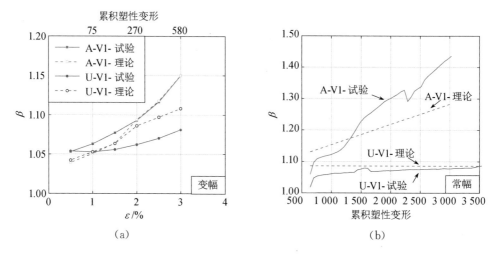

(a)　　　　　　　　　　　(b)

图 3.15　试件 A-V1 和 U-V1 在各加载幅值和不同累积塑性变形下的 β 值

2. 试件 A-V2、U-V2 和 A-V2(3)

如图 3.16 所示,当应变幅值 ε 超过 0.5% 时,试件 A-V2 的 β 远大于试件 U-V2,但小于试件 A-V2(3)。例如,当 CPD 为 1 000 时,试件 A-V2、U-V2 和 A-V2(3) 的受压承载力调整系数 β 分别为 1.42、1.13 和 1.73。试件 A-V2 和 A-V2(3) 在变幅 2 加载过程中的 β 均大于在变幅 1 加载过程中相同应变幅值下的 β。

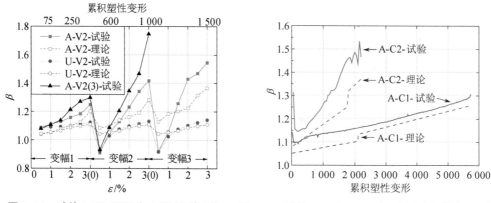

图 3.16　试件 A-V2、U-V2 和 A-V2(3)的 β 值　图 3.17　试件 A-C1 和 A-C2 在不同累积塑性变形下的 β 值

3. 试件 A-C1 和 A-C2

由图 3.17 可知,在初始加载循环中,两个试件的 β 均处于较高水平,其原因是钢材在常幅加载初始加载循环会发生循环硬化现象,先经历的受拉承载力明显小于后经历的受压承载力,一直到稳定滞回环形成。在之后的加载循环中,两个试件的 β 均呈现波动上升趋势,试件 A-C1 的 β 最终上升到 1.31,而试件 A-C2 的 β 随累积塑性变形的上升斜率更大,最终上升到 1.53。

采用和未采用无黏结材料的试件的 β 随着加载历程发展的变化趋势差别很大,为深入研究该现象,对试验后各试件核心板表面情况进行分析。如图 3.18(a)～(e)所示,未采用无黏结材料的试件的核心板表面在多波屈曲波峰处被磨光,表面的铁锈脱落。而图3.18(f)中采用无黏结材料的试件核心板表面依然附着无黏结材料,表面灰暗且没有明显损伤。已有研究表明[3]，由于原子间相互作用以及表面的附着力，当金属间接触面为干界面时，其动摩擦系数 μ 远大于湿界面间的动摩擦系数，例如，钢-钢之间动摩擦系数在湿界面时为 0.09，在干界面时为 0.57[4]。在反复激烈摩擦下，金属湿界面会逐渐变成干界面，动摩擦系数会显著提高[5]。而未采用无黏结材料的试件核心板和约束部件之间没有保护措施，在较大接触压力和摩擦力下会形成干界面，最终造成了试件受压承载力显著增加的现象。

基于上述分析，试件中核心板和约束部件间动摩擦系数主要受两者间的最大法向接触力和相互摩擦历程影响，因此本小节拟采用各个应变范围 $\Delta\varepsilon_i$ 和相应循环圈数 N_i 来描述未采用无黏结材料试件的动摩擦系数随加载历程的发展而产生的变化，具体如式（3.1）所示：

$$\mu = 0.09 + \sum_i N_i(100\Delta\varepsilon_i/3)^{2.6}/33 \leqslant 0.57 \qquad (3.1)$$

该估算公式所依据的假设和准则为：未采用无黏结材料的试件核心板和约束部件间的初始界面为湿界面，初始动摩擦系数 μ 为 0.09，然后随着加载历程的发展逐渐变为干界面，最终动摩擦系数 μ 增加到 0.5~0.57。此外，采用无黏结材料（丁基橡胶）的试件的动摩擦系数始终设置为 0.10[1]。

基于以上动摩擦系数的假定，根据文献[1]建议的理论公式得到图 3.15~图 3.17 中所有试件的 β 理论值。β 理论值随加载历程的发展的变化趋势和试验结果保持一致。当应变幅值 $\Delta\varepsilon$ 大于 0.5% 时，采用无黏结材料的试件的 β 理论值和试验值之间的误差小于 5%。未采用无黏结材料的试件的 β 理论值和试验值之间的误差较大，且随着加载幅值的增大以及加载历程的发展而增加。此外，试件 A-C1 的 β 理论值和试验值之间的误差小于试件 A-C2。

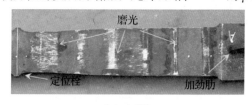

(a) A-V1　　　　　　　　　　　　　　(b) A-V2

(c) A-V2(3)　　　　　　　　　　　　　(d) A-C1

(e) A-C2　　　　　　　　　　　　　　(f) U-V2

图 3.18　试验后试件核心板表面

未采用无黏结材料的试件受压承载力调整系数理论值和试验值差距较大，其主要原因是核心板端部发生严重膨胀(图 3.19),由图 3.11~图 3.13 可知,膨胀宽度 Δb 超过了 $2d_0$(d_0 为核心板和填充板之间的平面内间隙)。由泊松效应和摩擦力引起的核心板端部的膨胀宽度理论值 Δb_{th} 可以通过下式估算:

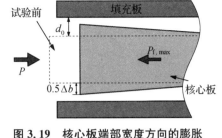

图 3.19　核心板端部宽度方向的膨胀

$$\Delta b_{th} = \nu \left(\Delta\varepsilon + \frac{P_{f,max}}{E_t bt} \right) b \qquad (3.2)$$

$$P_{f,max} = n\mu P_{max} \frac{8d}{l_w} \qquad (3.3)$$

式中,ν 和 E_t 分别为材料的泊松比和切线模量;$\Delta\varepsilon$ 为加载的压应变幅值;b 和 t 分别为核心板的宽度和厚度;$P_{f,max}$ 为多波屈曲引起的核心板和约束部件间的最大摩擦力总和;μ 为核心部件和约束部件之间的动摩擦系数;n 为屈曲波数,等于屈服段总长 L_y 和波长 l_w 之间的比值;d 为核心部件和约束部件之间的平面外间隙。

　　表 3.2 给出了上式计算的一定加载幅值下核心板端部的膨胀宽度的理论值 Δb_{th},同时列出了受压承载力调整系数 β 理论值、多波屈曲波长理论值 l_w 和核心板与约束板之间的法向接触力 N。结合表 3.2 和图 3.15~图 3.17 中的试件 A-V1、A-V2 和 A-C2 的数据,当膨胀宽度理论值超过 2 倍的核心板和填充板之间的平面内间隙 d_0 时,核心板和约束部件间的摩擦力会急剧增大,受压承载力调整系数 β 试验值会远大于理论值。此外,尽管试件 A-V2(3)核心板屈服段和填充板之间的平面内间隙 d_0 为 3 mm,旨在为核心板的膨胀提供足够的空间,但是核心板过渡段和填充板的平面内间隙 d_1 仅为 1 mm(图 3.3),过渡段在加载过程中有一定塑性变形,其膨胀超过了预留平面内间隙,与填充板发生了挤压。试件 A-V2(3)的定位栓由于弯曲变形过大发生失效,也引起了受压承载力的进一步增大[1]。

表 3.2　试件多波屈曲行为理论值及累积塑性变形能力

系列	试件	$\Delta\varepsilon$ /%	T_{max} /kN	N /kN	l_w /mm	β 理论	Δb_{th} /mm	$2d_0$ /mm	CPD
S-I	A-V1	2.0	319.7	25.3	128.2	1.27	2.2	2.0	3 022
	U-V1	2.0	317.5	21.3	128.4	1.07	1.1	2.0	3 532
S-II	A-V2	3.0	304.5	30.4	109.9	1.37	2.8	2.0	2 188
	U-V2	3.0	305.3	21.4	125.6	1.09	1.3	2.0	5 391
	A-V2(3)	3.0	307.0	28.7	109.9	1.28	2.7	6.0	1 058
	A-C1	1.0	245.4	19.5	125.7	1.24	1.3	2.0	5 734
	A-C2	2.0	275.5	27.0	109.9	1.34	2.2	2.0	2 202

3.1.5　无黏结材料影响的模拟评估

　　本节建立了试件的有限元模型,如图 3.20 所示。其中,核心板和约束板之间接触属性为硬接触,选用 Coulomb 摩擦模型以模拟两者之间的切向接触行为,其中根据是否设置无黏结材料参考 3.1.4 节来设定不同的摩擦系数。分别对 S-I 和 S-II 系列试件进行模拟分析,结果如图 3.4~图 3.7 所示,表明该模拟能够较好地体现试件的滞回特征。

试件 A-V2(3)屈服段和填充板之间的平面内间隙 d_0 为 3 mm,可给核心板屈服段的膨胀提供空间,但由于过渡段和填充板之间的平面内间隙过小以及定位栓的失效,仍然导致了受压承载力的显著提高。尽管如此,合理的平面内间隙和定位栓设计仍可以避免核心部件和填充板之间的挤压。已有研究表明[6],过大的平面内间隙会使核心板发生绕强轴的屈曲,但对支撑低周疲劳性能降低程度有限。因此,将下文的分析算例的平面内间隙 d_0 均超过核心板膨胀宽度 Δb_{th} 的理论值的一半,来避免核心板和约束部件之间的挤压影响。

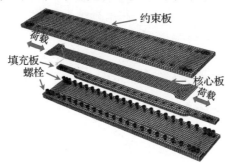

图 3.20　试件的有限元模型

尽管试验中各试件在 CPD 为 600 时均能较好地满足规范要求,但是实际工程中支撑长度远大于试验构件,因此应研究不同屈服段长度 L_y 对屈曲约束支撑耗能和屈曲行为的影响。将 BRB 算例的屈服段长度 L_y 分别设为 880 mm、3 000 mm 和 6 000 mm,模型编号分别为"880-10""3000-10"和"6000-10"。其中"10"表示核心板厚度。对采用无黏结材料和未采用无黏结材料的算例均进行分析,共计 6 个模型。试件加载模式为 C2,即应变幅值为 2% 常幅加载。核心板尺寸和 S-Ⅱ 系列试件保持一致,但是支撑平面内间隙 d_0 大于 S-Ⅱ 系列试件。

图 3.21(a)给出了 6 个模型的受压承载力调整系数 β 随 CPD 的变化,其中"A"指未采用无黏结材料的算例,"U"指采用无黏结材料的算例。模型的屈服段长度越长,其 β 越大,其原因在于核心板多波屈曲数随屈服段长度的增加而增加,相应接触区域数目增多,核心板和约束部件间的摩擦力增加。

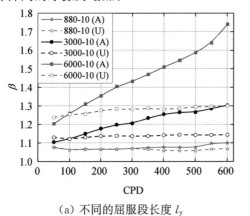

（a）不同的屈服段长度 l_y

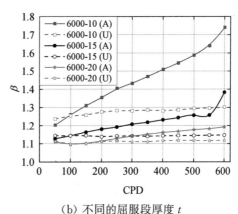

（b）不同的屈服段厚度 t

图 3.21　受压承载力调整系数随 CPD 变化图

实际工程应用中,屈曲约束支撑的核心板通常选用不同的厚度 t。本小节对具有不同核心板厚度 t（10 mm、15 mm 和 20 mm）的 BRB 算例进行模拟,核心板屈服段长度 L_y 为 6 000 mm,

算例编号分别为"6000-10""6000-15"和"6000-20"。各算例 β 随 CPD 的变化如图 3.21(b)所示,β 随核心板厚度的增加而降低,未采用和采用无黏结材料的模型的 β 都会随着核心板厚度的增加而降低。其原因为:核心板厚度 t 较大,支撑的多波屈曲数 n 相对较小,波长 l_w 相对较大,相应接触区域数目减小,核心板和约束部件间的摩擦力减小。

除了模型"6000-10",其余支撑模型在累积塑性变形 CPD 达到 200 时,受压承载力调整系数 β 均小于 1.30,满足《美国钢结构建筑抗震规范》(AISC 341-10—2010)的限值要求。因此,此类截面形式和几何尺寸的全钢屈曲约束支撑可不采用无黏结材料,只需在核心板和约束部件间预留一定空隙。但当累积塑性变形 CPD 为 600 时,屈服段长度不小于 3 000 mm 或厚度不大于 15 mm 的未采用无黏结材料的支撑模型的 β 均超过了 1.3。若不采用无黏结材料,模型"6000-10"在累积塑性变形 CPD 为 600 时,受压承载力调整系数 β 高达 1.74。

3.2 钢衬板砂浆组合接触界面

3.2.1 钢衬板填充砂浆约束套管的提出

为了提高 BRB 的填充砂浆接触界面的平整度,笔者课题组提出了一种新型槽钢衬板套管填充砂浆 BRB[2],其组装过程如图 3.22 所示。区别于传统套管填充砂浆 BRB,在核心部件表面包裹无黏结材料后,在无黏结材料的外表面沿核心部件纵向设置槽钢并通过铅丝绑扎固定。采用钢衬板的目的主要有:

(1)通过在无黏结材料的外表面设置型钢,核心板发生屈曲时其接触界面由不平整的砂浆表面转变为相对光滑的槽钢腹板表面,改善了接触界面的平整度。

(2)无黏结材料磨损后核心部件与约束部件之间的接触由钢与砂浆接触变为钢与钢和砂浆混合接触。通常,钢与砂浆之间的摩擦系数在 0.57 和 0.70 之间,而钢与钢之间的摩擦系数仅为 0.3 左右,因此混合接触界面可以有效地降低钢与约束砂浆间的摩擦系数。

(3)槽钢衬板沿纵向延伸到核心部件两端的过渡段,提高了对核心部件端部局部屈曲的约束效果,避免出现端部约束砂浆被挤压破坏导致的端部失稳现象。

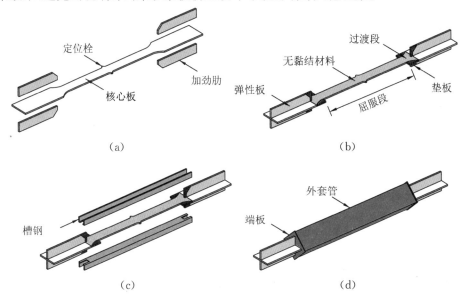

图 3.22　新型屈曲约束支撑的组装图

3.2.2　钢衬板填充砂浆套管试验

如图 3.23 所示,新型 BRB 的核心部件为一字形钢板,约束部件由槽钢衬板、高强砂浆和套管组成。如图 3.24 所示,核心板中部通过线切割对截面进行削弱形成屈服段,两端焊接加劲肋形成弹性段,弹性段和屈服段之间为过渡段。在核心板中部通过扩大截面形成定位栓,以避免约束部件向一端滑移。由于受压时核心部件与约束部件会发生相对运动,在核心部件截面改变处设置了软性垫片以防止核心部件和约束部件相抵触。核心部件外表面包裹 1 mm 厚的丁基橡胶作为无黏结材料将核心部件和约束部件隔离,并为核心部件受压膨胀提供空间。

本节设计了核心部件尺寸相同的 3 个试件,分别命名为 MF-1、MF-C2 和 MF-C3,其中 MF 表示砂浆填充,C 表示设置槽钢衬板。试件 MF-1 和 MF-C2 采用了相同的加载制度,试件 MF-C2 和 MF-C3 截面尺寸相同而加载制度不同。试件的设计尺寸如图 3.23 和图 3.24 所示。核心板、套管和槽钢均选用 Q235B 钢。填充砂浆为高强无收缩灌浆料,其 28 天立方体抗压强度平均值为 79.78 MPa。

试验采用的加载模式由变幅加载和常幅加载组成。变幅加载阶段的应变幅值分别为 0.5%(3 圈),1.0%、1.5%、2.0%、2.5% 和 3.0%(各 2 圈)。为了考察多次加载过程中 BRB 滞回曲线以及受压承载力调整系数的变化,本次试验将上述过程重复 3 次,分别命名为 VSA-1、VSA-2 和 VSA-3。接着,对试件进行常应变幅值加载直至失效,试件 MF-1 和 MF-C2 的常应变幅值为 2%,试件 MF-C3 的常应变幅值为 3%。

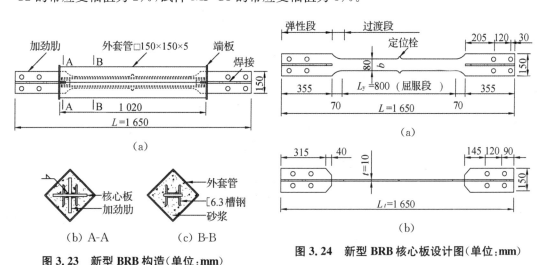

图 3.23　新型 BRB 构造(单位:mm)

图 3.24　新型 BRB 核心板设计图(单位:mm)

3.2.3　滞回曲线和失效模式

图 3.25～图 3.27 给出了 3 个 BRB 试件的滞回曲线,图中三角形表示试件最终失效点。由图可知,所有试件均经历了 3 次变幅循环加载(VSA-1、VSA-2 和 VSA-3),最终在常幅(CSA)加载下受拉断裂。试件的滞回曲线在变幅和常幅加载阶段均十分饱满,构件失效前均没有发生整体或者局部屈曲。

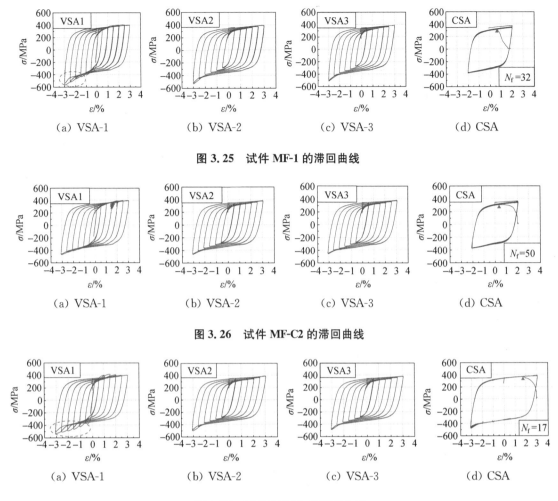

图 3.25　试件 MF-1 的滞回曲线

图 3.26　试件 MF-C2 的滞回曲线

图 3.27　试件 MF-C3 的滞回曲线

如图 3.25 所示,试件 MF-1 表现出稳定的滞回性能,说明提高填充砂浆的强度等级可以有效地约束核心部件的整体和局部屈曲。对比图 3.25(d)和图 3.26(d)可知,试件 MF-1和 MF-C2 经历了相同的变幅循环加载后,在常幅加载阶段破坏前的加载圈数分别为 32 圈和 50 圈,说明采用槽钢衬板能够有效地提高 BRB 的低周疲劳性能。对比图 3.26 和图 3.27可知,试件 MF-C2 和 MF-C3 的常幅加载圈数分别为 50 圈和 17 圈。说明在较大的等幅应变加载幅值下 BRB 依然有着较好的性能。

如图 3.25(a)和图 3.27(a)中的虚线所示,在 VSA-1 加载阶段,试件 MF-1 和 MF-C3 轴向压应力随应变幅值增加较为明显,而在之后的 VSA-2 和 VSA-3 加载阶段趋于平缓。上述现象解释如下:试件核心部件过渡段设置的软性垫片在灌注砂浆时可能发生偏移,导致核心部件受压时过渡段与约束砂浆相抵触。而在之后的加载过程中(VSA-2 和 VSA-3),由于该区域的砂浆被压碎,BRB 的轴向压应力趋于平稳。

加载结束后剖开试件 MF-1 和 MF-C2 以观察砂浆、无黏结材料的状态及核心板的失效模式。试件 MF-1 的砂浆块体如图 3.28 所示,由于采用高强度砂浆,试验结束后砂浆块体依然较为完整,没有发生局部压碎现象,但是其表面并不平整。

图 3.28　试件 MF-1 加载后填充砂浆块

图 3.29 给出了试件 MF-1 和 MF-C2 核心板的失效模式。如图 3.29(a)和(c)所示,试件 MF-1 的主裂缝开展于定位栓和过渡段之间的屈服段,裂缝处发生了明显的颈缩现象。如图 3.29(b)和(d)所示,试件 MF-C2 的破坏是由核心部件中部定位栓附近的主裂缝开展引起的。在此区域同样出现了其他微裂缝,这是由于核心板的截面在定位栓附近发生改变,该区域的复杂应力状态导致了应力集中现象。

如图 3.29(a)和(b)所示,试件 MF-1 和 MF-C2 的核心板表面的无黏结材料均发生了不同程度的磨损现象,说明在往复加载过程中,核心板发生了多波屈曲,波峰或波谷与约束部件相互摩擦,导致无黏结材料被磨损。此外,核心板表面仍有部分保存完好的无黏结材料,这是由于当核心板在较大的轴向应变幅值(3%)下发生多波屈曲后,在随后的较小应变幅值下其高阶屈曲波形和波长均不会发生变化,即核心板的波峰或波谷与约束部件的接触位置不会发生明显改变。

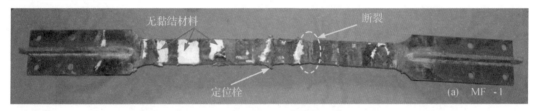

(a) 试件 MF-1 加载后核心板

(b) 试件 MF-C2 加载后核心板

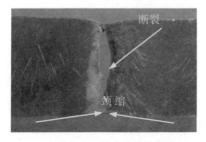 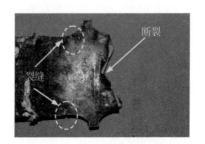

(c) 试件 MF-1 的断裂截面　　　(d) 试件 MF-C2 的断裂截面

图 3.29　试件的失效模式

3.2.4 累积塑性变形和受压承载力

累积塑性变形(CPD)表示 BRB 在失效前所累积的塑性变形能力,是评价 BRB 耗能能力的关键指标。3 个试件的 CPD 均远大于 200,也能够满足文献[6]提出的 BRB 在多次强震作用下无须更换的高性能需求。试件 MF-1 和 MF-C2 的 CPD 值分别为 2 833 和 3 703,采用槽钢衬板后试件的累积塑性变形能力提高了 30.71%,有效地提高了 BRB 的耗能能力。试件 MF-C2 和 MF-C3 的 CPD 值分别为 3 703 和 2 602,说明当施加相对较大的常应变幅值时,BRB 的累积塑性变形能力会降低。

如图 3.30(a)所示,在同一变幅加载阶段,试件的 β 值均随着应变幅值的增加而上升。在 VSA-1 加载阶段,试件 MF-1 的 β 值明显大于试件 MF-C2 和 MF-C3。这一现象解释如下:尽管在核心板表面设置了无黏结材料,但由于无黏结材料需要裁剪并采用黏合剂粘贴,导致核心板和砂浆的接触面不平整,摩擦系数较大。而试件 MF-C2 和 MF-C3 的核心板表面设置了槽钢衬板,有效地改善了接触面不平整现象,降低核心部件和约束部件之间的摩擦力。在 VSA-2 和 VSA-3 加载阶段,不同试件 β 值的差别趋于减小。这是由于经过 VSA-1 阶段核心板与约束砂浆表面的相互挤压,约束砂浆表面基本被磨平,不同试件接触面状态趋于一致。另外,与试件 MF-1 相比,即使在较大的压应变幅值下,试件 MF-C2 和 MF-C3 的 β 值基本小于 1.3。说明采用槽钢衬板可以有效地降低核心部件和约束部件之间的摩擦力。

如图 3.30(b)所示,在常幅加载阶段,试件的 β 值随加载历程基本保持不变,在试件破坏前均未出现明显的拉压不对称现象。当应变幅值为 2.0%时,试件 MF-1 和试件 MF-C2 的 β 值稳定在 1.1 附近;当应变幅值为 3.0%时,试件 MF-C3 的 β 值随加载历程在 1.20～1.27 之间轻微波动。

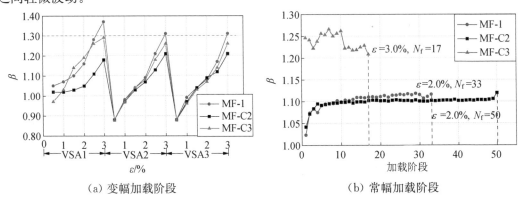

(a) 变幅加载阶段   (b) 常幅加载阶段

图 3.30 受压承载力调整系数

3.2.5 套管局部鼓曲评估方法

已有的研究表明套管填充砂浆 BRB 可能存在约束套管的局部失效。一种是由于核心板绕弱轴的局部变形过大导致的砂浆压碎。本书通过试验证明提高砂浆的强度等级可以有效地约束核心板绕弱轴的局部屈曲,试验结束后砂浆块体基本完好,如图 3.28 所示。另一种是核心板绕强轴局部屈曲导致套管发生局部鼓曲。为了提高 BRB 绕强轴的局部稳定性,试验中将核心板沿套管对角线放置,分别讨论了核心板与套管之间的接触力和套管的承载力,在此给出保证外套管局部稳定性的设计要求,并进一步讨论了核心板布置形式对外套管失效模式的影响。

采用欧拉公式计算核心板绕强轴失稳的轴向压力 P_{cr} 等于核心板的屈服轴力 P_y,可表示如下:

$$P_y = \sigma_{cy} A_c = P_{cr} = \frac{\pi^2 E_t I_c}{l_w^2} \tag{3.4}$$

式中,σ_{cy} 为核心板屈服强度;A_c 为核心板的截面面积;$I_c = \dfrac{tb^3}{12}$,为核心板绕强轴的截面惯性矩;$E_t = 0.02E_c$,为切线模量;l_w 为核心板绕强轴高阶屈曲半波长,可表示为:

$$l_w = \frac{\pi b}{2} \sqrt{\frac{E_t}{3\sigma_{cy}}} \tag{3.5}$$

对于套管填充砂浆 BRB,其 $E_t/\sigma_{cy} = 17.3$,根据式(3.5)可近似得到 $l_w = 4b$。

如图 3.31 所示,当核心板受拉时,由于泊松效应的存在,核心板截面宽度会减小 $\nu_p \varepsilon_t b$,其中 $\nu_p = 0.5$,为塑性泊松比,ε_t 为核心板最大拉应变。因而在随后的受压状态下,核心板两侧和套管之间的距离分别增加 $0.5\nu_p \varepsilon_t b$。

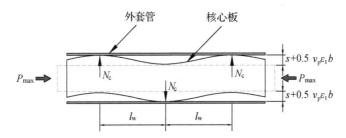

图 3.31 核心板的强轴屈曲效应套管发生鼓曲时的简化分析模型

核心板与约束套管在波峰区域发生接触产生竖向接触力 N,可保守地由下式计算得到:

$$N = \frac{2s + \nu_p \varepsilon_t b}{l_w} P_{max} \tag{3.6}$$

式中,s 为核心板和约束砂浆在强轴方向的间隙;P_{max} 是 BRB 在加载过程中的最大轴向压力,可以近似为:

$$P_{max} = \omega \beta b t \sigma_{cy} \tag{3.7}$$

式中,$\omega = 1.5$,是钢材 Q235B 的应变强化系数;$\beta = 1.3$,是 BRB 受压承载力调整系数。

如图 3.32 所示,基本假定如下:① 核心板和套管之间的接触力简化为集中力并作用在套管上部角部 A;② 不考虑核心板边缘和套管之间的砂浆对约束核心板强轴屈曲的贡献;③ 套管对核心板一个波峰起约束作用的区域在纵向的长度为套管的宽度 b_r;④ 由于约束钢管内填充砂浆,约束钢管两侧角部 B、C 的边界条件可定义为固接。在接触力的作用下,套管由于全截面受拉屈服而丧失承载能力。套管破坏的临界承载力 N_y 可以由下式计算:

$$N_y = \sqrt{2} F_y = \sqrt{2} b_r t_r \sigma_{ry} \tag{3.8}$$

式中,F_y 是套管截面的屈服力;b_r 和 t_r 分别是套管的宽度和壁厚;σ_{ry} 是套管的屈服应力。

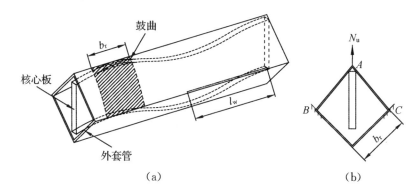

图 3.32　约束套管的局部屈曲

当套管的承载力 N_y 不小于核心板作用在套管上的接触力 N_c 时,可保证 BRB 的局部稳定性。将套管承载力 N_y 除以竖向接触力 N_c 定义为安全系数 γ:

$$\gamma = \frac{N_y}{N_c} = \frac{\sqrt{2}\,b_r t_r l_0}{(2s + \nu_p \varepsilon_t b_c) b_c t_c} \cdot \frac{\sigma_{ry}}{\omega \beta \sigma_{cy}} \tag{3.9}$$

为使套管不发生局部鼓曲破坏,在设计中应保证 $\gamma > 1$。根据式(3.9),本研究三个试件的安全系数为 $36.6 > 1$,说明套管在加载过程中不会发生局部鼓曲,这一结果与试验现象吻合。

进一步,将本研究核心板放置方式与文献[7]对核心板正向放置的影响进行对比。如图 3.33 所示,假定两种放置方式具有相同尺寸的套管、核心板宽度和厚度。

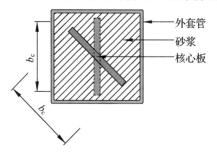

图 3.33　屈曲约束支撑的断面图

核心板正向放置时,套管发生鼓曲时的简化分析模型[7]如图 3.34 所示,核心板和套管之间的接触力作用在套管中部。由于套管内填充混凝土,套管角部的边界条件可视为固接。当外套管壁的最大弯矩达到截面塑性弯矩 M_p 时外套管发生明显局部鼓曲,此时套管的承载力 N_p 可由下式计算[7]:

$$M_p = \frac{b_r t_r^2}{4} \sigma_{ry} \tag{3.10}$$

$$N_p = \frac{8M_p}{b_r} = 2t_r^2 \sigma_{ry} \tag{3.11}$$

这种构造的 BRB 局部稳定性安全系数 γ' 为:

$$\gamma' = \frac{N_p}{N_c} = \frac{2t_r^2 l_0}{(2s + \nu_p \varepsilon_t b_c) b_c t_c} \cdot \frac{\sigma_{ry}}{\omega \beta \sigma_{cy}} \tag{3.12}$$

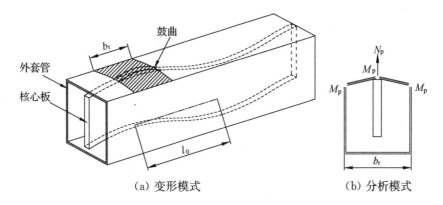

（a）变形模式　　　　　（b）分析模式

图 3.34　约束套管的局部屈曲模型

将核心板沿套管对角线放置时,根据式(3.6),此时核心板发生绕强轴的高阶屈曲时与套管之间的接触力不变。而通过对比式(3.8)和式(3.11),对于尺寸相同的核心板及外套管,将核心板沿对角线放置和正向放置时 BRB 局部稳定性安全系数的比值为:

$$\frac{\gamma}{\gamma'}=\frac{\sqrt{2}\,b_r}{2t_r} \tag{3.13}$$

为进一步阐明核心板放置方式对 BRB 绕强轴局部稳定性的影响,对文献[7]中的套管填充砂浆 BRB 试件进行分析,如表 3.3 所示。当核心板正向放置时,安全系数 $\gamma'<1$ 的试件套管均出现了局部鼓曲。而当核心板沿套管对角线放置时,试件的安全系数均提高到 1 以上,外套管的局部鼓曲将得以避免。综上,将核心板沿套管对角线放置虽然会在一定程度上影响 BRB 的外观,但可以有效地提高套管约束砂浆 BRB 的局部稳定性。

表 3.3　不同构造下的安全系数

试件	b /mm	t /mm	σ_{cy} /(N·mm⁻²)	b_r /mm	t_r /mm	σ_{ry} /(N·mm⁻²)	γ' (平行)	局部破坏	γ (对角)
RY25	130	16	261	150	6.0	350	3.13	未发生	55.39
RY65	130	16	261	150	2.3	351	0.46	发生	21.29
RY65G	130	16	261	150	2.3	351	0.13	发生	6.03
RrY125	90	12	276	100	0.8	288	0.07	发生	6.02
RrY125M	68	16	276	100	0.8	288	0.06	发生	5.01
RrY63	90	12	276	100	1.6	288	0.27	发生	12.04

3.3　本章小结

通过试验对比,本章评估了无黏结材料对组合型钢 BRB 核心部件与约束部件之间的钢-钢接触界面属性和支撑低周疲劳性能的作用[1],提出了新型钢衬板砂浆组合约束套管,该种套管与核心部件之间形成了砂浆和钢-钢混合接触界面,通过试验评估了混合接触界面对新型 BRB 性能的影响,进一步讨论了核心板平面内屈曲对组合约束套管的作用机制[2],主要结论如下:

(1)试验对比分析了采用和未采用无黏结材料的全钢 BRB 的累积塑性变形能力,两者的 CPD 均远大于 200,且采用无黏结材料的 BRB 性能优于未采用无黏结材料的 BRB。实际工程中全钢 BRB 不采用无黏结材料可满足性能需求,但模拟分析也表明对于屈服段长度较大、核心板厚度较小的 BRB,应采用无黏结材料,以避免过大的受压承载力调整系数。

(2) 由于未采用无黏结材料的 BRB 核心板和约束部件的摩擦系数逐渐增大,在较大应变值作用下会造成核心板屈服段中部截面收缩、端部截面膨胀;当核心板端部膨胀宽度超过两倍平面内间隙时,核心板会挤压约束部件,使得受压承载力调整系数 β 显著增大。因此,支撑设计时应保证平面内间隙大于核心部件端部膨胀宽度的一半。

(3) 在相同的加载幅值下,设置槽钢衬板后改善了核心部件和填充砂浆约束套管之间的接触面平整度,提高了填充砂浆套管 BRB 的低周疲劳性能和耗能能力,使得 BRB 在变幅加载阶段的受压承载力调整系数 β 降低,但在常幅加载阶段的受压承载力系数基本保持不变,破坏前未出现明显的拉压不对称现象。

(4) 对于填充砂浆套管 BRB,给出了核心板斜向放置,发生绕强轴屈曲变形时,避免填充砂浆方形套管局部失稳的理论设计公式,证明了优化核心板的布置可以有效提高 BRB 方形套管的局部稳定性。

参考文献

[1] Wang C L,Usami T,Funayama J. Evaluating the influence of stoppers on the low-cycle fatigue properties of high-performance buckling-restrained braces[J]. Engineering Structures,2012,41：167 – 176.

[2] Gao Y,Yuan Y,Wang C L,et al. Experimental investigation on buckling-restrained braces using mortar-filled steel tubes with steel lining channels[J]. The Structural Design of Tall and Special Buildings,2020,29(4)：e1702.

[3] Bowden F P,Hunghes T P. The friction of clean metals and the influence of adsorbed gases. The temperature coefficient of friction[J]. Proceedings of the Royal Society of London,1939, 172：263 – 279.

[4] Barrett R T. Fastener design manual [M]. Cleveland,Ohio：Lewis Research Center,1990.

[5] Rabinowicz E. Friction and wear of materials[M]. 2nd ed. New York：Willey,1965.

[6] Wang C L,Usami T,Funayama J. Improving low-cycle fatigue performance of high-performance buckling-restrained braces by toe-finished method[J]. Journal of Earthquake Engineering,2012,16(8)：1248 – 1268.

[7] Takeuchi T,Hajjar J F,Matsui R,et al. Local buckling restraint condition for core plates in buckling restrained braces[J]. Journal of Constructional Steel Research,2010,66(2)：139 – 149.

4 屈曲部分约束新机制

钢管填充砂浆屈曲约束支撑(BRB)的核心部件被填充砂浆钢管包裹,如图 4.1(a)所示,约束部件能够为核心部件提供高效的屈曲支承,但是核心部件的震后变形和损伤程度却无法观测。组合型钢 BRB 的螺栓拼装约束部件虽然可以被拆开,如图 4.1(b)所示,但是核心部件若存在残余变形,约束部件重新组装较为困难。因此,研发新型 BRB,发展屈曲约束新机制,实现无须拆卸约束部件即可对核心部件进行观察或检修,有着重要的工程应用价值。针对上述问题,笔者首次提出了新型部分约束机制,如图 4.1(c)所示,一字形核心板只有边缘区域被约束部件包裹,而大部分区域震后可以直接观察。本章将围绕新型部分约束机制[1],研发震后可视检屈曲部分约束高性能构件,通过试验和数值模拟,提出了新机制的设计方法[2]。

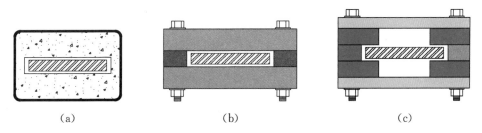

| (a) | (b) | (c) |

图 4.1 屈曲约束支撑不同截面形式

4.1 全钢屈曲部分约束构件

4.1.1 屈曲部分约束新机制

基于上述概念,提出了一种新型多管格构式 BRB。如图 4.2 所示,多管格构式约束部件分别设置在核心板和填充板的上、下两侧,包括两个平行的矩形钢管和连接件,连接件沿纵向等间距分布于两个矩形钢管之间,并与矩形钢管固接。震后可通过连接件的间隙直接观察核心板的变形和损伤状况,为 BRB 框架的维护带来极大便利,显著降低了由于震后 BRB 评估困难而带来的额外费用。本书将新型支撑称为屈曲部分约束支撑(Partially Buckling-Restrained Brace,PBRB)。与核心部件完全被约束的 BRB[图 4.2(c)]相比,PBRB 的约束部件具有更大的横截面抗弯刚度。

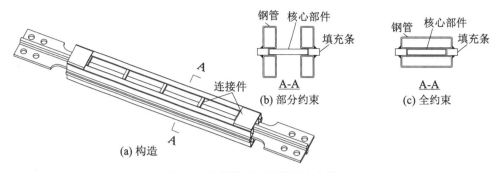

图 4.2　多管格构式屈曲约束支撑

　　考虑到加工和组装方便，以及试件重复利用，PBRB 试件采用了图 4.3 所示的简化形式。其构件组装如图 4.3(a)所示，主要由一块核心板、一对外约束板、两对内约束板和一对填充板组成。图 4.3(b)给出了试件的截面图，将高强螺栓穿过外约束板、内约束板和填充板，通过施加预紧力将约束部件连接成整体。在核心板和约束部件可能接触的区域粘贴了 1 mm 厚的丁基橡胶层来作为无黏结材料。此外，如图 4.3(c)所示，试验中普通 BRB 试件没有采用内约束板，核心板的屈曲直接被一对外约束板限制。

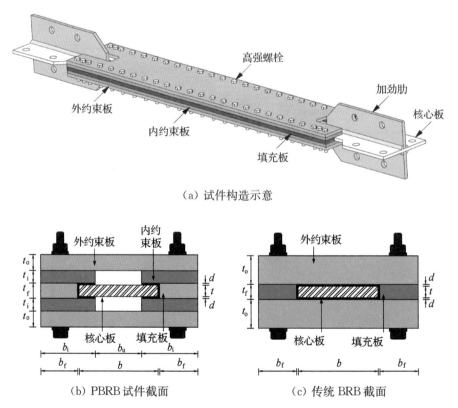

（a）试件构造示意

（b）PBRB 试件截面　　　　　　（c）传统 BRB 截面

图 4.3　试件的组成和截面形式

4.1.2　试件设计和加载历程

　　所有试件分为两个系列，其主要区别是核心部件的几何尺寸和材料不同。系列 I（试件 BRB-1 和 PBRB-1）的核心板截面宽度 b 为 100 mm，系列 II（试件 BRB-2、PBRB-2 和 PBRB-

3)中核心板截面宽度 b 为 80 mm。各试件的设计尺寸如图 4.4 和图 4.5 所示。各系列 PBRB 试件的主要区别是内约束板的宽度 b_i 和核心板的无约束宽度 b_u(图 4.3)。PBRB-1、PBRB-2 和 PBRB-3 试件的 b_u 分别为 80 mm、50 mm 和 70 mm。核心部件均采用 Q235B 钢板加工。如图 4.5 所示,两个系列中的 PBRB 试件和常规 BRB 试件的外约束板的尺寸基本相同,但 PBRB 和 BRB 外板的厚度分别设置为 10 mm 和 16 mm。

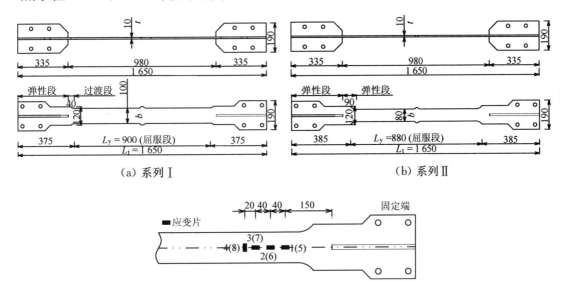

（a）系列Ⅰ　　　　　　　　　　（b）系列Ⅱ

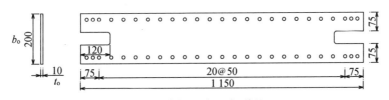

（c）应变片位置

图 4.4　核心板设计尺寸（单位:mm）

图 4.5　外约束板设计尺寸（单位:mm）

试件竖直安装在加载装置上,核心部件的轴向变形由 4 个外置位移传感器测得。如图 4.6 所示,试验采用了 2 种加载制度,采用轴向名义压应变与核心板屈服段长度的乘积来控制加载。首先,各试件进行 4 圈应变幅值为 $0.7\varepsilon_y$ 的预加载,以此来检测试验加载和测试系统并计算试件在弹性阶段的初始轴向刚度。加载制度 V1 进行了应变幅值不断增加的变幅加载(VSA1),应变幅值分别为 0.5%、1.0%、1.5%、2.0%、2.5% 和 3.0%,每个幅值加载 2 圈,然后再进行应变幅值为 2.0% 的常幅加载(CSA),直至试件破坏[图 4.6(a)];加载制度 V2 首先进行 3 次相同过程的应变幅值不断增加的变幅加载,分别表示为 VSA1、VSA2 和 VSA3,每个应变加载的幅值分别为 0.5%、1.0%、1.5%、2.0%、2.5% 和 3.0%,0.5% 应变幅值下加载 3 圈,其余加载 2 圈,然后再进行应变幅值为 2.0% 的常幅加载(CSA),直至试件发生破坏[图 4.6(b)]。

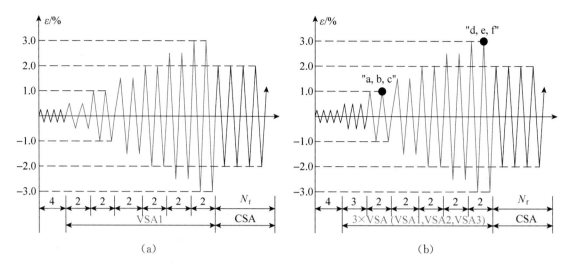

（a）   （b）

图 4.6　加载制度

4.1.3　滞回曲线和失效模式

4.1.3.1　滞回曲线

图 4.7～图 4.11 给出了各试件的应变-应力滞回曲线，用三角形标出了各试件的失效点，同时左上角列出了各试件在常幅加载下的疲劳圈数 N_f。试件的滞回曲线特性对比如下：

1. S-Ⅰ系列：试件 BRB-1 和试件 PBRB-1

由图 4.7 和图 4.8 可知，试件 BRB-1 和 PBRB-1 的滞回曲线饱满，性能稳定，分别在常幅加载第 53 圈和第 42 圈发生破坏，破坏前强度未发生退化，试件的约束部件均未发生整体失稳或者局部失稳。试件 PBRB-1 的滞回曲线在常幅加载过程中出现明显捏缩现象，其刚度产生循环退化。

2. S-Ⅱ系列：试件 BRB-2、试件 PBRB-2 和试件 PBRB-3

由图 4.9 和图 4.10 可知，试件 BRB-2 和 PBRB-2 的滞回曲线饱满，分别在常幅加载第 39 圈和第 10 圈发生破坏，但试件 PBRB-3 在变幅 3 的 2.0% 应变幅值的第 2 圈即发生破坏。试件 PBRB-2 的刚度在整个加载过程中出现轻微循环退化现象，滞回曲线捏缩不明显，而试件 PBRB-3 的刚度在变幅 2 和变幅 3 加载过程中发生了严重的循环退化现象，滞回曲线捏拢也较严重，其强度在变幅 3 加载过程中出现退化。

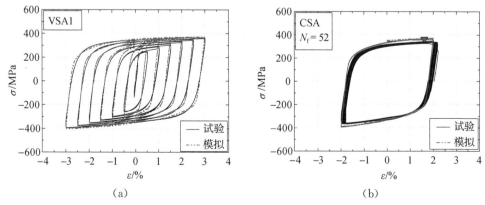

（a）   （b）

图 4.7　试件 BRB-1 的滞回曲线

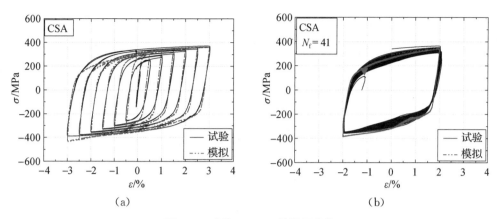

图 4.8 试件 PBRB-1 的滞回曲线

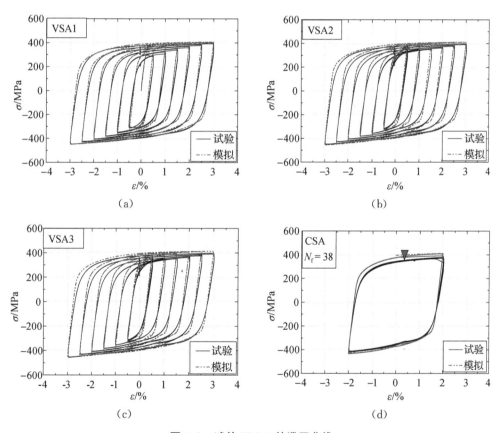

图 4.9 试件 BRB-2 的滞回曲线

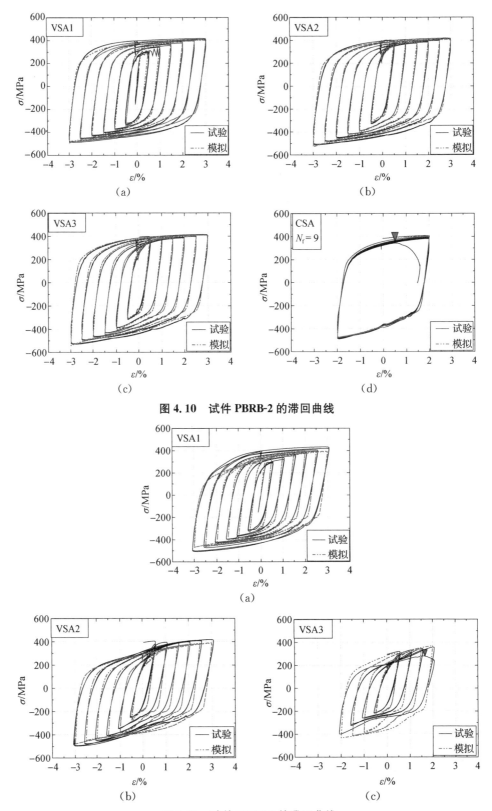

图 4.10　试件 PBRB-2 的滞回曲线

图 4.11　试件 PBRB-3 的滞回曲线

4.1.3.2 失效模式

试验结束后,拆开约束部件可以直接观测到核心板的失效模式,图4.12标明了各试件裂缝产生的位置,分析如下:

1. S-Ⅰ系列:试件 BRB-1 和试件 PBRB-1

由图 4.12(a)可知,试件 BRB-1 核心板的主裂缝在过渡段与加劲肋的焊缝附近开展。而试件 PBRB-1 核心板的主裂缝则发生在核心板屈服段端部多波屈曲的波谷处[图4.12(b)],该区域平面外鼓曲变形较大,以致核心板端部的波峰和外约束板发生了接触,波峰处的铁锈在反复摩擦过程中脱落,该区域表面被磨光。

2. S-Ⅱ系列:试件 BRB-2、试件 PBRB-2 和试件 PBRB-3

由图 4.12(d)可知,试件 BRB-2 核心板的主裂缝位于定位栓附近,该区域还存在多个细微裂缝,其原因在于定位栓附近的横截面发生变化,受力状况复杂,产生应力集中现象。试件 PBRB-2 的主裂缝也发生在该区域[图4.12(e)],其核心板无约束段发生一定程度的平面外鼓曲变形,该变形在屈服段端部更加明显[图4.12(f)]。和以上2个试件不同,试件 PBRB-3 在屈服段两端的多波屈曲波谷处均存在较大裂缝,最终导致了构件的破坏。和试件 PBRB-1 相似,试件 PBRB-3 核心板端部平面外鼓曲变形过大,其波峰与外约束板发生了接触。

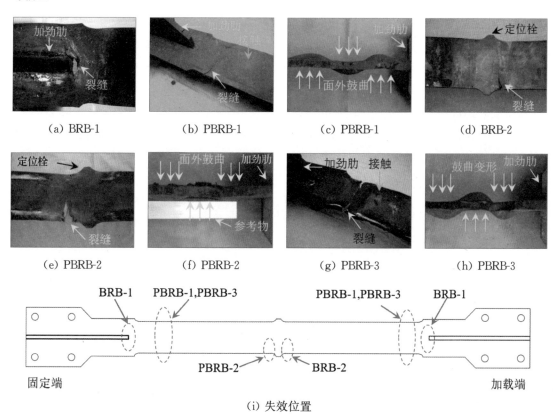

(a) BRB-1   (b) PBRB-1   (c) PBRB-1   (d) BRB-2

(e) PBRB-2   (f) PBRB-2   (g) PBRB-3   (h) PBRB-3

(i) 失效位置

图 4.12 试件的失效模式

4.1.4 滞回曲线特征及内因

4.1.4.1 滞回曲线捏缩

图 4.13 给出了各试件在特定加载幅值下的滞回曲线对比。试件 PBRB-1 和试件 BRB-1 在常幅加载第 1 圈的滞回曲线很接近,比较饱满;试件 PBRB-1 在常幅加载第 41 圈的滞回曲线发生明显捏缩,而试件 BRB-1 在常幅加载第 41 圈的滞回曲线饱满,和第 1 圈的滞回曲线相差不大[图 4.13(a)]。试件 PBRB-2 在变幅 1、变幅 2 和变幅 3 的 2.0% 加载幅值下滞回曲线逐渐发生轻微捏缩;试件 BRB-2 的滞回曲线则在这 3 个变幅加载圈中形状基本保持不变,未发生捏缩现象[图 4.13(b)]。试件 PBRB-3 在变幅 1、变幅 2 和变幅 3 的 2.0% 加载幅值下滞回曲线逐渐发生显著捏缩现象[图 4.13(c)],滞回曲线包围面积逐渐减小。为深入研究并量化上述滞回曲线捏缩现象,下文通过计算试件的等效黏滞阻尼比 ζ_{eq} 来对比。

图 4.14 给出了各试件在变幅或常幅加载下的等效黏滞阻尼比 ζ_{eq},变幅加载过程中应变幅值在 1.5% 之内时,试件 PBRB-1 和试件 BRB-1 的等效黏滞阻尼比 ζ_{eq} 很接近,当应变幅值进一步增大时,两个试件的等效黏滞阻尼比 ζ_{eq} 的差别逐渐变大,试件 PBRB-1 的等效黏滞阻尼比 ζ_{eq} 逐渐小于试件 BRB-1 的等效黏滞阻尼比 ζ_{eq}。在常幅加载过程中,试件 BRB-1 的等效黏滞阻尼比 ζ_{eq} 随加载历程的发展基本保持不变,只发生轻微波动;试件 PBRB-1 的等效黏滞阻尼比 ζ_{eq} 随加载历程的发展呈明显下降趋势,与图 4.13(a) 中的滞回曲线变化趋势保持一致。如图 4.14(b) 所示,试件 BRB-2 在 3 个变幅加载过程中相同应变幅值下的等效黏滞阻尼比 ζ_{eq} 基本保持在同一水平,例如当在 3.0% 加载幅值下,试件 BRB-2 的等效黏滞阻尼比 ζ_{eq} 在 3 个变幅加载过程中均略大于 0.50;试件 PBRB-2 的等效黏滞阻尼比 ζ_{eq} 在 3 个变幅加载过程中稍有降低,但其值仅略低于试件 BRB-2;试件 PBRB-3 的等效黏滞阻尼比 ζ_{eq} 在 3 个变幅加载过程中呈现明显下降趋势,与图 4.13(c) 中的滞回曲线变化趋势保持一致,其值在变幅 2 加载过程中应变幅值为 2.0% 时降低到约 0.40。

3 个新型试件的核心板发生了局部屈曲,即如图 4.12(c)、4.12(f) 和 4.12(h) 所示的过大平面外鼓曲变形,这种局部屈曲现象造成了滞回曲线的捏缩和刚度循环退化现象。对比试件 PBRB-2 和 PBRB-3,试件滞回曲线捏缩现象随着核心板的无约束宽厚比 b_u/t 的增加而越明显。在循环加载过程中,尽管存在名义拉应变较大的受拉过程,支撑核心部件仍会产生累积的残余屈曲变形,使本试验中新型支撑的平面外鼓曲变形随加载历程的发展逐渐增加,滞回曲线随着加载历程的发展逐渐出现捏缩和循环退化现象。

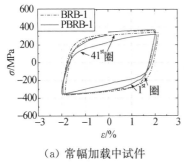

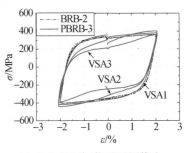

(a) 常幅加载中试件
BRB-1 和 PBRB-1

(b) 3 个变幅加载系列幅值为
2.0% 时试件 BRB-2 和 PBRB-2

(c) 3 个变幅加载系列幅值为
2.0% 时试件 BRB-2 和 PBRB-3

图 4.13 滞回曲线对比

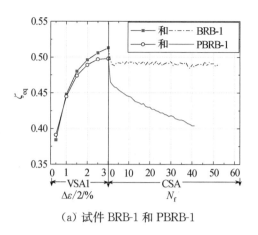

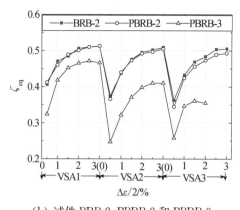

（a）试件 BRB-1 和 PBRB-1　　　　　（b）试件 BRB-2、PBRB-2 和 PBRB-3

图 4.14　各试件在变幅或常幅加载下的等效黏滞阻尼比 ζ_{eq}

4.1.4.2　累积塑性变形

表 4.1 给出了各试件的累积塑性变形能力（CPD），对比试件 BRB-1 和 PBRB-1 或试件 BRB-2 和 PBRB-2，新型支撑试件的累积塑性变形能力小于相应普通支撑试件，其原因为新型支撑试件会发生显著的平面外鼓曲变形，降低支撑的低周疲劳性能。普通支撑试件的平面外变形幅值 w 受到核心板和外约束板之间的平面外间隙 d 的限制；图 4.15 给出了新型支撑试件核心板平面外变形示意图，其平面外变形幅值 w 的最大值为核心板和外约束板之间的平面外间隙 d 与内约束板厚度 t_i 之和。试件 PBRB-2 的累积塑性变形能力为 2 068，而试件 PBRB-3 的累积塑性变形能力降低到 1 256，表明新型支撑的累积塑性变形能力随着核心板无约束宽厚比 b_u/t 的增加而降低，其原因为无约束宽厚比 b_u/t 较大的试件的核心板平面外变形更大（图 4.15），其波谷处产生更大的压应变集中。但是所有试件累积塑性变形能力均超过了 200。

表 4.1　试件的累积塑性变形能力（CPD）和受压承载力调整系数 β

	试件	CPD	β			试件	CPD	β		
			VSA1	CSA				VSA1	VSA2	VSA3
S-Ⅰ系列	BRB-1	3 532	1.10	1.09	S-Ⅱ系列	BRB-2	3 489	1.12	1.13	1.14
						PBRB-2	2 068	1.17	1.22	1.28
	PBRB-1	2 909	1.09	1.13		PBRB-3	1 256	1.17	1.17	—

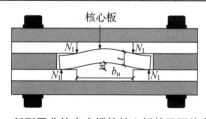

图 4.15　新型屈曲约束支撑的核心板的平面外变形示意

试验前在新型支撑核心板无约束段粘贴应变片以评估其应变水平[图 4.16（b）]，以 1 号应变片和 5 号应变片的应变数据为例，描述核心板应变随加载历程发展的变化趋势[图 4.16（a）]，其中 1 号应变片在核心板多波屈曲的波峰附近，5 号应变片在其对面，位于波谷附近，

图 4.16(a)给出了上述两个应变片数据以及试件的名义加载应变(支撑轴向变形与屈服段长度之比)。在弹性加载段以及应变幅值为 0.5% 时,1 号和 5 号应变片的应变值和名义应变很接近。当应变幅值进一步增加时,5 号应变片波谷处的应变在受压阶段逐渐超过名义应变,并且其超越程度随应变幅值的增加而增加。在 3.0% 应变幅值的第 2 圈中,5 号应变片的应变值始终小于 0,表明核心板的局部屈曲变形即使在受拉阶段也会存在。而 1 号应变片在应变幅值超过 2.0% 时,无论在受拉还是受压阶段,其应变值均大于 0。综上所述,新型支撑的核心板局部屈曲的波谷处会产生过大的应变集中,这也是平面外鼓曲变形较大的试件(试件 PBRB-1 和试件 PBRB-3)的主裂缝起始于波谷处的主要原因。

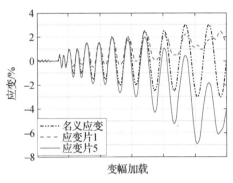

(a) 试件 PBRB-1 核心板上 1 号和 5 号应变片随加载历程发展的数值变化

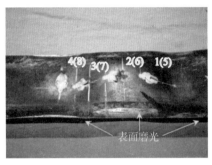

(b) 试验后各应变片所在位置处的核心板变形图

图 4.16 应变片数据

4.1.4.3 摩擦力的影响

表 4.1 列出了各试件在不同加载过程中的受压承载力调整系数 β,新型支撑试件的 β 基本大于普通支撑,该现象在后期的加载历程中更为明显。新型支撑试件的 β 随着加载历程的发展而增加,而普通支撑试件的 β 随加载历程发展的变化不大,例如,试件 PBRB-2 和 BRB-2 在 VSA1 加载过程中的 β 分别为 1.17 和 1.12,而在 VSA3 加载过程中的 β 分别为 1.28 和 1.14。

图 4.15 给出了新型支撑构件核心板和内约束板之间的法向接触力 N_1 示意图,该接触区域和图 4.16(b)中核心板表面被磨光区域保持一致,核心板表面的无黏结材料以及铁锈脱落。和普通支撑试件不同,新型屈曲约束支撑核心板由于只有部分截面被约束,其与约束部件间的接触力 N_1 集中在很小的区域,因此会产生较大的接触压应力,最终使该区域表面被磨光。由于在接触区域无黏结材料的剥离,新型支撑试件的核心板和约束部件之间的动摩擦系数 μ 将增大。研究表明,屈曲约束支撑核心板与约束部件之间的摩擦力是支撑最大受压承载力大于最大受拉承载力(受压承载力调整系数 β 大于 1)的主要原因之一。因此,新型支撑试件具有更高的 β。

如图 4.17 所示,由于定位栓的作用,核心板所受约束部件的摩擦力方向和轴压力方向相反,从核心板中部指向两端,对称分布。该摩擦力分布使核心板两端的轴压力 P_e 大于中部的轴压力 P_m,而新型支撑试件核心板和约束部件的摩擦力较大,因此其两端的轴压力较大,端部的平面外鼓曲变形较大,试件往往也在该区域发生失效(图 4.12)。

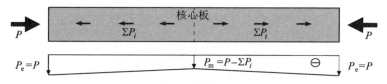

图 4.17　核心板的轴向受力示意

4.1.4.4　弹性刚度

由于新型支撑在受压时会发生平面外鼓曲变形,可能降低其在受压阶段的刚度,本研究结合试验结果考察其弹性刚度。已有文献[3]给出了屈曲约束支撑等效弹性刚度 K_{eff} 的受压公式:

$$K_{eff} = \cfrac{1}{\cfrac{L_y}{EA_y} + \cfrac{L_j}{EA_j} + \cfrac{L_t}{EA_t}} \tag{4.1}$$

式中,L_y、L_j、L_t 分别为核心板屈服段、弹性段和过渡段的长度;A_y、A_j、A_t 分别为核心板屈服段、弹性段和过渡段的横截面面积。该公式基于核心板的屈曲段、弹性段和过渡段间刚度串联的关系得到。由于弹性段的横截面比较大,其刚度对支撑刚度的影响较小,且本试验中所测量的支撑轴向变形为屈服段和过渡段的轴向变形之和,因此本小节在估算核心板受压刚度的理论值时忽略了弹性段的刚度,式(4.1)简化为:

$$K_{eff} = \cfrac{1}{\cfrac{L_y}{EA_y} + \cfrac{L_t}{EA_t}} \tag{4.2}$$

表 4.2 给出了根据式(4.2)计算得到的各试件的弹性受压刚度理论值,同时给出了相应的试验结果,结果表明,式(4.2)均能对各试件的弹性受压刚度进行较好的预测,相应误差在4.0%之内。试验数据表明,新型支撑的弹性受压刚度和普通支撑的弹性受压刚度相差不大。

表 4.2　各试件弹性受压刚度试验值和理论值

系列	试件	试验受压刚度/(kN·mm⁻¹)	理论试验刚度/(kN·mm⁻¹)	误差/%
S-Ⅰ	BRB-1	198.8	194.2	−2.3
	PBRB-1	191.5	195.5	2.1
S-Ⅱ	BRB-2	144.0	149.2	3.6
	PBRB-2	148.6	149.8	0.8
	PBRB-3	147.4	149.8	1.6

4.1.5　屈曲波长与接触分析

4.1.5.1　接触应力和屈曲半波长

建立新型支撑的有限元模型,如图 4.18 所示。由于核心部件的端部在整个试验过程中保持弹性,为了简化起见,有限元模型仅包括核心板的屈服段和过渡段。图 4.7～图 4.11 对比了试件的模拟和试验滞回曲线。所有试件的数值弹性刚度和滞回曲线与试验结果基本一致。在图 4.9 所示的 VSA3 加载阶段,数值和试验之间的差异原因是采用的材料模型无法考虑细微裂纹和磨损引起的强度和刚度退化。图4.19分别根据磨光面积和平面外变形比较了试件PBRB-2的试验和模拟屈曲波峰(实线)和波谷(虚线)的位置。模型能较好地预测波数、位置和波长,可方便地探索核心部件的屈曲响应。

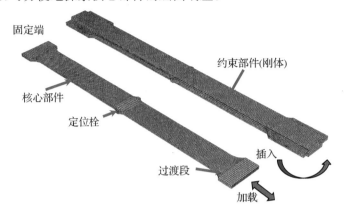

图4.18　有限元模型

图4.19　PBRB-2屈曲位置

图4.20显示了S-Ⅱ系列中3个试件在不同压应变幅值作用下的核心部件接触应力云图,以及核心板的屈曲半波长$l_w/2$(平面外变形放大了5倍)。图4.20(a)、4.20(b)和4.20(c)分别对应于试件BRB-2、PBRB-2和PBRB-3在名义压应变为1.0%时的接触应力云图,而图4.20(d)、4.20(e)和4.20(f)对应于试件BRB-2、PBRB-2和PBRB-3在名义压应变为3.0%时的接触应力云图。其阶段如图4.6(b)中的点"a"至"f"所示。

在较低的1.0%压应变幅值下,试件BRB-2的平均接触应力约为22 MPa,低于试件PBRB-2和PBRB-3的平均接触压力(约为43 MPa),这是因为PBRB试件的核心部件和约束部件之间的接触面积明显小于BRB试件的接触面积,如图4.20所示;3个试件的屈曲波数在较低的压缩应变(分别为4个、5个和4个)下接近,试件PBRB-3核心板端部的屈曲半波长度超过80 mm,大于试件BRB-2和PBRB-2的半波长;试件PBRB-2和PBRB-3无约束部分的平面外变形与边缘约束部分相当。

在较高的3.0%压应变幅值下,试样BRB-2的平均接触应力略微增加至28 MPa。试件PBRB-2的平均接触应力增加到140 MPa以上,且试件PBRB-3更为显著,这被认为是核心部件磨光和PBRB试件β值较高的原因;3个试件在压缩应变为3.0%时的屈曲波数分别为8个、7个和5个,试件PBRB-3核心板端部的半波长减小至60 mm,仍大于试件BRB-2和PBRB-2(约43 mm)。如图4.20(f)所示,试件PBRB-3的核心部件无约束区域的平面外变形非常显著,与外约束板接触,这与试验结果一致。由于核心板端部的压力较大,所有端部半波长小于中部。

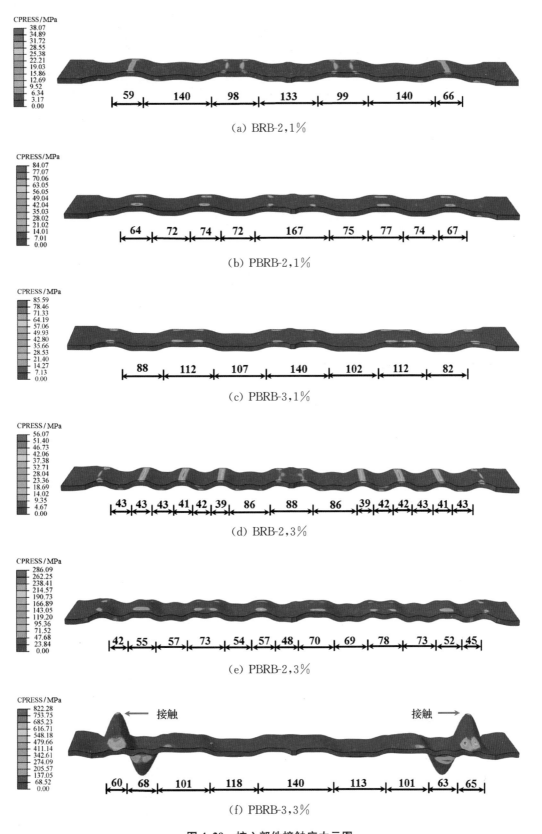

图 4.20　核心部件接触应力云图

4.1.5.2 纵向塑性应变分布

图 4.21 中绘制了 VSA1 加载阶段名义压应变为 2.0% 的试件 BRB-2 和 PBRB-3 的核心部件纵向塑性应变云图(平面外变形放大了 5 倍)。对于试件 BRB-2,沿纵向产生了不均匀的应变分布,波谷高达 −4.3%,波峰为 0.0%。试件 PBRB-3 的应变集中更为严重,尤其是两端的波谷,最大压应变超过 8.0%,远大于名义压应变,与试件 PBRB-1 粘贴应变片 5 的应变值发展相似。波谷处较大压应变导致这些区域先出现裂纹。

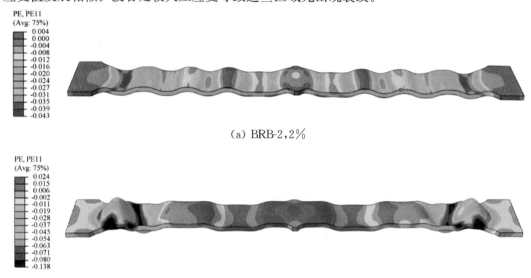

(a) BRB-2,2%

(b) PBRB-3,2%

图 4.21 核心部件在受压应变为 2% 时的塑性应变云图

4.2 设计参数与建议

4.2.1 关键参数及影响分析

如表 4.3 所示,建立了 6 组有限元算例,分别为 G-Ⅰ 至 G-Ⅵ 组,共 22 个有限元算例,为了对比方便,有 6 个有限元算例重复列出。通过上述 6 组算例,重点对比了核心板约束区域和约束部件之间的平面外间隙 d、核心板厚度 t、核心板宽度 b 固定时无约束区域宽度 b_u、核心板无约束区域宽度 b_u 固定时约束区域宽度 $b-b_u$、核心板约束区域宽度 $b-b_u$ 固定时无约束区段宽度 b_u、无约束区域宽厚比 b_u/t 固定时核心板厚度 t 6 个变量进行分析。以算例 B70BU60T10D05 为例,其命名表示核心板宽度 b 为 70 mm,无约束区域宽度 b_u 为 60 mm,核心板厚度 t 为 10 mm,以及平面外间隙 d 为 0.5 mm。

表 4.3 有限元算例设计尺寸

编号	算例	b/mm	b_u/mm	t/mm	d/mm	b_u/t	备注
G-Ⅰ-1	B70BU60T10D05	70	60	10	0.5	6	
G-Ⅰ-2	B70BU60T10D1	70	60	10	1	6	
G-Ⅰ-3	B70BU60T10D2	70	60	10	2	6	

续表

编号	算例	b/mm	b_u/mm	t/mm	d/mm	b_u/t	备注
G-Ⅰ-4	B70BU60T10D4	70	60	10	4	6	
G-Ⅱ-1	B80BU70T8D1	80	70	8	1	8.75	
G-Ⅱ-2	B80BU70T10D1*	80	70	10	1	7	
G-Ⅱ-3	B80BU70T12D1	80	70	12	1	5.83	
G-Ⅱ-4	B80BU70T14D1	80	70	14	1	5	
G-Ⅲ-1	B80BU0T10D1*	80	0	10	1	0	
G-Ⅲ-2	B80BU40T10D1	80	40	10	1	4	
G-Ⅲ-3	B80BU50T10D1*	80	50	10	1	5	
G-Ⅲ-4	B80BU60T10D1	80	60	10	1	6	
G-Ⅲ-5	B80BU70T10D1*	80	70	10	1	7	与算例 G-Ⅱ-2 相同
G-Ⅳ-1	B80BU70T10D1*	80	70	10	1	7	与算例 G-Ⅱ-2 相同
G-Ⅳ-2	B90BU70T10D1	90	70	10	1	7	
G-Ⅳ-3	B100BU70T10D1	100	70	10	1	7	
G-Ⅳ-4	B120BU70T10D1	120	70	10	1	7	
G-Ⅳ-5	B140BU70T10D1	140	70	10	1	7	
G-Ⅴ-1	B80BU70T10D1*	80	70	10	1	7	与算例 G-Ⅱ-2 相同
G-Ⅴ-2	B70BU60T10D1	70	60	10	1	6	与算例 G-Ⅰ-2 相同
G-Ⅴ-3	B60BU50T10D1	60	50	10	1	5	
G-Ⅴ-4	B50BU40T10D1	50	40	10	1	4	
G-Ⅴ-5	B40BU30T10D1	40	30	10	1	3	
G-Ⅵ-1	B50BU40T8D1	50	40	8	1	5	
G-Ⅵ-2	B60BU50T10D1	60	50	10	1	5	与算例 G-Ⅴ-3 相同
G-Ⅵ-3	B70BU60T12D1	70	60	12	1	5	
G-Ⅵ-4	B80BU70T14D1	80	70	14	1	5	与算例 G-Ⅱ-4 相同
G-Ⅵ-5	B90BU80T16D1	90	80	16	1	5	

注：* 表明该构件尺寸与试验构件相同。

试验研究表明，PBRB 在轴向变形较大时，其平面外鼓曲变形较大，拉压不均匀更为显著。为此，算例的加载制度取为核心板应变幅值为 3% 的常幅加载，共加载 8 圈。重点考察相同加载模式下如下参数的变化规律：

（1）平面外鼓曲最大变形 f_{max}，是指沿核心板屈服段无约束区域平面外鼓曲变形的最大值。

（2）受压承载力调整系数 β，由于 BRB 受压时，其核心部件与约束部件接触产生了摩擦力，导致在同一加载循环中出现拉压不相等的现象。

（3）等效黏滞阻尼比系数 ξ_{eq} 是评估 BRB 滞回曲线以及耗能能力的重要参数。

4.2.1.1 平面外间隙

核心板和约束部件平面外间隙 d 作为传统 BRB 的一个重要参数，当核心板发生多波屈曲变形时，其与约束板的法向作用力 N 可表示为[4]：

$$N=\frac{8d}{l_{w}}P \tag{4.3}$$

式中，P 是核心板轴向荷载；l_{w} 是核心板多波屈曲的波长。由此可见，核心板与约束部件之间的间隙 d 越大，两者的法向作用力 N 越大，也会导致核心板相对于约束板运动时的滑动摩擦力增大。研究表明，较大的滑动摩擦力会导致屈曲约束支撑低周疲劳性能下降[5]。

有限元模型算例 G-I 组包括平面外间隙 d 不同的 4 个 PBRB 模型，其滞回曲线如图 4.22 所示。由图 4.22(a)可知，当 d 为 0.5 mm 时，PBRB 除了在受压阶段承载力会逐渐变大，其第 1 圈和第 8 圈的滞回曲线基本重合。而随着平面外间隙 d 的增加，PBRB 的滞回曲线在各加载循环中发生捏拢的程度逐渐明显，对于 d 为 4 mm 的支撑，该现象尤其严重，如图 4.22(d)所示。

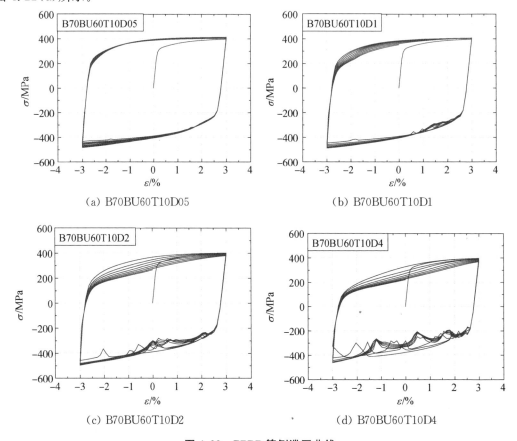

(a) B70BU60T10D05   (b) B70BU60T10D1

(c) B70BU60T10D2   (d) B70BU60T10D4

图 4.22　PBRB 算例滞回曲线

图 4.23(a)为算例的等效黏滞阻尼比 ξ_{eq} 随着加载圈数的变化示意图。随着 d 增加，PBRB 在各圈的 ξ_{eq} 逐渐降低。当 d 为 0.5 mm 时，ξ_{eq} 虽然随着加载圈数稍有降低，但始终大于 0.5，体现了较优的滞回性能；而当 d 为 4 mm 时，ξ_{eq} 在第 8 圈降低到 0.39。对比图 4.22

可知，ξ_{eq} 的变化和滞回曲线的捏拢程度呈现对应关系。

图 4.23(b)给出了算例的 β 随着加载圈数的变化示意图。当平面外间隙 d 为 0.5 mm 和 1 mm 时，在第 8 圈时 β 值分别为 1.18 和 1.21；当平面外间隙 d 为 2 mm 时，在第 8 圈时 β 值为 1.27；当平面外间隙 d 为 4 mm 时，在相同的加载圈时，相对于模型 B70BU60T10D2，模型 B70BU60T10D4 的 β 下降。这是由于过大的平面外间隙 d 会在核心板屈曲时导致核心板产生较大的几何应变，而核心板最大压力的降幅相对较大。总体而言，当核心板与约束部件之间的间隙 d 越大，受压承载力调整系数 β 随着滞回圈数的增大而迅速增大。

图 4.23(c)给出了核心板最大平面外鼓曲变形 f_{max} 的变化示意图。当间隙小于 2 mm 时，随着 d 越大，核心板平面外鼓曲越明显。当 d 为 0.5 mm 时，核心板的 f_{max} 在第 8 圈达到最大(4.52 mm)；而当 d 为 1 mm 时，核心板的 f_{max} 在第 8 圈达到最大(10.27 mm)，略大于核心板的厚度 t。当间隙等于 4 mm 且在相同的加载圈时，相对于模型 B70BU60T10D2 而言，模型 B70BU60T10D4 的 f_{max} 略有下降，这是由于过大的平面外间隙 d 会在核心板屈曲时导致核心板产生较大的几何应变，降低了最大压力，导致平面外鼓曲变形也降低。

综上所述，平面外的间隙 d 增大，PBRB 的滞回耗能能力降低，β 值增加迅速，而平面外鼓曲变形 f_{max} 增大。因此应在保证核心板平面外膨胀空间的前提下，尽可能减小平面外间隙 d，本研究建议 PBRB 的平面外间隙 d 为 1 mm。

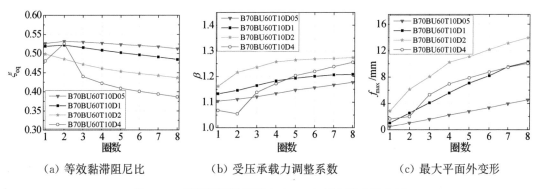

(a)等效黏滞阻尼比　　　(b)受压承载力调整系数　　　(c)最大平面外变形

图 4.23　不同平面外间隙宽度 PBRB 算例的参数分析

4.2.1.2　核心板厚度

PBRB 核心板的无约束区域可近似看作单向均匀受压四边简支板，其屈曲行为与单位宽度板的抗弯刚度 D 有关，如下式所示[6]：

$$D = \frac{Et^3}{12(1-\nu^2)} \tag{4.4}$$

式中，ν 为泊松比。由式(4.4)可知，核心板厚度 t 对 PBRB 的屈曲行为有较大影响。有限元模型算例 G-II 组包括核心板厚度 t 不同的 4 个 PBRB 算例，其滞回曲线如图 4.24 所示。对比滞回曲线可知，随着核心板厚度 t 的增加，PBRB 的滞回曲线越来越饱满，其中算例 B80BU70T8D1 由于平面外鼓曲变形过大，单元扭曲变形严重，只计算到前 4 圈。

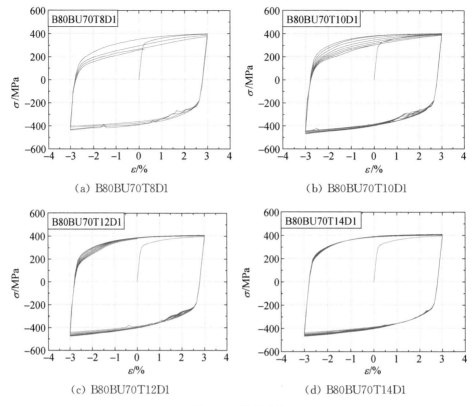

图 4.24　滞回曲线

图 4.25(a)给出了各算例等效黏滞阻尼比 ξ_{eq} 的变化趋势。当 t 为 8 mm 时,PBRB 的 ξ_{eq} 在第 4 圈即降低到 0.47,同时滞回曲线的捏拢相对显著。图 4.25(b)给出了受压承载力调整系数 β 值的变化趋势,4 个算例的 β 值均小于 1.2。

由图 4.25(c)可知,PBRB 的核心板最大平面外鼓曲变形 f_{max} 值随着核心板厚度 t 的增加而减小。当 t 为 8 mm 时,核心板的 f_{max} 在第 4 圈即达到 19.93 mm,超过核心板的厚度 t 的两倍;当 t 增加到 12 mm 时,核心板的最大平面外鼓曲变形 f_{max} 在第 8 圈达到最大(8.95 mm),小于核心板的厚度 t。

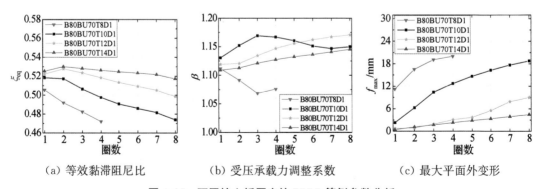

图 4.25　不同核心板厚度的 PBRB 算例参数分析

4.2.1.3　固定板宽下无约束宽度

如图 4.26(a)所示,算例 B80BU70T10D1 的等效黏滞阻尼比 ξ_{eq} 随着加载圈数的增加显著降低,在第 8 圈时已降低至约 0.47,其他算例的 ξ_{eq} 始终保持在 0.5 以上。图 4.26(b)给出了受压承载力调整系数 β 值的变化趋势,4 个模型的 β 值均小于 1.2。由图 4.26(c)可知,随着无约束段宽度 b_u 的增加,核心板最大平面外鼓曲变形 f_{max} 逐渐增加,当 b_u 为 70 mm 时, f_{max} 在第 3 圈时就超过板厚 $t=10$ mm,最后在第 8 圈(对应 CPD=600)达到 18.76 mm。说明随着核心板的无约束段宽度 b_u 的增加,核心板的低周疲劳性能越来越差,这与试验结果一致。

综上所述,对于宽度一定的核心板,只要核心板的无约束段宽度不超过某一值(本小节中为 60 mm),核心板的 ξ_{eq} 就较为稳定,而且核心板的 f_{max} 可以控制在一定范围内($f_{max}<t=10$ mm)。此外,本小节的各算例建立在核心板宽度一致的基础上,当无约束区域宽度 b_u 减小时,约束区域的总宽度 $b\text{-}b_u$ 会增大相同的量级。下文将进一步讨论核心板性能提升与约束段总宽度 $b\text{-}b_u$ 的相关性。

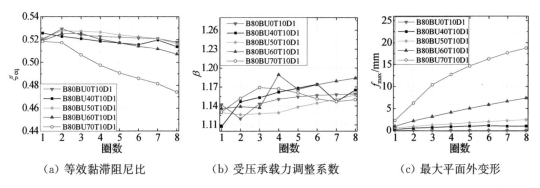

(a) 等效黏滞阻尼比　　　(b) 受压承载力调整系数　　　(c) 最大平面外变形

图 4.26　不同无约束宽度的 PBRB 算例参数分析

4.2.1.4　固定板宽下约束宽度

为研究约束段总宽度 $b\text{-}b_u$ 的增加对核心板性能的提升效果,本小节在保持核心板无约束段宽度 b_u 保持不变的情况下,对约束段总宽度 $b\text{-}b_u$ 变化的 G-Ⅳ组的 5 个算例进行对比分析。

图 4.24(b)中算例 B80BU70T10D1 的滞回曲线捏拢现象较严重,相应的等效黏滞阻尼比 ξ_{eq} 在第 8 圈下降到 0.474,随加载历程衰退明显[图 4.27(a)]。对比算例 B90BU70T10D1,当约束段总宽度 $b\text{-}b_u$ 从 10 mm 增加到 20 mm 后, ξ_{eq} 有显著提高;但是当约束段总宽度 $b\text{-}b_u$ 增加到 70 mm 时,等效黏滞阻尼比 ξ_{eq} 反而有所下降,其原因是核心板和约束部件之间的摩擦力有所增加,使滞回曲线在受压段最大变形处轴向荷载陡增,这一现象也可以从算例 B140BU70T10D1 的受压承载力调整系数 β 得到验证[图 4.27(b)]。

从各算例的最大平面外鼓曲变形 f_{max} 变化趋势[图 4.27(c)]可以看出:当约束段总宽度 $b\text{-}b_u$ 从 10 mm 增加到 20 mm 时,核心板在第 8 圈的最大平面外鼓曲变形 f_{max} 从 18.76 mm 降低到 13.88 mm;而当约束段总宽度提高到 50 mm 甚至 70 mm 时,核心板最大平面外鼓曲变形 f_{max} 相对于约束段总宽度为 40 mm 的模型没有显著降低,仍然超过 8 mm。

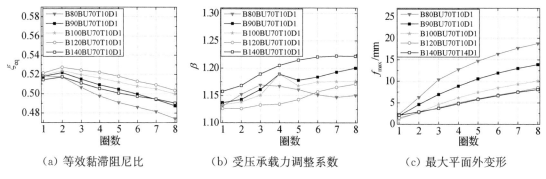

（a）等效黏滞阻尼比　　　（b）受压承载力调整系数　　　（c）最大平面外变形

图 4.27　不同约束宽度的 PBRB 算例参数分析

4.2.1.5　相同约束宽度下无约束宽度

为研究无约束段宽度 b_u 的减小对核心板性能的影响,本小节在保持核心板约束段总宽度 $b-b_u$ 保持不变的情况下,对无约束段宽度 b_u 变化的 G-V 组中 5 个算例进行对比分析。

模型 B80BU70T10D1 的等效黏滞阻尼比 ξ_{eq} 随加载历程衰退明显[图 4.28(a)];随着无约束段宽度 b_u 的减小,ξ_{eq} 逐渐提高。

从各模型的最大平面外鼓曲变形 f_{max} 变化趋势[图 4.28(c)]可以看出:当无约束段宽度 b_u 逐渐降低时,核心板的平面外鼓曲变形均显著降低。当无约束段宽度 b_u 从 70 mm 降低到 60 mm 时,核心板在第 8 圈的最大平面外鼓曲变形 f_{max} 从 18.76 mm 降低到 10.27 mm,其效果相当于将核心板的约束段总宽度 $b-b_u$ 从 10 mm 增加到 30 mm;当无约束段宽度 b_u 降低到 50 mm 时,核心板在第 8 圈的最大平面外鼓曲变形 f_{max} 降低到 4.03 mm,其效果相当于将核心板的约束段总宽度 $b-b_u$ 从 10 mm 增加到 70 mm。上述趋势说明核心板无约束段宽度 b_u 的减小,相对于约束段总宽度 $b-b_u$ 的增加,更有助于支撑滞回性能的提高。

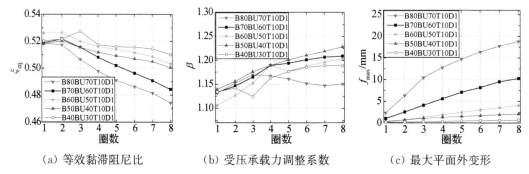

（a）等效黏滞阻尼比　　　（b）受压承载力调整系数　　　（c）最大平面外变形

图 4.28　不同无约束宽度的 PBRB 算例参数分析

4.2.1.6　相同无约束宽厚比下厚度

本小节在保持核心板无约束段宽度比 b_u/t 不变的前提下,通过算例组 G-VI 中 5 个算例来对比分析不同核心板厚度 t 对 PBRB 的滞回性能的影响。

由图 4.29(a)可知,模型的等效黏滞阻尼比 ξ_{eq} 均随加载历程衰退,虽然等效黏滞阻尼比 ξ_{eq} 随着厚度 t 的减少略微降低,但 ξ_{eq} 仍均维持在较高水平($\xi_{eq}>0.49$)。受压承载力调整系数 β 随着厚度的增加逐渐减小[图 4.29(b)]。如图 4.29(c)所示,5 个模型在各加载圈的最大平面外鼓曲变形 f_{max} 量级很接近,在第 8 圈均小于 4.5 mm,据此可以判定,在一定无约束

宽厚比 b_u/t 下,核心板的最大平面外鼓曲变形 f_{max} 随板厚 t 的变化不明显。

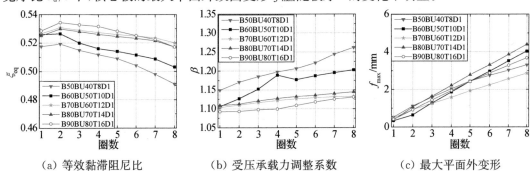

（a）等效黏滞阻尼比　　　　（b）受压承载力调整系数　　　　（c）最大平面外变形

图 4.29　不同核心厚度的 PBRB 算例参数分析

4.2.2　设计建议

4.2.2.1　模型关键参数及性能指标

根据 4.2.1 节,当核心板无约束段宽度 b_u 不变时,核心板的厚度 t 的增加可显著提升新型屈曲约束支撑各方面性能;当核心板的厚度 t 不变时,无约束段宽度 b_u 的减小可显著提升新型屈曲约束支撑各方面性能。因此,可推断出:无约束宽厚比 b_u/t 是 PBRB 是否具有良好的滞回性能的关键参数,其值的减小可以显著提高 PBRB 的性能。而 4.2.1.4 节的结论也给出了佐证,当无约束宽厚比 b_u/t 固定时,新型屈曲约束支撑的最大平面外鼓曲变形 f_{max} 以及等效黏滞阻尼比 ξ_{eq} 对核心板的厚度 t 或无约束段宽度 b_u 的变化不敏感。

根据第 4.2.1 节的分析结果,等效黏滞阻尼比 ξ_{eq} 和最大平面外鼓曲变形 f_{max} 两个指标相关。最大平面外鼓曲变形 f_{max} 越大,无约束段的平面外鼓曲越明显,滞回曲线捏拢更严重,等效黏滞阻尼比 ξ_{eq} 一般会下降。因此在受压承载力调整系数 β 满足要求的基础上,可采用 f_{max} 来评判新型屈曲约束支撑的性能是否良好。进一步的,当 f_{max} 超过核心板厚度 t 时,新型屈曲约束支撑的等效黏滞阻尼比 ξ_{eq} 会在 0.48 以下。此外,由于 PBRB 的核心板可以被肉眼观察,过大的平面外鼓曲变形会给使用者带来不安,因此本书建议最大平面外鼓曲变形 f_{max} 应控制在核心板厚度 t 值以内。

为保证 BRB 在一次强震作用下具有良好的延性并充分发挥耗能能力,其累积塑性变形 CPD 应不低于 200。另外,Usami 等人[7]提出高性能 BRB 的概念,建议高性能 BRB 需要经历三次强震且不发生破坏。综合上述建议,本书对 PBRB 提出两个性能水准:① 第一性能水准:经历一次强震不破坏,即对应于普通 BRB,CPD≥200 且 $f_{max}{\leqslant}t$;② 第二性能水准:经历三次强震不破坏,即对应于高性能 BRB,CPD≥600 且 $f_{max}{\leqslant}t$。

4.2.2.2　给定核心板宽厚比下临界无约束宽厚比

基于已经开展的试验研究和上文的数值算例分析,结合 4.2.2.1 节提出的评判标准,最终给出了给定宽厚比 b/t 的核心板在两个性能水准下的临界(最大)无约束宽厚比 $(b_u/t)_{cr}$ 和临界(最小)约束宽厚比 $[(b-b_u)/t]_{cr}$,且各算例中约束段总宽度 $b-b_u$ 均不小于 1 倍板厚 t。

当核心板无约束段宽度 b_u 不变时,扩大约束段总宽度 $b-b_u$ 后,屈曲约束支撑的性能不会降低;当核心板约束段总宽度 $b-b_u$ 不变时,扩大无约束段总宽度 b_u 后,屈曲约束支撑的性能会降低。

图 4.30(a)给出了所有 PBRB 算例的宽厚比 b/t 和无约束宽厚比 b_u/t 的对应关系,各圆点表示满足第一水准性能(CPD$\geqslant$200 且 $f_{max}\leqslant t$)的支撑,"×"表示不满足的支撑。图中折线给出了各宽厚比 b/t 核心板的临界(最大)无约束宽厚比$(b_u/t)_{cr}$。类似的,图4.30(b)给出了不同宽厚比 b/t 的核心板对应的临界(最小)约束宽厚比$[(b-b_u)/t]_{cr}$。不同宽厚比 b/t 的屈曲约束支撑的临界(最大)无约束宽厚比$(b_u/t)_{cr}$和临界(最小)约束宽厚比$[(b-b_u)/t]_{cr}$有以下规律:

(1) 当支撑核心板宽厚比 $b/t\leqslant7$ 时,$[(b-b_u)/t]_{cr}=1$;

(2) 当支撑核心板宽厚比 $9\leqslant b/t\leqslant11$ 时,$(b_u/t)_{cr}=7$;

(3) 当支撑核心板宽厚比 $b/t\geqslant12$ 时,$(b_u/t)_{cr}=8$,$[(b-b_u)/t]_{min}$随着宽厚比 b/t 线性增加。

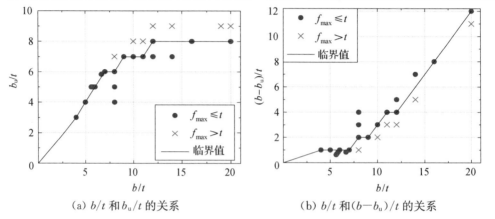

(a) b/t 和 b_u/t 的关系 　　　　　(b) b/t 和$(b-b_u)/t$ 的关系

图 4.30　BRB 在第一水准性能的临界值

图 4.31 给出了各模型在第二性能水准下的判定结果。同样,图中曲线也给出宽厚比 b/t的新型屈曲约束支撑的临界(最大)无约束宽厚比$(b_u/t)_{cr}$和临界(最小)约束宽厚比$[(b-b_u)/t]_{cr}$,其规律如下:

(1) 当支撑核心板宽厚比 $b/t\leqslant6$ 时,$[(b-b_u)/t]_{cr}=1$;

(2) 当支撑核心板宽厚比 $8\leqslant b/t\leqslant10$ 时,$(b_u/t)_{cr}=6$;

(3) 当支撑核心板宽厚比 $b/t\geqslant11$ 时,$(b_u/t)_{cr}=7$,$[(b-b_u)/t]_{cr}$随着宽厚比 b/t 线性增加。

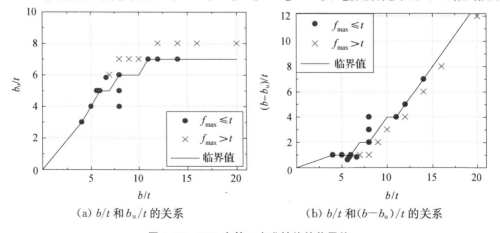

(a) b/t 和 b_u/t 的关系 　　　　　(b) b/t 和$(b-b_u)/t$ 的关系

图 4.31　BRB 在第二水准性能的临界值

对应图 4.30 和图 4.31 中的临界值曲线,表 4.4 给出了两个性能水准下各宽厚比 b/t 的核心板的临界(最大)无约束宽厚比 $(b_u/t)_{cr}$ 和临界(最小)约束宽厚比 $[(b-b_u)/t]_{cr}$，即设计建议值。参照表 4.4 可很方便地对新型屈曲约束支撑进行参数选择和设计。

表 4.4　新型 BRB 在两种性能水平下的设计建议

	b/t	0	4	5	6	7	8	9	10	11	12	13	14	16	18	20
第一水准性能	$(b_u/t)_{cr}$	0	3	4	5	6	6	7	7	7	8	8	8	8	8	8
	$[(b-b_u)/t]_{cr}$	0	1	1	1	1	2	2	3	4	4	5	6	8	10	12
第二水准性能	$(b_u/t)_{cr}$	0	3	4	5	5	6	6	6	7	7	7	7	7	7	7
	$[(b-b_u)/t]_{cr}$	0	1	1	1	2	2	3	4	4	5	6	7	9	11	13

4.3　本章小结

常用屈曲约束支撑的核心板耗能段被约束部件包围，给震后检修造成困难。本章提出了一种震后无须拆解、能够快速观察核心板变形的新型屈曲部分约束支撑(PBRB)，其核心板的边缘被约束，而中部没有被约束，核心部件的中间无约束部分可用于观察和检修[1]。通过试验和数值模拟建立了屈曲部分约束新机制，分析了关键参数对新型支撑性能的影响，总结了新型 PBRB 的设计方法[2]，主要结论有：

(1) 新型 PBRB 表现出比传统 BRB 相对较低的疲劳性能和较高的受压强度调整系数，但新型支撑性能仍能够满足工程需求，具有较大核心无约束宽厚比 b_u/t 的 PBRB 在核心板端部失效，此时核心板无约束部分的平面外变形较大，具有较小 b_u/t 的 PBRB 在定位栓周围发生断裂，发生了类似于传统 BRB 的破坏模式。

(2) 通过试验确认了有限元模型，然后通过 22 个算例对比了关键参数对 PBRB 性能的影响，主要结论有：核心板和约束部件之间平面外间隙 d 增大会导致 PBRB 的耗能能力降低和核心板平面外鼓曲变形 f 增加；将 PBRB 的 f_{max} 作为新型支撑的性能评估指标，建议控制在核心板厚度 t 值以内。无约束宽厚比 b_u/t 不变时，核心板的最大平面外鼓曲变形 f_{max} 随板厚 t 的变化不明显。

(3) 为保证新型 PBRB 经历一次强震后仍具有良好的延性，经历三次强震不发生破坏，提出了两阶段性能水准和相应的支撑评价指标，给出了 PBRB 的关键参数[核心板的无约束宽厚比 (b_u/t) 和约束宽厚比 $(b-b_u)/t$]的设计建议。

参考文献

[1] Wang C L, Chen Q, Zeng B, et al. A novel brace with partial buckling restraint: An experimental and numerical investigation[J]. Engineering Structures, 2017, 150: 190 - 202.

[2] Zhou Y Y, Gao Y, Wang C L, et al. A novel brace with partial buckling restraint: Parametric studies and design method[J]. Structures, 2021, 34: 1734 - 1745.

[3] 蔡克铨，黄彦智，翁崇兴. 双管式挫屈束制(屈曲约束)支撑之耐震行为与应用[J]. 建筑钢结构进展，2005，7(3): 1 - 8.

[4] Wu J,Liang R J,Wang C L,et al. Restrained buckling behavior of core component in buckling-restrained braces[J]. International Journal of Advanced Steel Construction, 2012,8(3):212-225.

[5] Chen Q,Wang C L,Meng S P,et al. Effect of the unbonding materials on the mechanic behavior of all-steel buckling-restrained braces[J]. Engineering Structures,2016,111: 478-493

[6] Bleich F. Buckling strength of metal structures[M]. New York:McGraw-Hill,1952.

[7] Usami T,Sato T,Kasai A. Developing high-performance buckling-restrained braces [J]. Journal of Structural Engineering,2009,55:719-729.

屈曲约束新方法

5 | 新型大吨位高性能构件

传统屈曲约束支撑(BRB)的核心部件耗能段全部被约束部件包裹,震后难以观察到耗能段的损伤情况。Wang 等人[1]针对一字形板,只约束板的边缘区域,形成了具有屈曲部分约束机制的新型屈曲部分约束支撑(PBRB)。如图 5.1(a)所示,PBRB 的核心部件震后不需要拆卸就可以直接观察到中间部位的变形分布。当支撑吨位较大或者较长时,为了避免支撑失稳,约束部件需要具有更大的抗弯刚度。对于一字形核心板的 BRB,为了增大其约束部件的抗弯刚度,约束部件应尽量远离其截面的几何中心,增大约束部件截面的回转半径[图 5.1(b)],或者将两个 PBRB 并联,形成双核心 PBRB[2][图 5.1(c)],同时也满足了支撑大吨位轴力的需求。本章将进一步拓展屈曲部分约束新机制的应用,实现 H 形核心部件耗能段可观察,并通过试验来确认新型 HBRB 性能[3-4],丰富大吨位构件的截面选型。

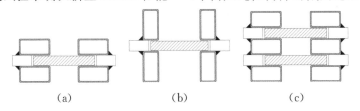

（a）　　　　　　　　　（b）　　　　　　　　　（c）

图 5.1　核心板边缘约束的构件截面形式

5.1　双核屈曲部分约束构件

5.1.1　设计理念和构型

如图 5.1(c)所示,两个 PBRB 并联后外约束部件仍相对复杂。为了方便组装,进一步优化,将钢板和槽钢通过高强螺栓连接组合,提出一种新型双核屈曲部分约束支撑(DPBRB),形成了对双核心部件的部分约束(图 5.2)。可以在槽钢腹板上预留检修孔,方便震后对一字形核心部件进行观察。

如图 5.2 所示,DPBRB 的核心部件[图 5.2(a)]是由平行的双一字板焊接在两块端板上,在靠近端板处,焊接了垂直于一字板的加劲肋,形成了 H 形截面,使得在轴向力作用下,核心部件的中部形成屈服段,而两端仍然保持在弹性阶段。约束部件由组合盖板、填充板条以及槽钢通过高强螺栓组装而成。其中,盖板的外侧焊接槽钢,用以提升组合盖板平面外刚度。屈服段平面内屈曲被填充板条约束,屈服段的平板外侧被盖板全部约束,而内侧仅有边缘部位被槽钢翼缘约束。基于上述构造,DPBRB 具有如下特点:

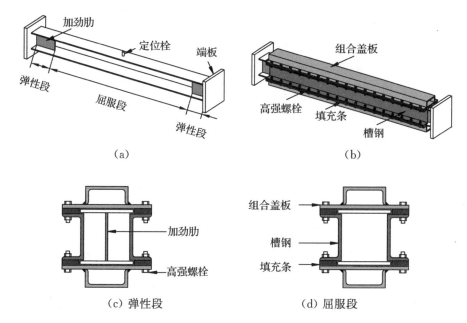

（a）　　　　　　　　　　　　　　　　（b）

（c）弹性段　　　　　　　　　（d）屈服段

图 5.2　DPBRB 构造

（1）与传统一字形 BRB 相比，DPBRB 的上下约束盖板之间距离增大，约束部件的整体抗弯刚度显著增加。

（2）核心部件的两个平板之间存在较大空隙，且槽钢的翼缘只约束了核心部件的边缘，可以预先在槽钢腹板上开孔，震后可以通过孔洞直接观察到核心部件平面外变形。

（3）约束部件由型钢通过螺栓连接而成，型钢位于约束部件的外围，有效提升了约束部件材料的利用效率，且当震后支撑需要更换时，约束部件可拆解重复利用。

如图 5.3 所示，试件的双一字形核心部件包括屈服段、弹性段和端部连接板，屈服段为两个尺寸相同且互相分离的一字形平板。在弹性段通过垂直于两平板焊接厚 12 mm 的加劲板形成截面为 H 形的弹性段。核心部件屈服段外侧中部点焊圆棒作为定位栓，防止约束部件向一侧滑移。核心部件的设计尺寸如图 5.3 所示。

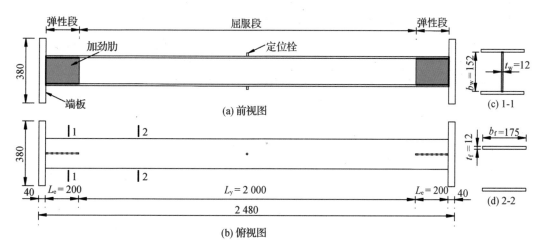

图 5.3　双一字板核心设计尺寸（单位：mm）

约束部件由组合盖板、槽钢和填充板条通过 M16 级高强螺栓拼装形成。如图 5.4(a)所示,将一块槽钢([140×58×12)扣在一字形钢板上焊接组成组合盖板。如图 5.4(b)所示,槽钢由两个角钢和一个盖板焊接而成,采用了间断焊接以控制焊接变形和残余应力。为增大槽钢端部翼缘的平面外刚度,在槽钢两端翼缘内侧焊接了加劲肋进行局部加强。为了能够同时约束两块核心部件平板内侧,槽钢的高度需要小于两一字形板之间的距离。约束部件的设计尺寸如图 5.4 所示。

核心部件和约束部件组装成新型 DPBRB,如图 5.5 所示。为了减少核心部件与组合盖板之间的摩擦力,在核心部件的平板的外表面(与约束盖板和填充板条发生接触的面)包裹了 1 mm 厚的丁基橡胶作为无黏结材料,如图 5.5(c)所示。在端部连接板预留螺栓孔,通过高强螺栓将试件与试验加载装置相连。

试验共设计 3 根 DPBRB 试件,其核心部件尺寸相同,通过改变填充条与组合盖板的宽度来调整槽钢翼缘对核心部件内侧的不同约束宽度,如图 5.5(c)所示。定义约束宽度比 α 为槽钢翼缘约束核心部件内侧的宽度 $2b_{re}$ 与屈服段的平板宽度 b_f 之比。试件被命名为 DP-α,其中 DP 表示 DPBRB,α 为约束比。3 个试件的约束比分别为 0.2、0.3 和 0.5。由于在试件 DP-0.2 和 DP-0.3 加载结束后发现组合盖板发生了轻微的面外变形,因此在 DP-0.5 的组合盖板内填充了混凝土,如图 5.5(c)所示。所有的组件都由 Q235B 钢制作。

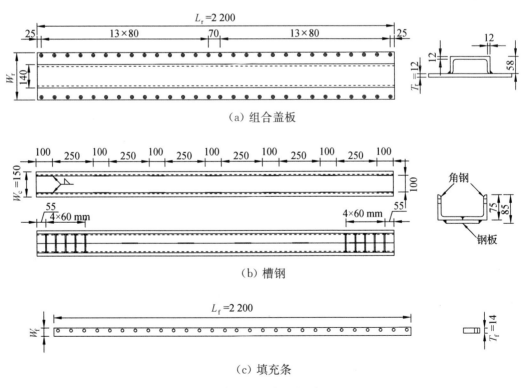

图 5.4　约束部件设计尺寸(单位:mm)

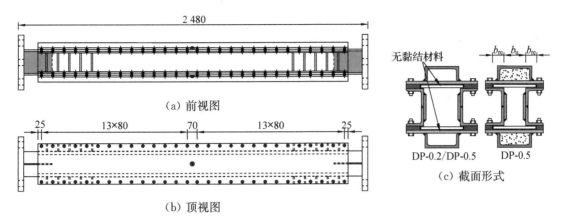

（a）前视图

25　　13×80　　70　　13×80　　25

（b）顶视图

无黏结材料

DP-0.2/DP-0.5　　DP-0.5

（c）截面形式

图 5.5　DPBRB 试件设计尺寸（单位：mm）

图 5.6 为试验加载装置示意图。试件水平安装在液压伺服试验机上。试件的端板和试验机主体之间设置转接头，通过高强螺栓将试件与转接头相连。液压伺服系统的加载能力为 ±2 500 kN，作动头最大量程为 ±200 mm。试验采用轴向变形（轴向名义应变 ε）来控制加载，包括两个阶段：第一阶段进行 4 圈应变幅值为 0.1%（小于核心部件的屈服应变 0.14%）的往复加载，目的是检查测量仪器和加载装置是否正常工作；第二阶段相继施加 2 组相同的变幅加载（VSA），分别命名为 VSA1 和 VSA2，目的是评估加载幅值变化和经历相同的大变形加载过程中 BRB 性能的变化。若 2 组变幅加载结束后试件无明显破坏，则重复同样的变幅加载直至试件破坏。

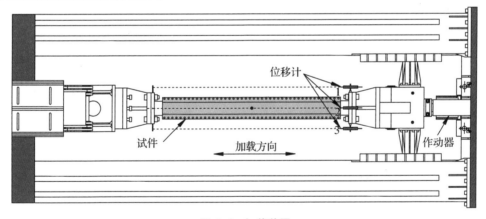

位移计

试件　加载方向　作动器

图 5.6　加载装置

5.1.2　滞回曲线和失效模式

5.1.2.1　滞回曲线

图 5.7 给出了试件加载的滞回曲线。所有试件在加载过程中滞回曲线饱满，在试件失效之前没有出现承载力和刚度明显退化的现象。试件 DP-0.2 在加载至 2.5% 应变幅值第 2 圈时由于屈服段的平板断裂而引起试件失效。试件 DP-0.3 加载至 3% 应变幅值第 1 圈时发生试件失效。试件 DP-0.5 完成一次变幅加载过程（VSA1 阶段），加载至 VSA2 阶段 3% 应变幅值第 1 圈时，试件的承载力突然下降，此时屈服段的平板中部断裂。所有试件相同应变幅值下的轴向压应力略大于轴向拉应力，且随着应变幅值的增大，拉压应力不对称现象越

明显。表5.1给出了试件加载失效时的累积塑性变形和最大轴向应变。所有试件的累积塑性变形(CPD)均大于200,支撑均具有良好的累积塑性变形能力和较好的低周疲劳性能。

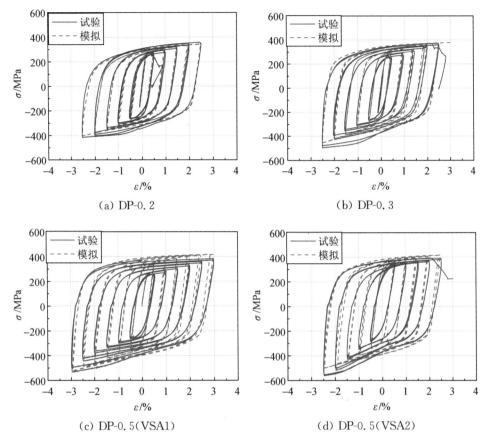

(a) DP-0.2   (b) DP-0.3

(c) DP-0.5(VSA1)   (d) DP-0.5(VSA2)

图5.7 滞回曲线

表5.1 试验结果

试件	$\varepsilon_{max}/\%$	σ_{max}^{t}/MPa	σ_{max}^{c}/MPa	β_{max}	CPD	CED/(kN·m)
DP-0.2	2.5	358.39	415.89	1.169	424	1 075.6
DP-0.3	2.5	373.80	497.04	1.332	519	1 358.7
DP-0.5	3	392.02	562.63	1.465	1 218	3 491.0

备注:ε_{max}表示最大加载应变幅值的绝对值;σ_{max}^{t}和σ_{max}^{c}分别表示试件的最大拉应力和最大压应力的绝对值;β_{max}表示β^i的最大值,$\beta^i = P_{max}^i / T_{max}^i$,$\beta^i$为试件第$i$圈滞回环受压承载力调整系数,$P_{max}^i$和$T_{max}^i$分别表示在第$i$圈滞回环中试件的最大轴向压力和最大轴向拉力;CPD表示累积塑性变形,CPD$= \frac{\sum_i |\Delta_{p,i}|}{\Delta_y}$,其中$\Delta_{p,i}$表示试件在第$i$圈循环加载产生的塑性变形,$\Delta_y$表示试件屈服位移;CED表示试件在加载过程中累积耗散能量,其值为滞回曲线包围的面积。

5.1.2.2 失效模式

图5.8给出试件的失效位置以及相应的破坏图片。试件DP-0.2和DP-0.3的失效位置均位于试件固定端一侧的屈服段端部,且靠近加劲肋;试件DP-0.5的失效发生在屈服段的

中部。试件 DP-0.2 和 DP-0.5 的屈服段的平板发生断裂,而试件 DP-0.3 的屈服段的平板沿宽度方向出现了两道从边缘向中部扩展的裂缝。

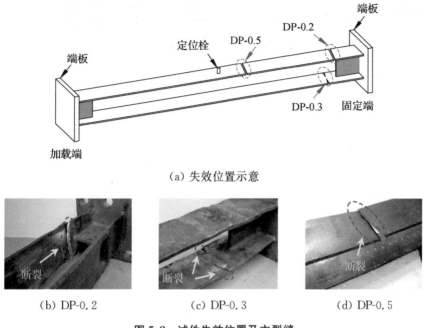

（a）失效位置示意

（b）DP-0.2　　　　　　　（c）DP-0.3　　　　　　　（d）DP-0.5

图 5.8　试件失效位置及主裂缝

1. 试件 DP-0.2 的失效分析

试件 DP-0.2 加载结束后约束部件端部变形如图 5.9(a)和 5.9(b)所示。组合盖板端部发生翘曲,相邻未被约束部分的核心部件的平板发生了较大的平面外鼓曲变形。主要原因是由于试件 DP-0.2 的约束部件两端的第一个高强螺栓与端板和试验加载头的连接螺栓发生碰撞,所以在安装过程中拆除了约束部件两端的第一个高强螺栓,在加载过程中也未安装。

如图 5.3 所示,两块一字形平板之间焊接加劲板的长度为 200 mm,约束部件端部第二个螺栓与端板间距为 175 mm,所以第二个螺栓已经位于核心部件屈服段的端部。也就是说,拆除了两端第一个高强螺栓的约束部件的端部没有能够为核心部件从屈服段向弹性段的过渡区域提供足够的约束。进一步的,由于端部的第一个高强螺栓被拆除,弹性段的翼缘发生了较大的平面外变形,挤压组合盖板,导致端部的第 2 个高强螺栓也承受较大的拉力,使得约束槽钢对应位置的翼缘发生明显的面外变形[图 5.9(c)]。

图 5.9(d)和 5.9(e)是试件 DP-0.2 的核心部件端部的变形图。由于核心部件屈服段的外侧和内侧边缘被约束,而内侧中部没有被约束,所以屈服段两端都发生了显著向内侧的高阶鼓曲变形,而且端部的鼓曲变形比中部更为明显。在屈服段的平板鼓曲变形较大的位置,平板的内侧被约束槽钢磨光。这是因为在往复荷载作用下,约束槽钢与平板内侧发生持续接触摩擦,导致一字形核心部件平板内侧发生了机械磨损。由于约束部件的端部没有提供有效的约束支承,屈服段的两端也发生了向外侧的屈曲变形。

基于上述分析,屈服段的端部发生了向内侧和向外侧的面外变形,使得该区域应变显著增大,从而在该区域发生屈服段的疲劳断裂。后续试件 DP-0.3 和 DP-0.5 改进了端板和试验加载头的连接螺栓,为约束部件的端部高强螺栓预留了安装空间。

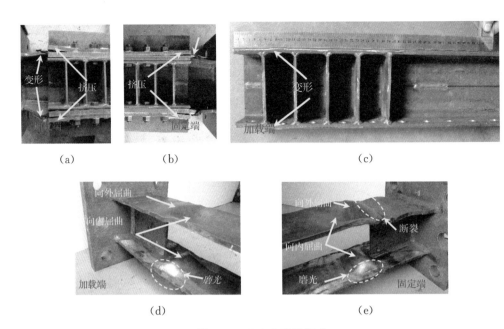

图 5.9 DP-0.2 变形模式

2. 试件 DP-0.3 的失效分析

图 5.10 给出了试件 DP-0.3 核心部件端部的变形。与试件 DP-0.2 相似,试件核心部件的屈服段两端都发生了向内侧的高阶屈曲变形,但是面外变形的幅值相对于 DP-0.2 较小。主要原因是相比于试件 DP-0.2,试件 DP-0.3 无约束区域宽度为 113.2 mm,略有降低。同样,屈服段平板的内侧与约束部件的约束槽钢之间发生了严重的机械磨损。

此外,如图 5.10(a)和(b)所示,屈服段的端部也发生了向外侧的轻微面外屈曲变形。如图 5.10(c)所示,对应位置的组合约束盖板的平板两侧边缘保持水平,但是中部向外侧鼓曲变形,而倒扣槽钢并没有明显的变形。上述试验现象表明,虽然螺栓发挥了有效的锚固,但是由于平板的平面外刚度较小,而倒扣的槽钢对平板沿截面方向的抗弯刚度贡献较小,所以导致约束盖板对一字形核心部件的约束不够,从而引起了屈服段端部向外侧的轻微面外屈曲变形。同样,由于屈服段端部发生了向内侧和向外侧的面外变形,使得该区域应变显著增大,从而在该区域发生疲劳裂缝,导致试件失效。试件 DP-0.2 和 DP-0.3 的组合盖板在试验后出现轻微的平面外鼓曲变形,表明组合盖板沿着横截面方向的抗弯刚度不足。组合盖板的鼓曲也会导致核心板产生更大的面外变形和局部应变,从而使得核心构件出现低周疲劳裂纹,如图 5.10 所示。

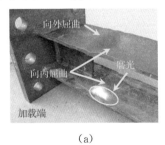 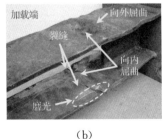 

(a)　　　　　　　　　　(b)　　　　　　　　　　(c)

图 5.10 DP-0.3 变形模式

3. 试件 DP-0.5 的失效分析

为了增加组合约束盖板的平面外刚度,在槽钢与盖板间填充混凝土,如图 5.11(d)所示,然后组装成试件 DP-0.5。加载结束后,试件 DP-0.5 的组合盖板没有发生明显的变形。说明在组合盖板之间填充混凝土是提高其横截面方向抗弯刚度的有效方式。

图 5.11 给出了试件 DP-0.5 的核心部件的变形图。由于双一字形平板的核心部件内侧被槽钢仅约束了边缘,所以屈服段端部发生了向内侧的平面外鼓曲变形,且端部的鼓曲变形最大,如图 5.11(a)所示。由于约束盖板有效约束了核心部件平板的外侧,所以核心部件平板向外侧的平面外变形较小。同时,核心部件平板内侧边缘与槽钢发生接触,核心部件平板的内侧表面被磨光,如图 5.11(b)和 5.11(c)所示。最后,试件 DP-0.5 在屈服段发生了疲劳断裂。

与 DP-0.2 和 DP-0.3 试件相比,DP-0.5 试件可以进行更多的循环加载而不破坏,其核心构件的面外变形较小。对于本章设计的试件,约束宽度比为 0.5 的试件性能最佳。文献[5]对这一问题进行了详细的讨论。

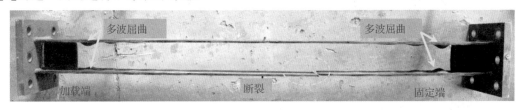

(a)

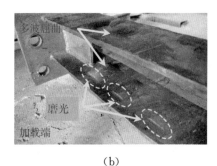

(b)

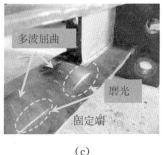

(c)

(d)

图 5.11　DP-0.5 变形模式

5.1.3　初始刚度与残余变形

5.1.3.1　DPBRB 的初始刚度

BRB 的初始刚度主要由核心部件的屈服段刚度和弹性段刚度串联得到,可表示如下:

$$\frac{1}{K} = \frac{L_y}{EA_y} + \frac{L_e}{EA_e} \tag{5.1}$$

式中,K 代表 BRB 的初始刚度;E 代表核心部件平板的弹性模量;L_y 和 L_e 分别代表核心部件的屈服段和弹性段的总长度;A_y 和 A_e 分别代表屈服段和弹性段的截面面积。

表 5.2 分别对比了 3 个试件的初始刚度。试件 DP-0.2 和 DP-0.3 的理论刚度与试验刚

度的误差均在 10% 以内。而试件 DP-0.5 的理论刚度与试验刚度的误差较大,主要原因是试件 DP-0.5 的端板没有完全与核心部件平板垂直,与试验机转接头端面连接时存在细微的安装间隙,如图 5.12 所示。

表 5.2 初始刚度

试件	$K_{em}/(\text{kN} \cdot \text{mm}^{-1})$	$K_{et}/(\text{kN} \cdot \text{mm}^{-1})$	$(\gamma_{em} = |K_{em} - K_{et}|/K_{et})/\%$
DP-0.2	348.4	351.0	0.7
DP-0.3	346.0	314.5	10.0
DP-0.5	349.3	290.2	20.4

备注:K_{em} 为根据实测试件尺寸代入公式(5.1)计算得到的理论初始刚度,K_{et} 为基于滞回曲线数据的试验初始刚度,γ_{em} 为初始刚度误差。

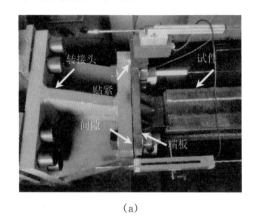
(a)

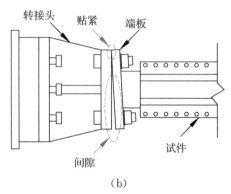
(b)

图 5.12 转接头和端板的间隙

5.1.3.2 核心部件残余变形

图 5.13、图 5.14 给出了试件 DP-0.5 加载结束后核心部件平板的残余变形及对应的实测值。由图 5.13(a)和图 5.14(a)可知,试件 DP-0.5 的屈服段截面端部膨胀而中部收缩,截面变形沿宽度最大膨胀了 4.17%,最大收缩了 9.39%,中部的收缩更为显著。出现这种现象的原因主要是约束部件与核心部件间的摩擦力以及泊松效应的影响。当试件处于受压状态下,核心部件与约束部件间的摩擦力会导致核心部件平板端部的轴力大于中部的轴力,端部的横向膨胀大于中部;而当试件处于受拉状态下,核心部件受摩擦力的影响较小,屈服段各截面轴力相等,但是由于试件受压导致的核心部件平板端部的截面面积大于中部截面面积,在受拉阶段核心板中部截面较端部有更大的横向收缩。核心部件平板在反复拉压作用下,端部的截面面积逐渐增大而中部截面面积逐渐变小。文献[6]也观察到同样现象。

由图 5.13(b)和图 5.14(b)可知,试件 DP-0.5 的核心部件平板内侧的边缘受到约束槽钢的限制,核心部件无约束部分发生了向内侧的鼓曲变形,平面外变形最大值为 24.02 mm,且鼓曲变形从屈服段端部向中部逐渐减小。

(a)

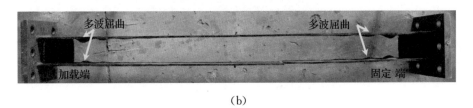

(b)

图 5.13　DP-0.5 核心部件的变形

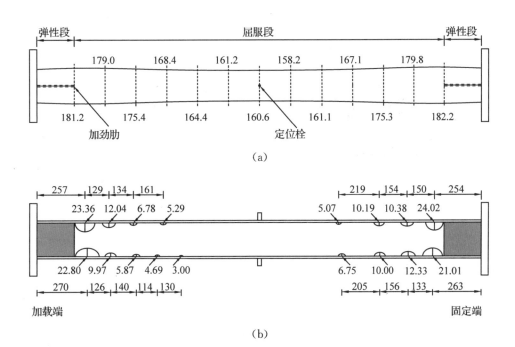

(a)

(b)

图 5.14　DP-0.5 核心板残余变形测量值（单位：mm）

5.1.4　模型校核和变形分析

5.1.4.1　有限元模型及校核

上文已建立了 DPBRB 试件的有限元模型。为了提高计算效率，考虑到试件具有对称性，选取试件的四分之一建立模型，有限元模型如图 5.15 所示。图 5.7 对比了试件 DP-0.5 模拟与试验的滞回曲线。由图可知模拟结果与试验吻合较好，模型能够较好地体现 DPBRB 在循环荷载下的滞回特征。

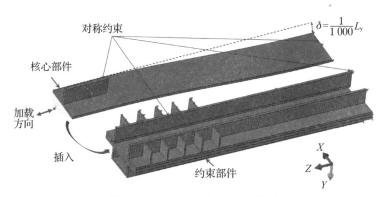

图 5.15　DPBRB 1/4 有限元模型

5.1.4.2　约束部件的变形

图 5.16 对比了试件 DP-0.2 在加载结束后约束部件端部的变形。由于试件 DP-0.2 的约束部件端部未安装第一个螺栓,核心部件弹性段发生了明显的平面外鼓曲变形,挤压组合盖板导致翘曲,有限元模型也反映了同样的结果。而试件 DP-0.3 的约束部件安装了所有的螺栓,约束部件的组合盖板端部未出现如试件 DP-0.2 中的翘曲现象。

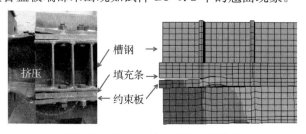

图 5.16　DP-0.2 约束部件变形比较

图 5.10 给出了试件 DP-0.3 的组合盖板端部变形图。核心部件发生了多波屈曲变形后,会挤压组合盖板。相对于平板,试件 DP-0.3 的组合盖板沿长度方向的抗弯刚度提升较大,而沿着截面方向的抗弯刚度则变化较小。因此试件 DP-0.3 的组合盖板难以约束核心部件平板的面外变形,从而导致组合盖板发生了面外的鼓曲。如图 5.17(a)所示,有限元模拟也能得到相似的结果。为此,试件 DP-0.5 的组合盖板内部填充了混凝土。如图 5.17(b)所示,此时,组合盖板的最大平面外鼓曲变形的模拟结果仅为试件 DP-0.3 模拟结果的 1/118,结合试验观察,DP-0.5 的组合盖板面外变形几乎可以忽略,也说明组合盖板内填充混凝土是有效的。

考虑到填充混凝土的组合盖板的质量较大,不利于工程中的安装及应用,研究人员提出了一种全钢组合盖板。沿约束盖板长度方向焊接两条与盖板长度相同的厚度为 10 mm 的加劲板,提高约束盖板在长度方向的抗弯刚度;沿盖板截面方向焊接厚度为 8 mm 的加劲肋,提高沿截面方向的抗弯刚度。

如图 5.17(c)所示,将新型全钢组合盖板替换试件 DP-0.5 的组合盖板,建立有限元模型。在相同的加载模式下,采用新型全钢组合盖板的模型的平板最大面外弹性变形仅为试件 DP-0.5 有限元模拟结果的 1.7 倍,二者变形基本相当。说明本章提出的全钢新型盖板具有足够大的沿截面方向的抗弯刚度,能够为核心部件提供有效的平面外支承。

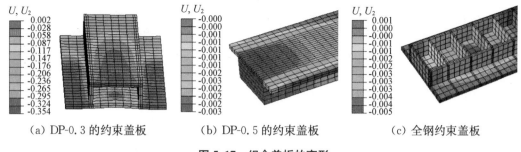

(a) DP-0.3 的约束盖板　　　(b) DP-0.5 的约束盖板　　　(c) 全钢约束盖板

图 5.17　组合盖板的变形

5.1.4.3　核心部件的变形

图 5.18 分别给出了试件 DP-0.5 加载到应变幅值分别为 +3% 和 -3% 的核心部件端部弹性段的应力分布。由图可知,虽然核心部件端部采用了长度为 200 mm 的加劲肋进行加强,但是弹性段在靠近屈服段一端仍然有部分区域进入了塑性,而且支撑受压时进入屈服的区域更大。也就是说,约束部件仍然需要约束弹性段的屈服区域。

为了进一步研究核心部件弹性段的应力扩散状态,将试件 DP-0.5 的核心部件加劲肋的长度 l_s 调整为 250 mm 和 300 mm,分别建立有限元模型。由于在相同加载幅值下核心部件的压应力大于拉应力,因此仅讨论试件在受压状态下的应力扩散情况。图 5.19 为加劲肋长度分别为 250 mm 和 300 mm 的试件在加载至应变幅值为 -3% 时的核心部件弹性段的应力分布。随加劲肋长度的增加,核心部件平板端部保持弹性的部分增多,进入塑性部分的大小基本保持一致。

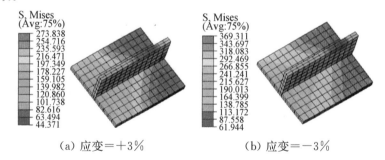

(a) 应变 = +3%　　　　　　　(b) 应变 = -3%

图 5.18　DP-0.5 弹性段的应力分布

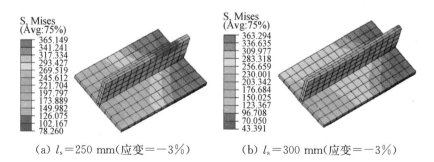

(a) l_s = 250 mm(应变 = -3%)　　　(b) l_s = 300 mm(应变 = -3%)

图 5.19　弹性段的应力分布

如图 5.20 所示,当核心部件受压应变幅值为 3% 时,弹性段进入塑性的部分一般为梯形分布,从加劲肋一侧向外延伸至核心板边缘,塑性区域边缘的长度 l_e 近似等于核心部件平板

宽度 b_f 的 0.5 倍，即 $l_e = 0.5b_f$。BRB 的约束部件需要约束核心部件的屈服段以及弹性段中发展成塑性的区域。对于本书提出的 DPBRB，核心部件平板的最大变形长度为 $3\%L_y$。核心部件一端的弹性段需要被约束的区域的长度为：

$$l_r = \gamma l_e + 1.5\% \times L_y \tag{5.2}$$

式中，γ 为安全系数，取 1.2。约束部件的设计长度至少满足以下公式：

$$L_D \geqslant L_y + 2 \times l_r = (1 + 3\%)L_y + 2\gamma l_e \tag{5.3}$$

式中，L_D 表示约束部件的设计长度；L_y 表示核心部件的屈服段长度。

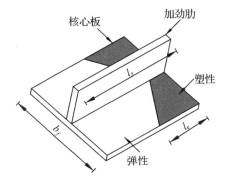

图 5.20　弹性段的塑性分布

5.2　部分约束 H 形构件

5.2.1　设计理念和关键参数

5.2.1.1　设计理念

　　针对 H 型钢核心部件，有着不同形式的全钢约束部件。如图 5.21(a)所示，圆钢管约束部件虽然构造简单，但是 H 型钢核心部件的翼缘和腹板均未被约束，试验结果也表明 H 型钢核心部件的翼缘和腹板发生了严重的局部屈曲[7]。如图 5.21(b)~(d)所示，文献[8]提出了采用方钢管作为约束部件，文献[9]为了方便组装及震后拆卸，提出了螺栓拼装方形约束部件，文献[10]为了提高约束部件的稳定性，提出了组合双层方钢管。上述约束部件虽然构造不同，但是都仅能够有效约束 H 型钢核心部件的翼缘外侧。试验结果也表明，H 型钢核心部件翼缘依然会发生严重的向内局部屈曲。因此，需要进一步改进约束部件的构造，以提高 H 形屈曲约束支撑(H-Section Buckling-Restrained Brace，HBRB)的耗能能力。

　　如图 5.21(e)所示，文献[11]提出在约束盖板的内侧焊接加劲肋来进一步约束 H 型钢核心部件的翼缘内侧。试验结果表明，H 型钢核心部件的翼缘和腹板都发生了高阶屈曲，HBRB 的延性和耗能能力得到提高。如图 5.21(f)所示，文献[12]提出了另一种形式的螺栓拼装约束部件，其能够同时约束 H 型钢核心部件的翼缘和腹板。试验结果证实了这种约束部件的有效性，HBRB 滞回性能稳定。但是，约束部件中的槽钢的翼缘和腹板需要分别约束 H 型钢的翼缘内侧和腹板，对 HBRB 组件加工精度要求较高。

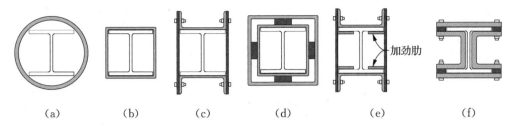

（a）　　　（b）　　　（c）　　　（d）　　　（e）　　　（f）

图 5.21　H 型钢核心 BRB 的截面形式[7-12]

上述讨论表明有效地约束 H 形核心部件并减少 HBRB 的装配复杂度是 HBRB 研发的关键。基于第 4 章被证实有效的部分约束机制,笔者提出了带有部分约束翼缘的新型 HBRB,其装配过程如图 5.22 所示。新型支撑由 H 型钢核心部件和约束部件组成。通过在 H 型钢核心部件两端焊接加劲肋形成弹性段,中部未焊接部分为屈服段。约束部件由一对盖板、一对槽钢和两对填充板通过高强螺栓装配而成。H 型钢核心部件翼缘外侧被盖板完全约束,翼缘内侧只有边缘部位被槽钢约束而腹板未被约束。

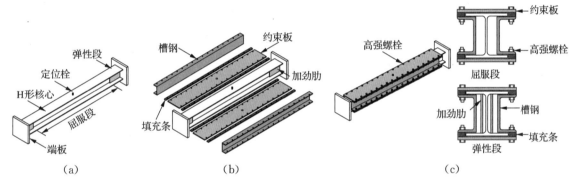

（a）　　　　　　　　（b）　　　　　　　　（c）

图 5.22　HBRB 构造形式

新型部分约束 H 形支撑特点总结如下:

（1）在 H 型钢核心部件端部焊接加劲肋形成弹性段,而中部屈服段无须焊接或者削弱,从而避免焊接对试件疲劳性能的不利影响[6],也确保了 H 型钢核心部件截面尺寸沿轴向均匀。

（2）H 型钢核心部件的上下翼缘内侧均被槽钢约束,而腹板未被约束,从而降低了 HBRB 加工难度,也避免了 H 型钢核心部件的翼缘和腹板之间的倒角与槽钢接触。

（3）由于翼缘内侧只有边缘部分被约束,槽钢和腹板之间预留出较大的间隙,给弹性段焊接加劲肋提供了空间,避免与约束部件的接触,使得约束部件的截面尺寸沿轴向均匀。

5.2.1.2　翼缘屈曲半波长

局部失稳也是新型 H 形支撑的失效模式之一。研究表明,随着轴力增加,H 形核心部件的翼缘和腹板会发生局部屈曲[9]。如图 5.23 所示,从翼缘分离出一个尺寸为 $l_0 \times b \times t$ 的矩形板作为基本力学模型,其加载边经过拐点,其中 l_0 表示高阶屈曲半波长,b 和 t 分别表示翼缘外伸段的宽度和厚度。基本假定如下:① 轴向压应力 σ_c 沿翼缘和腹板均匀分布;② 将加载边定义为简支边;③ 将非加载边定义为一边简支一边自由。

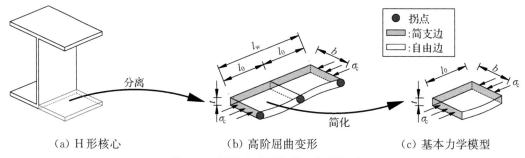

（a）H形核心　　　　　　（b）高阶屈曲变形　　　　　（c）基本力学模型

图 5.23　翼缘高阶屈曲模态力学模型

基于弹塑性理论,板的弹塑性临界屈曲应力 σ_{cr} 可以近似为[13]:

$$\sigma_{cr}=k_p\times\frac{1}{12(1-\nu^2)}\times\frac{\pi^2E}{(b/t)^2} \tag{5.4}$$

式中,ν 表示泊松比;E 表示弹性模量;k_p 表示弹塑性屈曲系数,可通过下式计算:

$$k_p=\sqrt{\eta}\left(C_1+C_2\frac{a^2}{m^2b^2\sqrt{\eta}}+\frac{m^2b^2}{a^2}\sqrt{\eta}\right) \tag{5.5}$$

式中,η 表示模量退化系数,定义为切线模量 E_t 和弹性模量 E 的比值,可取为 0.02 [6];C_1 和 C_2 是与边界条件相关的系数,对于三边简支、一边自由的均匀受压矩形板分别取 0.425 和 0 [13];a 表示板的纵向长度;m 表示纵向屈曲半波数。对于图 5.23(c)所示的基本力学模型,可令 $a=l_0$ 和 $m=1$。

初步设计时,弹塑性临界屈曲应力 σ_{cr} 可近似表示为:

$$\sigma_{cr}=\beta\omega\sigma_y \tag{5.6}$$

式中,β 为受压承载力调整系数;ω 为应变硬化系数,对于 Q235B 钢材可取 1.5;σ_y 为材料屈服强度,可由材性试验得到。基于式(5.4)、式(5.5)和式(5.6),可求得 H 型钢核心翼缘高阶屈曲半波长设计值:

$$l_0^d=\sqrt{\frac{b^2\eta}{\beta\omega\sigma_y\times12(1-\nu^2)(b/t)/\pi^2E-0.425\sqrt{\eta}}} \tag{5.7}$$

5.2.1.3　螺栓设计

当约束部件具有足够的刚度和强度时,H 型钢核心翼缘会发生高阶屈曲,翼缘与约束部件发生接触产生法向接触力 N。翼缘高阶屈曲的简化计算模型如图 5.24 所示,并作如下假定:① 螺栓间距 l_b 近似等于翼缘屈曲半波长 l_0,取为 50 mm;② 螺栓间距和翼缘屈曲半波长沿纵向均匀分布;③ 相邻两个半波的接触力 N 均作用于相邻螺栓的约束板中心。此时,翼缘与约束部件之间的接触力 N 可以表示为[14]:

$$N=\sigma_{cr}A_f\frac{2g}{l_0} \tag{5.8}$$

式中,A_f 是 H 型钢核心翼缘外伸段的截面面积;g 表示核心部件和约束部件的间隙。螺栓的轴力可表示为:

$$F_b=\frac{N}{2} \tag{5.9}$$

约束部件是通过高强螺栓连接成整体的。当螺栓轴力超过螺栓预拉力后,导致约束部件整体约束能力下降,使得核心部件与约束部件之间的间隙增大。基于式(5.8)和式(5.9),本书采用 10.9 级 M16 高强螺栓以避免螺栓失效。

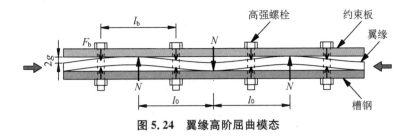

图 5.24　翼缘高阶屈曲模态

5.2.2　试验方案和加载结果

5.2.2.1　试件设计

本研究共设计了 3 根 HBRB 试件,其 H 型钢核心部件尺寸相同,只是翼缘被约束的宽度不同,具体构造详图如图 5.25 所示。3 根试件被命名为 H-PRx,其中 H 表示 HBRB,PR 表示部分约束机制,x 为约束比,即翼缘内侧约束段宽度和翼缘宽度之比。注意,作为对比试件,H-PR00 翼缘内侧未被约束,即约束比为 0,可认为代表了传统方形套管约束 HBRB[8-10]。

如图 5.26 所示,核心部件采用 HW175×175×7.5×11 热轧 H 型钢,其两端焊接加劲肋形成弹性段。在翼缘中部点焊圆棒作为定位栓以防止核心部件和约束部件发生相对滑移。约束部件由盖板、槽钢和填充板通过 M16 级高强螺栓组装而成。为了能够同时约束 H 型核心部件的上下翼缘内侧,槽钢由两个角钢和一个盖板焊接而成,采用了间断焊接以控制焊接变形和残余应力,如图 5.27 所示。为了减少 H 型钢核心部件与约束部件之间的摩擦力,在 H 型钢核心部件的翼缘外表面包裹了 1 mm 厚的丁基橡胶作为无黏结材料。试件的加载装置和制度与 5.1.1 节中相同。

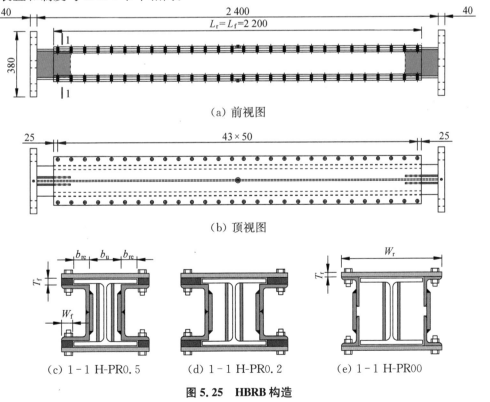

(a) 前视图

(b) 顶视图

(c) 1-1 H-PR0.5　　(d) 1-1 H-PR0.2　　(e) 1-1 H-PR00

图 5.25　HBRB 构造

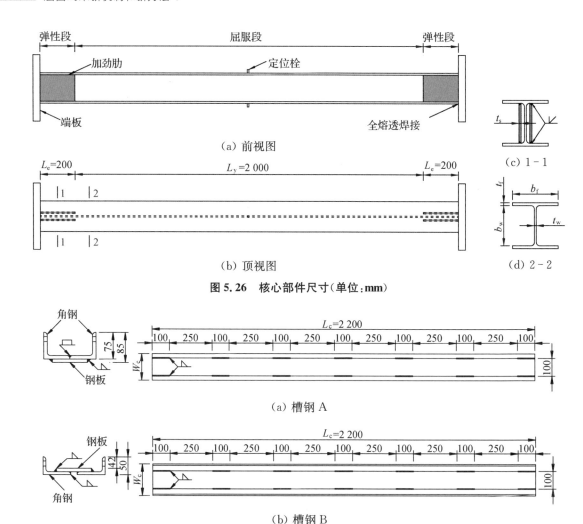

图 5.26　核心部件尺寸（单位：mm）

图 5.27　槽钢尺寸（单位：mm）

5.2.2.2　滞回曲线

试件的滞回曲线分别如图 5.28 所示。试件 H-PR0.5 和 H-PR0.2 在加载过程中滞回曲线饱满。在 VSA2 加载阶段，当加载到幅值为 3‰第一圈时，试件 H-PR0.5 由于加载操作失误导致核心部件被拉断，而试件 H-PR0.2 由于约束部件的盖板鼓曲及槽钢撑开导致受压承载力下降，但是二者在失效之前均无明显的刚度退化。试件 H-PR00 加载初期滞回曲线饱满，在 VSA1 加载阶段，当加载到幅值为 2‰第一圈时，试件的受压承载力显著下降，与试件 H-PR0.5 和 H-PR0.2 的滞回性能有着显著差别。

5.2.2.3　失效模式

试验结束后，移除约束部件和无黏结材料后可观察到核心部件的变形。试件 H-PR0.5 核心部件的变形如图 5.29 所示。核心部件屈服段的翼缘和腹板发生了明显的高阶屈曲，但是多波变形沿纵向并不均匀，屈服段两端翼缘和腹板的多波变形较中部更为明显。此外，由于核心部件翼缘内侧只有边缘部位被约束，未约束段翼缘发生了较大的平面外变形。在往复荷载作用下，其内侧边缘与槽钢发生接触的表面被磨光。

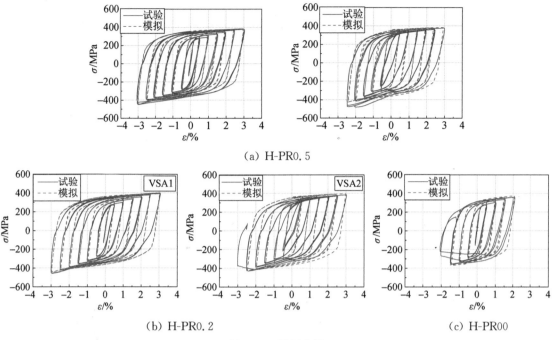

(a) H-PR0.5

(b) H-PR0.2

(c) H-PR00

图 5.28　滞回曲线

　　试件 H-PR0.2 核心部件的变形如图 5.30 所示。与试件 H-PR0.5 变形模式相似,核心部件屈服段的翼缘和腹板也发生了沿纵向不均匀分布的多波屈曲,未约束部分翼缘内侧边缘与槽钢接触部位的表面也被磨光。此外,靠近加载端的核心部件屈服段发生了严重的屈曲变形,对应的约束部件的变形如图 5.31 所示,试件加载端的约束盖板发生了明显的鼓曲,平面外变形最大为 24.4 mm,对应位置的槽钢翼缘被撑开,上下翼缘间距为 200.8 mm,较试验前增大了 14.7%,但是螺栓并没有发生明显的拉伸变形。因此,由于约束部件刚度不足,导致核心部件加载端屈服段发生的严重屈曲变形被认为是试件 H-PR0.2 失效的主要原因。

　　试件 H-PR00 核心部件的变形如图 5.32 所示。由于核心部件翼缘外侧受到约束盖板的约束,而翼缘内侧未被约束,加载端核心部件屈服段翼缘发生了严重的向内局部屈曲,平面外变形达到了 64.3 mm。此外,伴随翼缘向内屈曲,翼缘也出现了明显的裂缝。

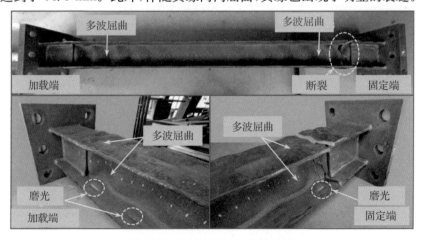

图 5.29　H-PR0.5 核心部件变形

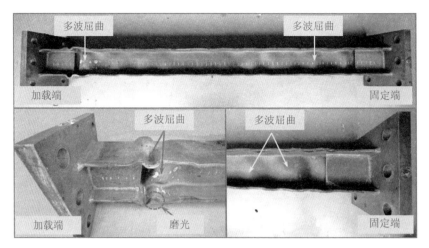

图 5.30　H-PR0.2 核心部件变形

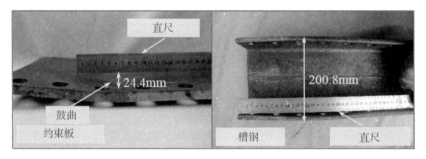

图 5.31　H-PR0.2 约束部件变形

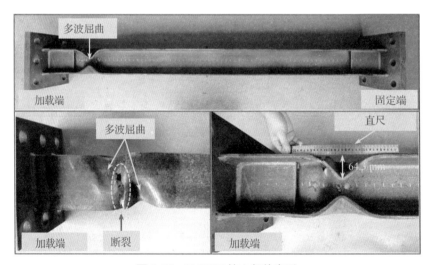

图 5.32　H-PR00 核心部件变形

5.2.3　滞回特性和翼缘残余变形

5.2.3.1　受压承载力调整系数

由于 BRB 受压时,其核心部件与约束部件接触产生了摩擦力,导致在同一加载循环中出现拉压不相等的现象。定义受压承载力调整系数 β 如下:

$$\beta = \frac{P_{\max}}{T_{\max}} \tag{5.10}$$

式中，$P_{\max}$ 和 $T_{\max}$ 分别表示在同一加载循环中最大的轴向压力和拉力。

试件受压承载力调整系数如图 5.33 所示，所有 β 值均小于 1.3。在 VSA1 加载阶段，所有试件的 β 值随应变幅值的增加平稳上升，之间差别较小。即使在较大的应变幅值（3%）下，试件 H-PR0.5 和 H-PR0.2 的 β 值均小于 1.15，拉压性能较为对称。在 VSA2 加载阶段，试件 H-PR0.5 和 H-PR0.2 的 β 值随应变幅值的增加急剧上升，当应变幅值较小（对于 H-PR0.5，小于 1.5%；而对于 H-PR0.2，小于 2.0%）时，试件在同一应变幅值下在 VSA2 阶段的 β 值小于 VSA1 阶段，文献 [6] 中也观察到类似的现象；而随着应变幅值的增加，试件在同一应变幅值下在 VSA2 阶段的 β 值大于 VSA1 阶段。此外，在 VSA2 加载阶段，试件 H-PR0.2 的 β 值在同一应变幅值下均小于试件 H-PR0.5，表明降低翼缘内侧约束段的宽度可有效地缓解拉压不对称现象。

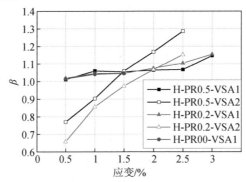

图 5.33　受压承载力调整系数

5.2.3.2　翼缘残余变形

加载结束后，HBRB 核心部件屈服段翼缘宽度两端增大而中部收缩，图 5.34 给出了试件 H-PR0.5 加载结束后翼缘宽度实测值。这一现象可解释如下：在受压阶段，由于摩擦力的存在，屈服段端部翼缘轴向压应力大于中部轴向压应力，导致屈服段端部翼缘膨胀大于中部翼缘；在随后的受拉阶段，由于没有摩擦力，翼缘轴力沿纵向均匀，但由于端部翼缘截面面积大于中部翼缘截面面积，因而端部的轴向拉应力小于中部轴向拉应力，导致屈服段端部翼缘收缩小于中部翼缘。最终，在往复荷载作用下，由于塑性变形累积，屈服段翼缘宽度产生了两端增大而中部收缩的现象 [6]。

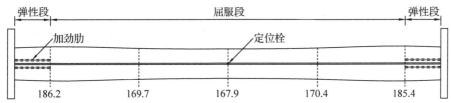

图 5.34　H-PR0.5 翼缘宽度（单位：mm）

5.2.4 模拟分析及变形特点

5.2.4.1 模型校核

上文已建立了试件的有限元模型。如图 5.28 所示,试件 H-PR0.5 和 H-PR0.2 数值模拟得到的弹性刚度和滞回行为与试验结果拟合较好,有限元模型可以较好地预测拉压不对称现象。在加载初期,试件 H-PR00 数值模拟得到的滞回行为与试验结果拟合较好,如图 5.35 所示,有限元模型试件加载端翼缘也发生了明显的向内局部屈曲。但是有限元模型中的材料属性并没有考虑塑性断裂,而在试验中核心部件加载端翼缘在应变幅值为 2% 时发生断裂破坏,所以有限元模型没有能够模拟出试件 H-PR00 受压承载力下降现象。

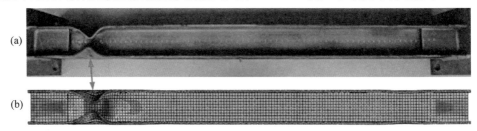

图 5.35　H-PR00 核心部件变形比较

5.2.4.2 翼缘多波变形

图 5.36 对比了试件 H-PR0.5 在 VSA2 加载阶段,幅值为 2.5% 最大压应变下试验翼缘外侧多波变形模态和数值模拟得到的翼缘外侧接触面积云图。如图 5.36(a)所示,翼缘外侧与约束盖板发生接触时会挤压无黏结材料,导致翼缘外侧接触区域出现较为明显的黑色印迹,可将其视为波峰位置。数值模拟结果能够较好地预测波峰的位置和波的数目。由于摩擦力的存在,翼缘波长沿纵向分布并不均匀,屈服段两端的波长小于中部波长。

表 5.3 分别给出了试件 H-PR0.5 和 H-PR0.2 的 H 型钢核心部件翼缘实测半波长最小值 l_b^m 和数值模拟得到的翼缘半波长最小值 l_b^{sim},同时也给出了基于式(5.7)得到的翼缘半波长设计值 l_b^d。结果表明,翼缘高阶屈曲半波长的设计值 l_b^d 和数值模拟结果 l_b^{sim} 相近,说明本书提出的计算方法可以较为准确地预测 H 型钢核心翼缘高阶屈曲半波长。另外,实测半波长最小值 l_b^m 略小于设计值 l_b^d 和数值分析结果 l_b^{sim}。

从表 5.3 中也可以看出,试件 H-PR0.5 的翼缘高阶屈曲半波长略小于试件 H-PR0.2。根据式(5.8)可知,较小的波长会导致翼缘与约束部件之间较大的接触力,从而产生较大的摩擦力,使得受压承载力调整系数 β 增大。

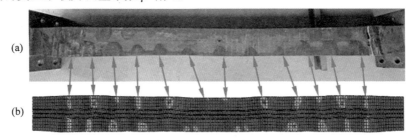

图 5.36　H-PR0.5 翼缘多波屈曲

表 5.3　翼缘半波长比较　　　　　　　　　　　　　　　　单位:mm

试件	l_0^{m}	l_0^{d}	l_0^{sim}
H-PR0.5	38.06	44.69	46.50
H-PR0.2	41.77	44.69	47.53

5.2.4.3　翼缘和腹板的平均压应力

　　由于新型 HBRB 的腹板平面外未被约束,在加载过程中可以发生平面外变形。基于数值模拟结果,图 5.37 分别对比了试件 H-PR0.5 和 H-PR0.2 在不同应变幅值下屈服段腹板和翼缘的平均压应力,其通过由腹板和翼缘分别承担的轴力除以对应的截面面积得到。由图可知,当应变幅值较小时,腹板平均压应力与翼缘相当;随着应变幅值的增大,腹板平均压应力的增幅趋于平缓,翼缘平均压应力依然呈稳定的增长趋势,且明显大于腹板平均压应力。在同一加载阶段(VSA1 或 VSA2),腹板平均压应力未出现明显的下降,说明腹板进入塑性状态,依然保持较好的承载能力。同时也说明上下翼缘可以为腹板提供较好的平面内约束作用,避免腹板因平面外变形过大而导致受压承载力下降。

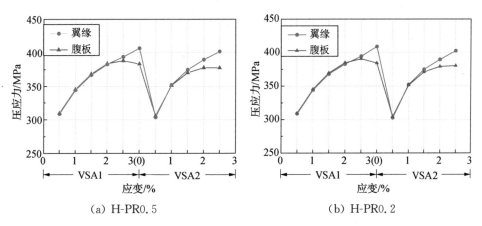

（a）H-PR0.5　　　　　　　　　　　　　（b）H-PR0.2

图 5.37　翼缘和腹板的轴向压应力变化

5.2.4.4　翼缘表面接触分布

　　图 5.38 基于数值模拟结果给出了试件 H-PR0.5 和 H-PR0.2 在不同加载阶段(VSA1 和 VSA2),幅值为 2.5% 最大压应变下核心部件翼缘表面接触面积云图,变形放大系数为 2。分别对比图 5.38(a) 和 5.38(b),或图 5.38(c) 和 5.38(d) 的翼缘内侧接触分布可知,对于同一试件,与 VSA1 加载阶段相比,核心部件翼缘在 VSA2 加载阶段的接触面积更大,波的数目更少。这种现象产生的主要原因是在往复荷载作用下核心部件塑性变形的累积。对比图 5.38(a) 和图 5.38(c),或图 5.38(b) 和图 5.38(d) 可知,在相同的加载步下,试件 H-PR0.5 翼缘与约束部件之间的接触比 H-PR0.2 更为明显。

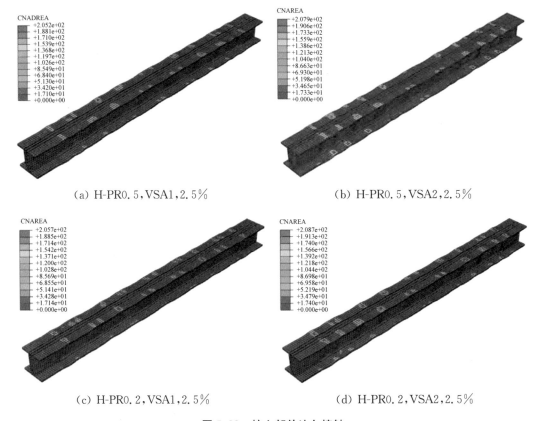

(a) H-PR0.5,VSA1,2.5%   (b) H-PR0.5,VSA2,2.5%

(c) H-PR0.2,VSA1,2.5%   (d) H-PR0.2,VSA2,2.5%

图 5.38　核心部件法向接触

H 型钢核心部件和约束部件之间的法向接触力可近似分为翼缘外侧接触力和翼缘内侧接触力。图 5.39 基于数值模拟结果分别对比了在不同应变幅值下试件 H-PR0.5 和 H-PR0.2 的翼缘外侧和内侧法向接触力峰值。同时,增加有限元模型 H-PR0.3,其 H 型钢核心部件与其余试件相同,只是翼缘内侧约束段宽度与翼缘宽度比为 0.3。

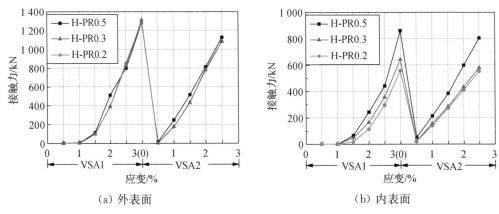

(a) 外表面   (b) 内表面

图 5.39　翼缘接触力比较

由图可知,当应变幅值较小时,翼缘外侧和内侧法向接触力几乎为零,这是由于此时 H 型钢核心翼缘平面外变形幅值小于核心部件和约束部件之间的间隙,二者几乎没有发生接触。所有试件翼缘外侧接触力基本相等,而翼缘内侧接触力随着翼缘内侧约束宽度的减少而下降。

因此降低 HBRB 核心部件翼缘内侧约束宽度可降低核心部件和约束部件之间的接触力,从而缓解拉压不对称现象。从图中也可以看出,在相同的应变幅值下,试件在 VSA2 加载阶段的接触力大于 VSA1 加载阶段的接触力,这也与图 5.38 中观察到的接触现象相一致。

5.3　H 形构件的新型约束

5.3.1　新型约束的概念设计

在矩形钢套管约束 H 型钢内芯[图 5.40(a)]的基础上,为避免 H 型钢内芯翼缘发生向内侧的局部屈曲变形,也可考虑的方法有:一是限定翼缘内侧的变形空间;二是减少翼缘的受压计算长度。

基于上述思路,如图 5.40(b)所示,提出可在 H 型钢内芯上下翼缘内侧与腹板之间填充刚性块体来限定 H 型钢内芯翼缘向内侧的屈曲变形。为了避免填充块过长,在沿 H 型钢内芯长度方向焊接若干横向加劲肋将钢内芯上下翼缘内侧分割成一些区格,刚性块体分别填入各区格内。为了减小支撑的质量,选择了双腹板工字型钢块作为填充块,且填充块的钢翼缘宽度小于 H 型钢内芯翼缘的外伸宽度,形成了对 H 型钢内芯翼缘内侧的部分约束。

进一步的,如图 5.40(c)所示,也可以通过加密横向加劲肋来减小翼缘的受压计算长度,避免翼缘的局部失稳。为此,在本书试验构件中,部分区格没有填充钢块,而采用加密横向加劲肋来避免翼缘向内侧的平面外屈曲变形。

综上,采用矩形钢套管约束 H 型钢内芯的外围,通过可自由移动的填充钢块或者加密横向加劲肋来避免 H 型钢内芯翼缘向内侧的屈曲变形,形成新型 H 型 BRB(HBRB),该新型 HBRB 具有如下特点:

(1)与传统套筒填充混凝土作为约束部件的 BRB 相比,矩形套管与填充块体或者加密横向加劲肋进行组合约束,能够避免混凝土浇筑带来的加工周期长的问题。

(2)通过间隔填充多个小的型钢块形成对钢内芯翼缘内侧的局部约束,不仅能够减小构件自重,而且可以通过控制型钢块的高度来调整型钢块外表面与翼缘内侧的间隙,方便后期组装。

(3)填充块体或者加密加劲肋的方法也可以直接用于改造既有结构中的 H 型钢支撑或者矩形套管约束 H 型钢的 BRB,且当原有 H 型钢的上下翼缘间无法填充块体时,可以结合焊接横向加劲肋的方式进行约束,支撑仍可保留原有的连接形式。

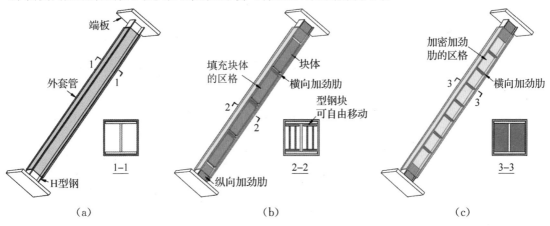

图 5.40　新型 HBRB 构造

为防止 BRB 受压时横向加劲肋与型钢块发生碰撞,相邻两横向加劲肋的间距与型钢块长度差值需要大于区格的压缩变形,且型钢块与加劲肋间距需小于翼缘发生高阶屈曲时的半波长。设计型钢块与加劲肋间的净间距 L_g 可表示为:

$$\varepsilon_{\max} l_s \leqslant L_g \leqslant \gamma l_0 \tag{5.11}$$

式中,l_s 为相邻两加劲肋的间距;$\varepsilon_{\max}$ 为最大的轴向受压应变幅值;l_0 为根据式(5.7)计算得到的半波长设计值;γ 为调整系数,由于横向加劲肋对翼缘边为弹性嵌固支承,建议 $\gamma=1.5$。

5.3.2 方案与局部改进

本次试验共加工了 4 个 BRB 试件,其中试件内芯的 H 型钢的尺寸相同。试件被命名为 $T_xB_yN_z$,其中 x 表示外套筒的厚度 t_r,y 表示试件中双腹板工型钢块的个数,z 表示 H 型钢内芯设置横向加劲肋的个数。例如,试件 T10B4N22 表示外套筒的厚度为 10 mm,屈服段区格内填充 4 个型钢块,设置了 22 个横向加劲肋(加密了屈服段中间区格的横向加劲肋)。试验加载装置和制度与 5.1.1 节相同。

如图 5.41 所示,试件的 H 型钢内芯包括屈服段、弹性段和端部连接板。在 H 型钢端部翼缘的外伸段中部沿纵向焊接厚为 8 mm 的加劲板,增大了 H 型钢端部的截面面积,形成了内芯的弹性段,而中部未加固部分为内芯屈服段。H 型钢端部垂直焊接在端部连接板上,通过连接板与加载装置相连。在屈服段腹板两侧,等间距焊接厚度为 6 mm 的横向加劲肋。此外,在内芯屈服段翼缘外侧中部点焊圆棒作为定位栓。

如图 5.42 所示,BRB 的约束部件由外套管与填充型钢块组成。外套筒由四块钢板焊接而成,设置在 BRB 内芯的外围。在外套管上下侧预留直径 30 mm 的孔,使内芯的定位栓穿过,来控制内芯与约束部件的相对位置,防止外套管沿着内芯滑脱。双腹板工字型钢块的翼缘宽度为 50 mm,与 H 型钢内芯的翼缘平行,且小于 H 型钢内芯翼缘外伸长度,长度为 350 mm。其腹板与 H 型钢内芯的腹板平行。

如图 5.43 所示,H 型钢内芯和约束部件组装形成新型 BRB。其中,H 型钢内芯翼缘外侧受到焊接外套管的约束,而内侧受到自由移动填充型钢块的约束。

按照上述构造加工完成试件,通过第一根试件加载试验后发现如下问题,并进行了相应的改进:

(1) 外套管发生了略微的鼓曲,且焊缝出现了裂纹,后续试件均在套管端部焊接长度为 400 mm 的 ∟50 mm×50 mm×6 mm 的角钢进行加固。

(2) 内芯的弹性段与屈服段的交界处翼缘出现较大的平面外变形,后续的试件均在屈服段两端焊接与屈服段相同构造的横向加劲肋,如图 5.43(a)所示。

(3) 端部连接板出现了较为明显的平面外残余变形。在后续试件内芯两端与端板的连接处焊接厚度为 10 mm 的三角形加劲肋,如图 5.43(b)所示。

此外,在第四个试件屈服段的中间区格,加密焊接了同样的横向加劲板,使得横向加劲板的间距为 100 mm,远小于屈服段两端区格的横向加劲板间距 400 mm。

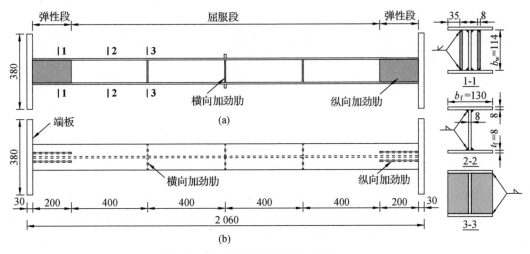

图 5.41　T6B0N6 核心部件尺寸(单位:mm)

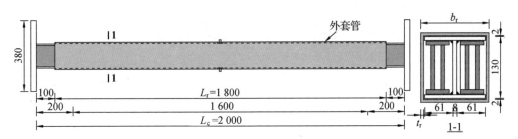

图 5.42　HBRB 设计尺寸(单位:mm)

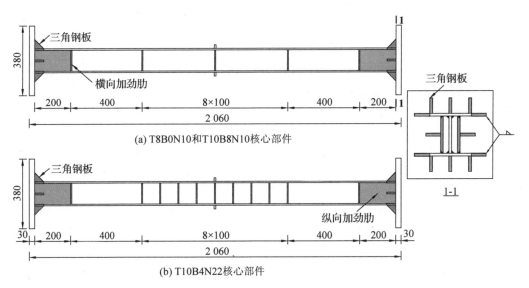

图 5.43　核心部件尺寸(单位:mm)

5.3.3　滞回曲线和失效模式

5.3.3.1　滞回曲线

图 5.44 给出了试件的滞回曲线。试件 T6B0N6 在加载至 2% 应变幅值第 1 圈受压应变为 1.5% 时,翼缘的局部屈曲导致试件的承载力略有降低,加载至第 2 圈时,外套管在焊缝处

撕裂导致试件的承载力突然下降。试件 T8B0N10 在加载至 2% 应变幅值第 1 圈时,由于 H 型钢核心翼缘屈曲导致试件受压承载力下降,当加载 2% 应变幅值第 2 圈时,承载力显著下降导致试件失效。

试件 T10B8N10 在加载至 3% 应变幅值第 1 圈时停止加载,此时核心部件端部翼缘与三角形钢板焊缝处开裂,翼缘与腹板出现多波屈曲。试件 T10B4N22 完成一次变幅加载过程(VSA1 阶段),加载至 VSA2 阶段 0.5% 应变幅值第 1 圈时,试件的承载力突然下降,此时核心部件端部翼缘与三角形钢板焊缝部位断裂。

表 5.4 给出了试件的试验结果,所有试件均具有良好的累积塑性变形能力和较好的低周疲劳性能。试件 T6B0N6 和 T8B0N10 的 H 形核心部件翼缘内侧未被约束,所以其试件失效时的加载应变幅值都为 2%。试件 T10B8N10 和 T10B4N22 的 H 形核心部件翼缘内侧受到型钢块约束,局部区段加密了横向加劲肋,所以其试件失效时的加载应变幅值分别提高了 2.5% 和 3%。

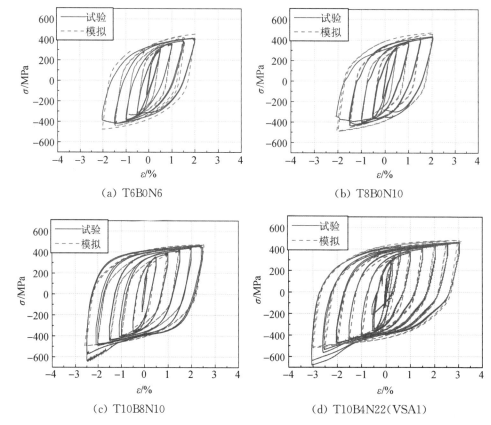

(a) T6B0N6　　　　　　　　　　(b) T8B0N10

(c) T10B8N10　　　　　　　　(d) T10B4N22(VSA1)

图 5.44　滞回曲线

表 5.4　HBRB 试验结果

试件	$\varepsilon_{max}/\%$	σ_{max}^{t}/MPa	σ_{max}^{c}/MPa	β_{max}	CPD	CED/(kN·m)
T6B0N6	2	413	425	1.152	315.6	386
T8B0N10	2	436	438	1.110	303.7	409

续表

试件	$\varepsilon_{max}/\%$	σ^{t}_{max}/MPa	σ^{c}_{max}/MPa	β_{max}	CPD	CED/(kN·m)
T10B8N10	2.5	464	637	1.371	555.1	902
T10B4N22	3	466	681	1.461	664.8	1256

备注:上述参数含义见表5.1。

5.3.3.2　失效模式

试验结束后,试件 T6B0N6 的外套管出现裂缝,其他 3 个试件的外套管无明显变形。试件 T6B0N6 和试件 T8B0N10 的 H 型钢核心的翼缘均出现明显向内的局部屈曲变形,是导致试件失效的主要原因;试件 T10B8N10 和试件 T10B4N22 的翼缘与腹板出现多波屈曲变形,均由于端部加强三角形钢板焊缝处断裂而失效。具体的失效模式如下:

1. 试件 T6B0N6

如图 5.45(a)所示,试件 T6B0N6 加载结束后外套管端部焊缝出现了裂缝。如图 5.45(b)所示,H 型钢核心固定端端部第一区格的翼缘与腹板发生较大的单波局部屈曲变形,导致在受压情况下 H 型钢翼缘出现非对称的局部失稳[图 5.45(c)],挤压外套管造成邻近焊接部位出现裂缝。屈服段翼缘的局部屈曲也造成相邻的弹性段翼缘发生了明显的平面外塑性变形[图 5.45(d)],说明试件端部仅有纵向加劲肋不能很好地约束弹性段翼缘的平面外变形,因此后续的试件均在两端弹性段端部增设横向加劲肋,如图 5.46(a)所示。如图 5.45(e)所示,H 型钢核心翼缘与端板连接部位的焊缝出现了裂缝。

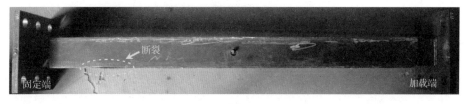

(a)

(b)

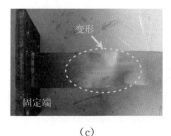 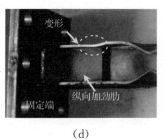 

(c)　　　　　　　(d)　　　　　　　(e)

图 5.45　T6B0N6 变形模式

2. 试件 T8B0N10

试件 T8B0N10 的外套管厚度为 8 mm,且端部采用长度为 400 mm 的角钢加固,试验结束后外套管未见明显变形,说明增加套管的厚度以及采用角钢加固能显著提高外套管的约束能力。如图 5.46(a)所示,弹性段端部焊接横向加劲肋,试验结束后弹性段无明显的变形。由于 H 型钢核心翼缘外侧受到外套管的有效约束,而翼缘内侧未被约束,H 型钢核心加载端第二个区格的翼缘与腹板发生明显的多波屈曲变形。图 5.46(b)和(c)给出了两侧翼缘的变形图,翼缘向内屈曲变形最大为 36.48 mm。腹板两侧翼缘的变形并不对称,但在腹板的同一侧,上下翼缘的变形基本对称。

从试件 T6B0N6 与试件 T8B0N10 的核心部件的变形位置可以看出,H 型钢内芯翼缘发生屈曲的位置是随机的,因此屈服段全长的翼缘都需要被约束,防止翼缘的局部屈曲。

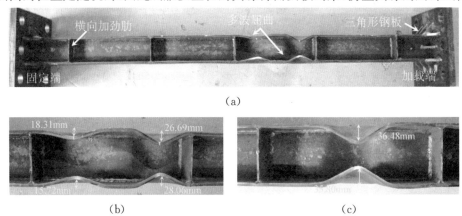

(a)

(b)　　　　　　　　　　　　(c)

图 5.46　T8B0N10 变形模式

3. 试件 T10B8N10

试件 T10B8N10 加载结束后,如图 5.47(a)所示,H 型钢核心两端翼缘和腹板出现了多波屈曲变形,而屈服段中部区格的变形相对较小。H 型钢核心翼缘与外套管接触产生较多的摩擦痕迹[图 5.47(b)],在后续对 BRB 进行设计时,建议在约束部件与核心部件接触位置粘贴无黏结材料。如图 5.47(c)所示,由于焊接了加劲三角板,H 型钢核心两端翼缘与三角板焊缝开裂。如图 5.47(d)所示,由于端板的设计厚度较小,加载端的端板发生了明显的弯曲变形。

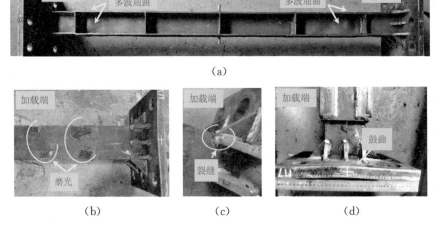

(a)

(b)　　　　　　　　(c)　　　　　　　　(d)

图 5.47　T10B8N10 变形模式

4. 试件 T10B4N22

如图 5.48(a)所示,H 型钢核心端部两区格翼缘与腹板出现多波屈曲,中部加劲肋加密区翼缘出现向外侧幅值较小的屈曲变形。外套管与内芯两端的翼缘摩擦较为严重,而中部两者间的摩擦力较小[图 5.48(b)]。H 型钢内芯加载端上下翼缘与三角板焊接部位出现裂缝[图 5.47(c)]。加载端与固定端的端板发生平面外鼓曲[图 5.48(d)]。加载端第一个区格内翼缘与型钢块间摩擦较为严重[图 5.48(e)],其他区格填充的型钢块与翼缘之间未出现明显的摩擦痕迹。

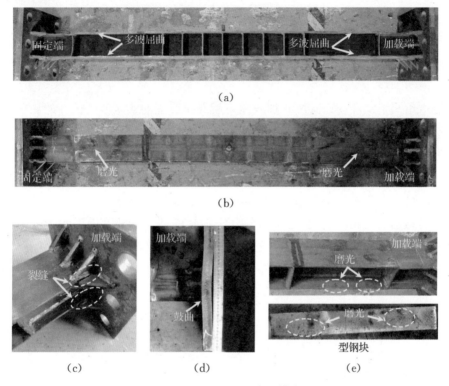

图 5.48　T10B4N22 变形模式

5.3.4　滞回特性和残余变形

5.3.4.1　受压承载力调整系数

在试件滞回曲线中,同等位移幅值下 HBRB 的轴向压力略大于轴向拉力,在每一级加载循环中均存在此现象。出现这种现象的主要原因是,H 型钢内芯在受压时翼缘发生的多波屈曲变形会与外套管的内壁发生接触,当两者发生相对移动时会产生接触摩擦力,导致轴向压力增大。随着加载位移幅值不断增加,H 型钢内芯与外套管接触部位增多,两者之间的接触摩擦力增大,从而导致拉压承载力不平衡现象在大位移幅值处更为明显。

图 5.49 给出了试件加载过程中受压承载力调整系数 β 的变化趋势。如图所示,所有试件的 β 均小于 1.5。试件 T6B0N6 和试件 T8B0N10 由于 H 型钢内芯翼缘发生局部屈曲导致试件受压承载力下降,从而受压承载力调整系数随加载位移的增大而减小。随着加载幅值的增大,试件 T10B8N10 和试件 T10B4N22 的 β 变大,虽然 H 型钢内芯翼缘的约束方式不同,但是对 β 的影响较小。

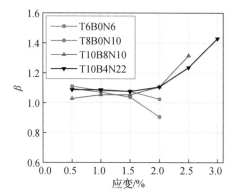

图 5.49 受压承载力调整系数

5.3.4.2 残余变形

图 5.50 给出了试件 T10B8N10 加载结束后翼缘宽度的实测值。试件的屈服段翼缘主要呈端部膨胀而中部收缩,而横向加劲肋所在翼缘截面的变化较小。

出现这种现象的原因主要是外套管和型钢块与内芯间的摩擦力以及泊松效应的影响。当试件处于受压状态下,核心部件与约束部件间的摩擦力会导致翼缘端部的轴力大于中部的轴力,端部的横向膨胀大于中部;而当试件处于受拉状态下,核心部件受摩擦力的影响较小,屈服段各截面轴力相等,但是由于试件受压导致的核心端部截面面积大于中部截面面积,在受拉阶段翼缘中部截面较端部有更大的横向收缩。翼缘在反复拉压作用下,端部的截面面积逐渐增大而中部截面面积逐渐变小。文献[3]也观察到同样现象。

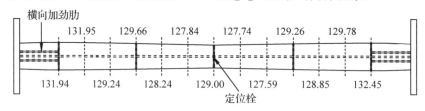

图 5.50 T10B8N10 残余变形测量值(单位:mm)

5.3.5 填充块与加劲肋设计

笔者采用 Abaqus 建立了 HBRB 的有限元模型。图 5.44 对比了试件的有限元模拟与试验的滞回曲线。由图可知模拟结果与试验吻合较好,模型能够较好地体现 HBRB 在循环荷载下的滞回特征。

5.3.5.1 填充钢块的作用

图 5.51(a)和(b)分别对比了试件 T10B4N22 屈服段加载端与固定端区格翼缘试验后的平面外变形与数值模拟得到的变形图,数值模拟能够较好地预测波峰和波谷的位置。表 5.5 分别对比了试件 T10B8N10 与 T10B4N22 核心型钢块填充区域的翼缘屈曲半波长的计算值、试验值和数值模拟的最小值。翼缘高阶屈曲半波长的计算值 l_{cb}^h 通过式(5.7)计算得到,其与试验测量值 l_b^h 及数值模拟结果 l_m^h 相近,说明式(5.7)的计算方法可以较为准确地得到型钢块填充区段的 H 型钢核心翼缘高阶屈曲半波长。

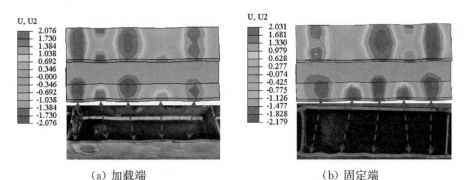

(a) 加载端　　　　　　　　(b) 固定端

图 5.51　T10B4N22 翼缘平面外变形比较

表 5.5　翼缘半波长　　　　　　　　　　　　　　　单位：mm

试件	l_0^{d}	l_0^{t}	l_0^{m}
T10B8N10	30.61	28.40	38.05
T10B4N22	30.61	32.42	37.91

备注：l_0^{d} 为根据式(5.7)计算得到的翼缘屈曲半波长；l_0^{t} 为试件加载结束后的屈曲半波长测量最小值，为型钢块填充区域翼缘波峰到波谷之间的距离；l_0^{m} 为有限元模拟得到的翼缘半波长最小值。

5.3.5.2　加劲肋的作用

图 5.52 对比了试件 T10B4N22 的 H 型钢核心中部加劲肋加密区翼缘平面外变形的试验及有限元模拟结果，加载结束后翼缘均发生幅值较小的平面外的鼓曲变形。图 5.53 给出了核心部件一个区格内翼缘及腹板的变形示意图，其中 l_s 表示两横向加劲肋的间距。在核心部件受压时，腹板由于泊松效应会向外侧膨胀，挤压翼缘产生向平面外鼓曲的初始缺陷，因此翼缘有向外侧屈曲的趋势。区格内翼缘两端受到横向加劲肋约束，当加劲肋间距较小时，受压时区格内翼缘仅会向平面外侧屈曲变形。

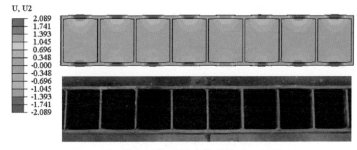

图 5.52　纵向加劲肋约束的翼缘平面外变形

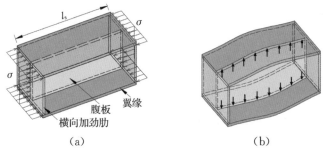

（a）　　　　　　　　　（b）

图 5.53　纵向加劲肋约束的翼缘的屈曲过程

115

为了讨论加劲肋布置间距对翼缘平面外变形的影响,如图 5.54 所示,建立了 4 个加劲肋间距不同的有限元模型。模型的 H 型钢核心、加劲肋厚度与试验保持一致,仅加劲肋的间距不同。以算例 B61TF8LS90 为例,表示单侧翼缘外伸段长度为 61 mm,翼缘的厚度为 8 mm,加劲间距为 90 mm。

图 5.54 和图 5.55 分别给出了加载至 3% 压应变时核心部件翼缘平面外变形云图,以及典型区格的变形图。如图 5.54(a) 和 5.54(b) 所示,当加劲肋的间距小于 100 mm 时,每个区格内的翼缘仅出现向外侧的平面外变形;如图 5.54(c) 所示,加劲肋间距为 140 mm 时,一些区格内的翼缘同时出现向内及向外侧的平面外变形,向内侧的变形最大值为 3.7 mm;如图 5.54(d) 所示,当加劲肋间距为 190 mm 时,翼缘中部出现向内的更大幅值的屈曲变形。

由图 5.53 可知,区格的横向加劲肋是翼缘的弹性支承。当加劲肋间距较小时,试件受压时翼缘仅会向外侧屈曲变形;而当加劲肋间距较大时,翼缘自由边受到加劲肋及腹板的约束的影响降低,在受压幅值较大时,翼缘会出现向内侧的屈曲。因为区格的翼缘内侧未进行约束,屈曲幅值会随着加载幅值的增大而增大。当仅采用横向加劲肋约束翼缘内侧时,需要选择合适的横向加劲肋间距。此外,区格翼缘的加载边受到横向加劲肋的弹性支承,所以翼缘屈曲的计算模型与图 5.23 不同,翼缘的屈曲波长大于由式(5.7)计算得到的波长。

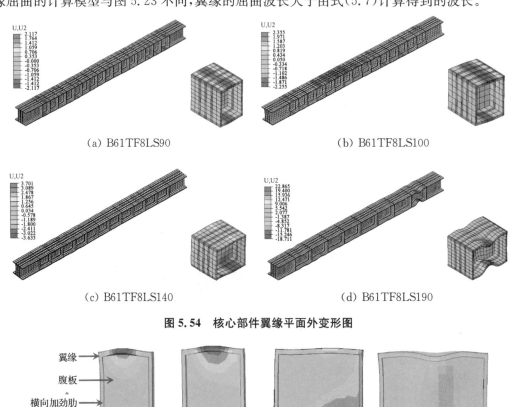

(a) B61TF8LS90   (b) B61TF8LS100

(c) B61TF8LS140   (d) B61TF8LS190

图 5.54　核心部件翼缘平面外变形图

翼缘
腹板
横向加劲肋
翼缘

$l_s = 90$ mm $l_s = 100$ mm $l_s = 140$ mm $l_s = 190$ mm

(a) B61TF8LS90 (b) B61TF8LS100 (c) B61TF8LS140 (d) B61TF8LS190

图 5.55　核心部件典型区格翼缘平面外变形

5.3.5.3 加劲肋的间距

当仅采用横向加劲肋约束翼缘内侧时,横向加劲肋间距应小于区格翼缘的屈曲波长。如表 5.6 所示,分别建立了 4 组有限元模型,为 S-Ⅰ 至 S-Ⅳ 组,共 12 个算例,比较不同横向加劲肋间距对翼缘变形模式的影响。所有算例翼缘外伸段的长度与厚度之比均与试验相同,为 7.625。而每组算例的 H 形内芯截面尺寸相同,横向加劲肋的间距不同。模型的命名方式与上节相同。表 5.6 中 l_d/l_0 表示算例的加劲肋间距与通过式(5.7)计算得到的翼缘的半波长的比值。

表 5.6 设计尺寸和模拟结果

编号	算例	b/mm	t_f/mm	l_0/mm	l_s/mm	l_d/l_0	结果 *
S-Ⅰ-1	B91.5TF12LS160	91.5	12.0	47.8	160	3.3	向内
S-Ⅰ-2	B91.5TF12LS145	91.5	12.0	47.8	145	3.0	向外
S-Ⅰ-3	B91.5TF12LS130	91.5	12.0	47.8	130	2.7	向外
S-Ⅱ-1	B84TF11LS150	84.0	11.0	42.0	150	3.6	向内
S-Ⅱ-2	B84TF11LS130	84.0	11.0	42.0	130	3.1	向外
S-Ⅱ-3	B84TF11LS110	84.0	11.0	42.0	110	2.6	向外
S-Ⅲ-1	B70TF9.2LS140	70.0	9.2	35.0	140	4.0	向内
S-Ⅲ-2	B70TF9.2LS120	70.0	9.2	35.0	120	3.4	向外
S-Ⅲ-3	B70TF9.2LS110	70.0	9.2	35.0	110	3.1	向外
S-Ⅳ-1	B61TF8LS120	61.0	8.0	30.6	120	3.9	向内
S-Ⅳ-2	B61TF8LS110	61.0	8.0	30.6	110	3.6	向内
S-Ⅳ-3	B61TF8LS100	61.0	8.0	30.6	100	3.3	向外

注: *"结果"一栏给出了数值模拟结果中区格翼缘的变形情况:向内表示翼缘出现了向内侧的屈曲变形,向外表示翼缘仅出现向外侧的屈曲变形。

基于已经开展的试验研究和上述数值算例分析,翼缘外伸段长度与厚度比为 7.625 的 H 形内芯 BRB,当采用加劲肋约束其翼缘内侧时,为防止翼缘发生向内侧的屈曲,加劲肋的间距 l_s 应满足如下公式:

$$l_s < 3l_0 \tag{5.12}$$

式中,l_0 表示通过式(5.7)计算得到的半波长。

5.4 本章小结

本章逐步拓展了屈曲部分约束新机制的应用,并通过试验和数值分析提出了新型双一字板 BRB 和 HBRB,丰富了大吨位构件的截面选型,主要结论有:

(1) 提出了一种新型双核屈曲部分约束构件(DPBRB)[2]。核心部件是两个平行且互相分离的平板,约束部件位于双核部件外侧,通过高强螺栓锚固盖板和槽钢组成,形成了对核心部件的平板外侧和内侧边缘的部分约束,同时也有着较大的抗弯刚度。试验和数值模拟表明 DPBRB 有着稳定的滞回性能和耗能能力;由于 DPBRB 的屈服段平板的外侧和内侧边缘被约束,核心平板发生了向内侧的高阶屈曲变形,屈服段端部的鼓曲变形比中部更为明显;当约束部件端部约束刚度不足时,屈服段端部鼓曲变形会诱发核心板疲劳断裂,为此提出了一种全钢组合约束盖板,并建议了约束部件的设计长度计算公式。

(2) 提出了以 H 型钢为核心部件的新型 BRB,通过槽钢约束翼缘内侧边缘,盖板约束 H 型钢翼缘外侧,腹板不被约束[3]。这种带有部分约束翼缘的新型 HBRB 预留了空间用于在 H 型钢核心部件两端焊接加劲肋来形成弹性段,同时装配式约束部件的截面沿轴向统一,从而降低了新型 HBRB 的加工难度。进一步通过试验和数值模拟研究发现:新型 HBRB 表现出更稳定的滞回性能,对翼缘内侧进行部分约束可以有效地提高新型 HBRB 的耗能能力;减小 H 型钢核心翼缘内侧约束宽度可以减小翼缘内侧和约束部件之间的法向接触力,从而降低新型 HBRB 的受压承载力调整系数;新型 HBRB 的核心部件腹板在加载过程中受压承载能力没有出现明显的下降,说明上下翼缘可以对腹板提供较好的约束,进一步证明了新型 HBRB 翼缘部分约束而腹板无须约束的构造可行性。

(3) 提出了在 H 型钢上下翼缘内侧填充刚性块体或者加密横向加劲肋,形成又一种新型的 HBRB[4]。试验结果表明,新型 HBRB 试件滞回曲线饱满,试件失效之前没有出现承载力和刚度明显退化的现象,性能优于传统 HBRB。新型 HBRB 在上下翼缘内侧填充可移动的型钢块能够有效限定翼缘向内侧的屈曲变形,翼缘与腹板都发生了高阶多波屈曲变形,并建立了内侧填充型钢块的翼缘屈曲半波长计算公式。新型 HBRB 中加密加劲肋的区格,由于受压腹板的泊松效应,导致翼缘仅发生了向外侧的鼓曲变形,模拟表明,当横向加劲肋间距较大时翼缘也会发生向内侧的平面外变形。为此,针对特定翼缘外伸段宽厚比,提出了最大横向加劲肋间距的设计建议。

参考文献

[1] Wang C L, Chen Q, Zeng B, et al. A novel brace with partial buckling restraint: An experimental and numerical investigation[J]. Engineering Structures, 2017, 150: 190-202.

[2] Yuan Y, Qing Y, Wang C-L, et al. Development and experimental validation of a partially buckling-restrained brace with dual-plate cores[J]. Journal of Constructional Steel Research, 2021, 187: 106992.

[3] Wang C L, Gao Y, Cheng X Q, et al. Experimental investigation on H-section buckling-restrained braces with partially restrained flange[J]. Engineering Structures, 2019, 199: 109584.

[4] Yuan Y, Gao J W, Qing Y, et al. A new H-section buckling-restrained brace improved by movable steel blocks and stiffening ribs[J]. Journal of Building Engineering, 2022, 45: 103650.

[5] Zhou Y Y, Gao Y, Wang C L, et al. A novel brace with partial buckling restraint: Parametric studies and design method[J]. Structures, 2021, 34: 1734-1745.

［6］Chen Q,Wang C L,Meng S P,et al. Effect of the unbonding materials on the mechanic behavior of all-steel buckling-restrained braces[J]. Engineering Structures,2016,111：478 – 493.

［7］Suzuki N,Kono R,Higashi Y,et al. Experimental study on the H-section steel brace encased in RC or steel tube[C]. Summaries of Technical Papers of Annual Meeting Architectural Institute of Japan. Structures Ⅱ,1994：1621 – 1622.

［8］Iwata M,Kato T,Wada A. Buckling-restrained braces as hysteretic dampers[M]// Behavior of steel structures in seismic areas. London：CRC Press,2021：33 – 38.

［9］Oda H,Usami T. Fabricating buckling-restrained braces from existing H-section bracing members- experimental study[J]. Kozo Kogaku Ronbunshu A,2010,56：499 – 510.

［10］Hada M,Murai K,Arai Y,et al. Experimental study on twice turn braces using H-section steel to core member. Part 2：Consideration of an increase in load and axially rigidity[C]. Summaries of Technical Papers of Annual Meeting. Science and Technology,Japan University,2015：121 – 122.

［11］Usami T,Funayama J,Imase F,et al. Experimental evaluation on seismic performance of steel trusses with different buckling-restrained diagonal members[C]. 15th World Conference on Earthquake Engineering. Lisboa,Portugal,2012.

［12］Li W,Wu B,Ding Y,et al. Experimental performance of buckling-restrained braces with steel cores of H-section and half-wavelength evaluation of higher-order local buckling[J]. Advances in Structural Engineering,2017,20(4)：641 – 657.

［13］Bleich F. Buckling strength of metal structures[M]. New York：McGraw-Hill,1952.

［14］Chou C C,Chen S Y. Subassemblage tests and finite element analyses of sandwiched buckling-restrained braces[J]. Engineering Structures,2010,32(8)：2108 – 2121.

6 | 小型全钢耗能杆

为了积极响应我国发展建筑工业化的战略需求,同时考虑到我国是多地震国家,需特别关注工业化建筑结构的抗震性能,因此提出更为完善的工业化抗震结构,发展工业化建筑抗震新技术,对有效减轻震害、保障人民安全有重要的现实意义。国外学者针对装配式结构提出了小型耗能杆来提升结构消能能力,耗能杆主要由局部削弱的耗能钢棒、外套管以及注入钢棒与约束管之间的环氧树脂胶组成,环氧树脂胶和外约束套管抑制了耗能钢棒低阶屈曲,具有与传统屈曲约束支撑一样的屈曲约束耗能机制。这样的耗能杆通过试验证明了能够有效提高工业化建筑的抗震性能,但是耗能杆由于构件尺寸较小,其注入环氧树脂胶的质量会影响约束效果,从而降低小型耗能杆的性能。为此,有研究人员提出了更多无须注入环氧树脂胶的新型全钢耗能杆[1-3]。下文将从理论、试验和设计方法等方面阐述新型耗能杆的工作机理和性能,期望具有自主知识产权的小型耗能杆能够更好促进工业化建筑抗震性能的提升。

6.1　全钢竹形耗能杆

6.1.1　设计理念和构造

为避免前述灌胶填充耗能杆可能存在的问题,笔者提出了一种新型全钢竹形耗能杆(Bamboo-shaped Energy Dissipater,BED),如图 6.1(c)所示。该新型全钢竹形耗能杆由全钢竹形内核和外约束套管组成,其中竹形内核由竹节与竹间交错形成。竹节用于控制内核变形模式,竹间进行耗能。其工作机理可理想化为带有侧向支撑的受压杆。对比图 6.1(a)和(b)可知,随着侧向约束数目的增加,杆的临界屈曲荷载提高,同时侧向变形得到有效控制。其中侧向支撑等效为竹节。通过调节竹间长度对其受压屈曲进行有效控制,使得所述BED 能够进入拉压工作状态。如图 6.2 所示,在结构中 BED 不再局限于平行结构部件[图6.2(a)],而可作为斜向隔撑[图 6.2(b)]。

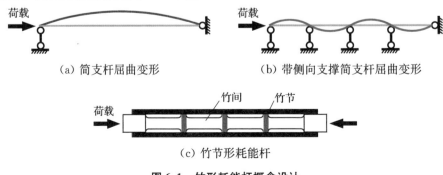

（a）简支杆屈曲变形　　　　　（b）带侧向支撑简支杆屈曲变形

（c）竹节形耗能杆

图 6.1　竹形耗能杆概念设计

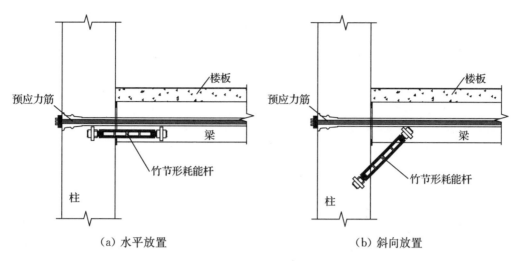

（a）水平放置　　　　　　　　　　　　（b）斜向放置

图 6.2　竹形耗能杆安装构型

BED 试件的构造如图 6.3 所示。通过数控加工将 Q235B 钢棒制作成竹形内核，钢钉作为定位栓穿过中竹节预留孔，防止加载过程中外套管沿着内核发生向一端的滑移。试件的竹间表面涂有红漆，用来观察耗能杆内核的接触状态。图中，d_{sl} 和 L_{sl} 分别是竹节直径和长度；d_{se} 和 L_{se} 分别是竹间的直径与长度；L_{tr} 是过渡段的长度；L_{total} 是竹形内核的总长（不包含夹持端）；L_{ct} 是外约束套管的长度。从图 6.3(d) 的竹形耗能杆横截面图可知，竹节、竹间与外套管的间隙分别为 d_1 和 d_2。

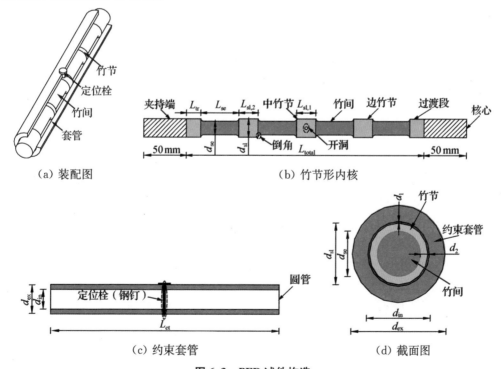

（a）装配图　　　　　　　　　（b）竹节形内核

（c）约束套管　　　　　　　　　（d）截面图

图 6.3　BED 试件构造

全钢 BED 需要保证加载过程中损伤集中于耗能竹间段，弹性竹节与过渡段无破坏，竹节和过渡段相较于竹间具有"超强"的特性。通过调节竹节的截面尺寸 A_{sl} 与竹间的截面尺

寸 A_{se} 的比值,保证竹间段进入塑性时,竹节和过渡段始终保持弹性。若要达到上述要求,应满足下式:

$$\frac{A_{sl}}{A_{se}} = \left(\frac{d_{sl}}{d_{se}}\right)^2 \geqslant \frac{\sigma_u}{\sigma_y} \tag{6.1}$$

式中, σ_y 和 σ_u 分别是材料屈服强度和极限强度,本次试件 Q235B 材料的 σ_u/σ_y 为 1.46。

为了避免竹节与外约束套管内壁之间的过度挤压,加载后的竹节直径增量的一半 Δd 应小于竹节与外约束套管间的间隙 d_1。考虑泊松比 ν 的影响,可表示如下:

$$\Delta d = 0.5 d_{sl} \varepsilon_1 = 0.5 d_{sl} (-\nu \varepsilon_2) < d_1 \tag{6.2}$$

式中, ε_1 和 ε_2 分别是竹节径向和纵向的应变。

根据上述设计建议,共加工了 12 个 BED 试件,命名为"LxSy-z","LxSy"表示竹间长为 x mm,边竹节长为 y mm,"z"是试件加载制度[1]。试件竖直放置于液压伺服疲劳机上,采用了常幅和变幅两类不同的低周疲劳加载制度,所有加载制度均由竹形内核的轴向名义应变控制。正式加载前先进行 4 圈等应变幅值为 0.08% 的预加载,用来评估试验和测试装置的有效工作。常幅加载制度(Constant Strain Amplitude,CSA)分别采用幅值为 1%、2%、3% 和 4% 等四种加载制度,加载至试件破坏。变幅加载制度(Variable Strain Amplitude,VSA)包括两种,分别为 V1 和 V2。V1 的应变幅值从 0.5% 每次增加 0.5%,一直增加到 4.0%,相同应变幅值加载两圈,最终以 3.0% 常应变幅值加载到试件破坏;V2 的应变幅值从 0.5% 每次增加 0.5%,一直增加到 3.0%,相同应变幅值加载两圈,最终以 2.0% 的常应变幅值加载到试件破坏。由于在试验过程中发现加载装置存在微量机械滑移现象,因此试件加载结束后应通过标定试验扣除机械滑移的影响。

6.1.2 疲劳性能和失效模式

6.1.2.1 低周疲劳性能

试件的应力-应变曲线如图 6.4 所示,图中 N_f 是常幅加载的疲劳圈数, n_i 是变幅加载的最后阶段常幅加载圈数。横坐标代表全钢竹形内核的名义轴向应变,定义为全钢竹形内核的轴向除以竹间段总长。纵坐标表示名义轴向应力,定义为荷载除以竹间截面积 A_{se}。所有试件均具有稳定的滞回性能,即使在最大应变幅值 4% 作用下也未出现失稳现象。

通过对比试件 L40S20-C1、L40S20-C2、L40S20-C3 和 L40S20-C4 的疲劳加载圈数可知,BED 的低周疲劳寿命与常幅加载的幅值大小呈负相关。为评估不同竹间长度对具有 5 mm 边竹节全钢竹形耗能杆低周疲劳性能的影响,试验对比了具有 4 个 40 mm 竹间的试件 L40S5-V1、4 个 60 mm 竹间的试件 L60S5-V1 以及 4 个 80 mm 竹间的试件 L80S5-V1,发现 BED 低周疲劳性能与竹间的长度关联性不明显,且试件的破坏主要因为倒角处的应力集中。

试验进一步评估了不同竹间长度对具有 20 mm 竹节全钢竹形耗能杆低周疲劳性能的影响。通过对比具有 4 个 60 mm 竹间的试件 L60S20-V2 和具有 4 个 70 mm 竹间的试件 L70S20-V2 发现,BED 低周疲劳寿命随着竹间长度的增加而减小。

由 $n_i=14$ 的试件 L40S5-V1 与 $n_i=24$ 的试件 L40S20-V1 对比发现,具有相同竹间长度 BED 的低周疲劳寿命与竹节长度呈现正相关。上述现象归因为 5 mm 和 20 mm 竹节具有

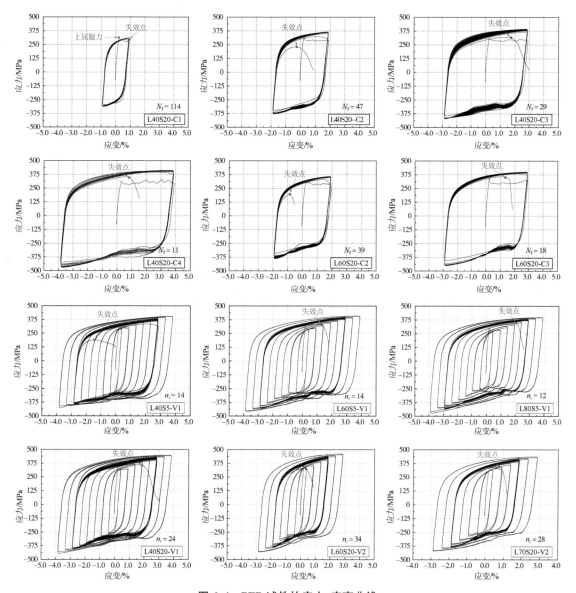

图 6.4 BED 试件的应力-应变曲线

不同的转动能力，且当外约束管内径 d_{in} 大于竹节的对角线长度时，竹节具有自由转动能力，当外约束管内径 d_{in} 小于竹节的对角线长度时，竹节的转动将被约束。与自由转动的 5 mm 竹节相比，具有相对较弱转动能力的 20 mm 竹节能够减小竹间的侧向变形，从而提高了 BED 的低周疲劳性能。

6.1.2.2 变形与失效模式

BED 试件的变形与破坏模式如图 6.5 所示。对比图 6.5(a)～(d)可知，BED 的侧向变形随着常幅加载应变幅值的增加而增加。试件 L40S20-C1 的竹形内核在加载后仍几乎保持为直线形状，而试件 L40S20-C4 的竹形内核则呈现较为严重的变形。在 1%、2%、3% 以及 4% 的常幅应变幅值下，具有 40 mm 竹间及 20 mm 竹节的 BED 试件均未出现竹间与外约束套管的接触现象。

对比图 6.5(e)和(f)可知,具有较大竹节试件 L40S20-V1 的侧向位移小于具有较小竹节试件 L40S5-V1 的,该现象证明了具有较弱转动能力的竹节能够减小竹间的侧向变形。如图 6.5(e)、(g)和(h)所示,试件 L40S5-V1 的接触视为点接触,试件 L60S5-V1 和 L80S5-V1 的接触视为线接触,上述 3 根 BED 试件的接触面积随着竹间长度的增加而增加。此外,试件 L80S5-V1 表面红漆的擦痕轨迹表明竹间出现了明显的扭转变形。

BED 的破坏模式受到弯曲引起的侧向变形、倒角处应力集中以及竹间段扭转的影响。如图 6.5(a)~(d)所示,试件都在波峰处断裂,但破坏面逐渐从较为平滑、垂直发展至粗糙、倾斜,表明随着应变幅值的增加,试件的破坏模式从受拉破坏逐渐发展为剪切破坏。如图6.5(e)~(g)所示,试件 L40S5-V1、L40S20-V1 和 L60S5-V1 的破坏位置集中于倒角处,倒角处存在较为明显的应力集中,该种破坏模式需要通过平滑处理倒角,减小应力集中来加以避免。如图 6.5(h)所示,试件 L80S5-V1 最终的破坏位置与竹间扭转引起的擦痕位置一致。

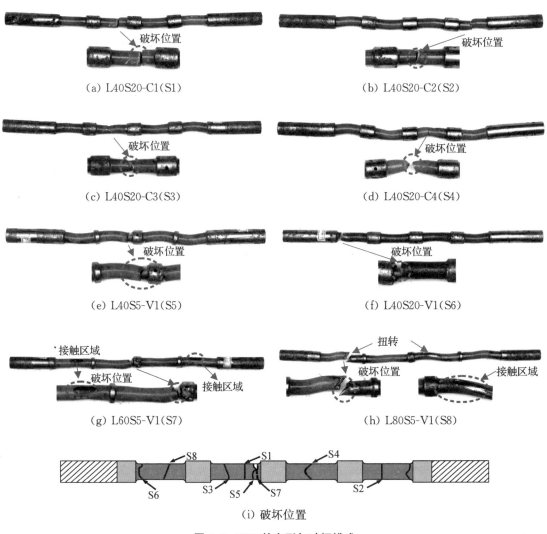

(a) L40S20-C1(S1)　　　　　　　　(b) L40S20-C2(S2)

(c) L40S20-C3(S3)　　　　　　　　(d) L40S20-C4(S4)

(e) L40S5-V1(S5)　　　　　　　　(f) L40S20-V1(S6)

(g) L60S5-V1(S7)　　　　　　　　(h) L80S5-V1(S8)

(i) 破坏位置

图 6.5　BED 的变形与破坏模式

6.1.3　滞回特性与疲劳预测

6.1.3.1　初始弹性刚度

耗能杆的初始弹性刚度是结构设计过程中的关键参数。针对 BED,笔者提出了一种串联刚度模型,如图 6.6 所示。初始弹性刚度可表示如下:

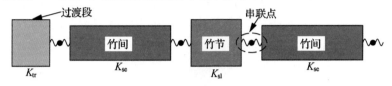

图 6.6　BED 初始弹性刚度的串联模型

$$K_t = \frac{1}{(n_1/K_{\mathrm{sl},1} + n_2/K_{\mathrm{sl},2} + m/K_{\mathrm{se}} + 2/K_{\mathrm{tr}})} \tag{6.3}$$

式中,$K_{\mathrm{sl},i}=EA_{\mathrm{sl}}/L_{\mathrm{sl},i}$,表示竹节的弹性刚度,当 i 为 1 时表示中竹节,i 为 2 时表示边竹节;$K_{\mathrm{se}}=EA_{\mathrm{se}}/L_{\mathrm{se}}$,表示竹间的弹性刚度;$K_{\mathrm{tr}}=EA_{\mathrm{tr}}/L_{\mathrm{tr}}$,表示过渡段的弹性刚度;$n_1$ 和 n_2 分别表示中竹节和边竹节的数量;m 是竹间的数目。

表 6.1 给出了部分试件的 K_t 计算值,对比理论弹性刚度 K_t 和实测弹性刚度 K_{exp} 可知,K_t 与 K_{exp} 相差较小,式(6.3)可用来计算 BED 的初始弹性刚度。

表 6.1　BED 初始弹性刚度理论值 K_t 与试验值 K_{exp} 对比

刚度	试件				
	L40S20-C3	L60S20-C3	L40S5-V1	L60S5-V1	L80S5-V1
$K_t/(\mathrm{N \cdot mm^{-1}})$	140 772	85 070	160 072	114 009	88 533
$K_{\mathrm{exp}}/(\mathrm{N \cdot mm^{-1}})$	131 382	94 717	151 281	105 098	83 086
$(\Delta K = 100|K_{\mathrm{exp}} - K_t|/K_{\mathrm{exp}})/\%$	7.2	10.2	5.8	8.5	6.6

6.1.3.2　受压承载力调整系数

受压承载力调整系数 β 是屈曲约束支撑的重要特征参数,所以也被用来评估 BED 的性能。部分 BED 的 β 结果如图 6.7 所示。由图 6.7(a)可知,在常幅加载下 BED 的 β 变化可以分为三个阶段:

(1)初始调整阶段。初始加载时,由于受到循环硬化[4]的影响,循环应力幅值随着加载圈数的增加显著增加,β 值相对较大且逐渐下降,当形成稳定的滞回环时,该阶段终止。但是由于相对较大的上屈服力的存在,在试件 L40S20-C1 中可观察到小于 1.0 的 β 值。

(2)稳定阶段。当应变幅值相对较大时(如 3% 和 4%),随着加载圈数的增加,竹节与外套管之间的接触状态更为严重,导致竹节与套管之间的摩擦力逐渐增大,并使得 β 值逐渐增大。当应变幅值为 1% 或 2% 时,β 值几乎保持不变。导致这一现象的原因为试件 L40S20-C1 的竹形内核在加载后几乎保持为直线状态,竹节与外约束套管之间的接触轻微,摩擦力较小。

(3)突变阶段。因为在试件 L40S20-C2、L40S20-C3 和 L40S20-C4 完全破坏之前出现了最大拉力明显下降的现象,从而导致上述试件的最后一圈受压调整系数 β 值突增。

如图 6.7(b)所示,在 VSA1 的变幅加载阶段,β 值呈波动状态,在 VSA1 的常幅加载阶段,试件 L40S5-V1、L60S5-V1 和 L80S5-V1 的受压调整系数 β 值随着加载圈数的增加而逐渐增加。

基于 β 值变化规律的分析可给出不同应变幅值下的 β 建议值:当应变幅值低于 2% 时,建议 β 值取为 1.0;当应变幅值高于 4% 时,建议 β 值取为 1.2;当应变幅值位于 2% 和 4% 之间时,建议 β 值可以通过线性插值选取。当 BED 运用于实际工程中时,可根据实际的耗能杆变形需求确定其 β 的取值。进一步的,BED 的轴向压力可表示为:

$$F_{ca} = \beta\omega F_y \tag{6.4}$$

式中,ω 是应变硬化调整系数,根据 σ_u 和 σ_y 的比值建议取 1.46;F_y 是 BED 屈服力。

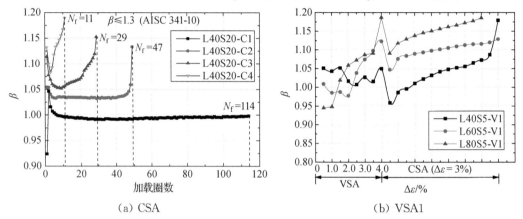

(a) CSA (b) VSA1

图 6.7　全钢竹形耗能杆受压调整系数

6.1.3.3　疲劳寿命预测

BED 常用作工业化建筑的可更换构件,因此需要对震后耗能杆的损伤进行定量评估和疲劳寿命预测。基于 Manson-Coffin 方程,建立疲劳加载圈数 N_f 和应变幅 $\Delta\varepsilon_r$($\Delta\varepsilon_r = 2\Delta\varepsilon$)之间的关系如下:

$$\Delta\varepsilon_r = \Delta\varepsilon_e + \Delta\varepsilon_p = C_e\,(N_f)^{-k_e} + C_p\,(N_f)^{-k_p} \tag{6.5}$$

式中,应变幅 $\Delta\varepsilon_r$ 包括弹性应变幅 $\Delta\varepsilon_e$ 和塑性应变幅 $\Delta\varepsilon_p$;C_e、C_p、k_e 和 k_p 是材料常数。相对于较大的塑性应变,BED 中的弹性应变可忽略,简化如下:

$$\Delta\varepsilon_r \approx \Delta\varepsilon_p = C_p\,(N_f)^{-k_p} \tag{6.6}$$

根据试件 L40S20-C1、L40S20-C2、L40S20-C3 和 L40S20-C4 的试验结果,对参数 C_p 和 k_p 进行线性回归,最终得到具有 4 个 40 mm 竹间和 3 个 20 mm 竹节的 BED 的 Manson-Coffin 方程为:

$$\Delta\varepsilon_r \approx \Delta\varepsilon_p = 0.264\,6\,(N_f)^{-1.577\,4} \tag{6.7}$$

考虑变幅加载下 BED 的损伤累积效应,定义累积损伤指标 D 来判断其损伤状态:

$$D = \sum \frac{n_{\varepsilon i}}{N_{\varepsilon i}} \tag{6.8}$$

式中,$n_{\varepsilon i}$ 和 $N_{\varepsilon i}$ 分别是某一应变幅下加载圈数和疲劳圈数。当损伤指标 D 小于 1.0 时,表明 BED 未出现破坏。

6.1.4 内核扭转、接触和屈曲

笔者建立了 BED 有限元模型,如图 6.8 所示,竹形内核采用混合强化材料模型,外套管简化为弹性。如图 6.9 所示,对比 BED 试件的试验与模拟的应力-应变曲线可知,模型能够准确模拟试件的滞回行为,且初始弹性刚度吻合度高。

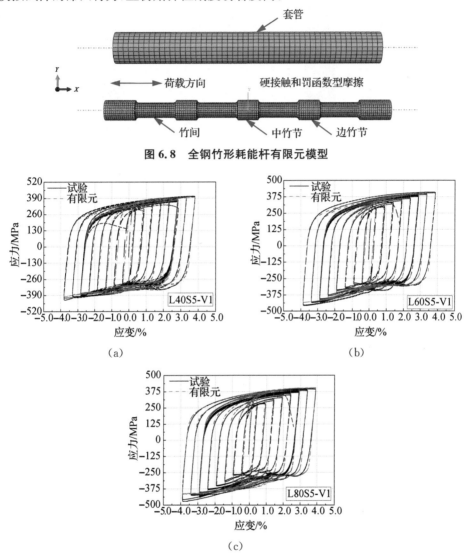

图 6.8 全钢竹形耗能杆有限元模型

图 6.9 有限元模拟与试验滞回曲线对比

6.1.4.1 竹形内核扭转

图 6.10 给出了试件 L40S5-V1 和 L80S5-V1 的模拟结果,图中位移云图分别取自加载最后一圈的压应变幅值作用下试件变形,竹间分别标为 N1、N2、N3 和 N4,顺时针扭转为正方向。如图 6.11 所示,试件 L80S5-V1 的扭转角远大于试件 L40S5-V1,以中竹节为对称轴成对称分布,N2 竹间段的最大扭转角为 0.27 rad。

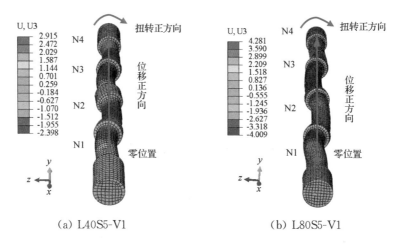

(a) L40S5-V1　　　　　　　　　　(b) L80S5-V1

图 6.10　试件模拟的扭转角示意图

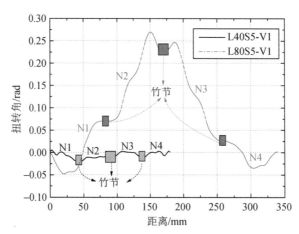

图 6.11　BED 试件竹形内核的扭转角

6.1.4.2　累积塑性失效

部分 BED 试件破坏于倒角处,另外一部分试件(如试件 L40S20-C1、L40S20-C2、L40S20-C3 和 L40S20-C4)的破坏发生在竹间耗能段。图 6.12 给出了试件 L40S20-C3 和 L40S20-C4 的累积塑性应变云图,取自等幅加载第 11 圈的压应变幅值状态。两个试件模拟得到的最大累积塑性应变均发生在中部竹间耗能段的凹面,与试件破坏位置一致[见图 6.5 (c)和(d)]。试件 L40S20-C4 有着较大的累积塑性应变,导致较早破坏。结合试验和模拟结果可知,两个 BED 试件破坏始于累积塑性应变最大处截面凹面,并最终向全截面发展。

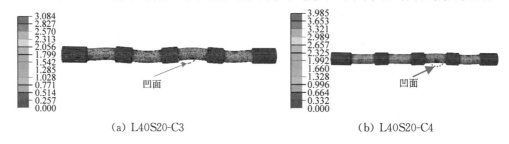

(a) L40S20-C3　　　　　　　　　　(b) L40S20-C4

图 6.12　试件累积塑性变形云图

6.1.4.3 渐进接触及解析

图 6.13 对比了部分试件的接触应力云图与试验破坏形态,可以发现接触应力的位置与试验观察到的接触位置吻合。图 6.14 给出了不同加载圈数压应变幅值作用下的试件 L60S20-C3 的接触应力云图。在试件加载的第一圈,竹间与外套管未出现接触,随后在不断重复加载过程中,竹间与外套管逐渐出现了接触现象。这种渐进接触主要因为竹间段在重复加载过程中出现的累积塑性变形逐渐增大所致。

(a) L60S5-V1　　　　　　　　　　(b) L80S5-V1

图 6.13　试件接触应力云图和破坏形态

(a) L60S20-C3　　　　　　　　　　(b) L60S20-C3

图 6.14　试件 L60S20-C3 的渐进接触状态

为了对 BED 的接触状态进行理论分析,提出考虑累积塑性变形影响的基于位移的接触判断模型。如图 6.15 所示,该模型包含一个竹间段及与其相邻的两个半竹节。

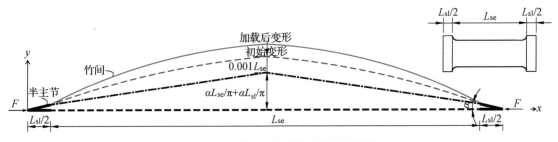

图 6.15　基于位移的接触模型示意图

为了简化模型,给出两点假设:① 竹节与竹间段在荷载作用下的侧向变形均假设为正弦曲线;② 竹节转动在加载开始时即发生并完成,加载过程中保持不变。基于第②点假设,竹节转动引起的竹间段最大侧移与初始几何缺陷可共同视为竹间段初始最大侧移,其中最大初始几何缺陷设为 $L_{se}/1\ 000$,当竹节转动角为 α 时,由竹节转动引起的竹间段最大侧向位移为 $\alpha(L_{se}+L_{sl})/\pi$,由此可得竹间段的最大初始侧向位移为 $L_{se}/1\ 000+\alpha(L_{se}+L_{sl})/\pi$。轴向荷载 F 作用下的平衡方程为:

$$E_r I_{se}(y''-y''_0)+Fy=0 \tag{6.9}$$

式中,$E_r=8EE_t/(E^{1/3}+E_t^{1/3})^3$,为等效弯曲模量;$I_{se}$ 是竹间段截面惯性矩;y''_0 是竹节转动和初始几何缺陷引起的竹间段变形曲率;y 和 y'' 是施加荷载后竹间段变形和变形曲率;F 是试件轴向荷载。由此可得竹间段侧向位移函数为:

$$y(x) = \frac{0.001L_{se} + \alpha \dfrac{L_{se} + L_{sl}}{\pi}}{1 - F/F_{cr}} \sin\left(\frac{\pi x}{L_{se} + L_{sl}}\right) = \frac{\pi^2 E_r I_{se}\left(0.001L_{se} + \dfrac{\alpha}{\pi}L_{se} + \dfrac{\alpha}{\pi}L_{sl}\right)}{\pi^2 E_r I_{se} - F(\mu L_{se})^2} \sin\left(\frac{\pi x}{L_{se} + L_{sl}}\right)$$

$$(6.10)$$

进而,轴向荷载 F 作用下竹间最大侧向位移可表示为:

$$L_{lat,l} = \frac{\pi^2 E_r I_{se}\left(0.001L_{se} + \dfrac{\alpha}{\pi}L_{se} + \dfrac{\alpha}{\pi}L_{sl,2}\right)}{\pi^2 E_r I_{se} - F(\mu L_{se})^2}$$

$$(6.11)$$

式中,μ 是等效长度系数,取值为 0.5。

当 BED 经受较大应变幅值时,竹间截面会逐渐进入全截面塑性状态,式(6.11)中的等效弯曲模量 E_r 将不再适用,可采用切线模量 E_t 替换等效弯曲模量 E_r,同时为简化计算,切线模量近似为 $0.02E$。因此竹间最大侧向位移也可表示为:

$$L_{lat,u} = \frac{\pi^2 E_t I_{se}\left(0.001L_{se} + \dfrac{\alpha}{\pi}L_{se} + \dfrac{\alpha}{\pi}L_{sl,2}\right)}{\pi^2 E_t I_{se} - F(\mu L_{se})^2}$$

$$(6.12)$$

综上,式(6.11)和式(6.12)分别给出了竹间最大侧向位移的下限值和上限值。式(6.11)所示的竹间最大侧移的下限值可用于判断 BED 在初始加载的接触状态,而由式(6.12)所得的最大侧移的上限值则可用于判断 BED 经受循环加载后的最终接触状态。

分别对试件 L40S20-C3 和 L40S20-C4 进行模拟分析,接触状态分别取自第 29 圈和第 11 圈加载时的最大压应变幅值作用,整个模拟过程中未发现竹间与外约束套管的接触,与试验结果一致。同时,由式(6.12)计算所得试件竹间最大侧向位移小于竹间与外套管的间隙 d_2,可以说明上述计算方法是合理的。

6.1.4.4 内核高阶屈曲形态分析

双向受约束弹性柱中波的数目 n_w 可通过求解轴心受压欧拉梁的四阶线性微分方程而得[5],结果如下:

$$1 + 2n_{w,l} \leqslant \sqrt{\frac{FL^2}{4\pi^2 EI}} \leqslant 1 + 4n_{w,u}$$

$$(6.13)$$

式中,$n_{w,l}$ 代表波数目的上限值;$n_{w,u}$ 代表波数目的下限值;L 是双侧受约束柱的长度;I 是双侧受约束柱的惯性矩。

结合 Shanley 理论[6],将式(6.13)中的 E 替换为 E_t,可将其使用范围从弹性状态扩展至弹塑性状态,进而可得 BED 单个竹间段中形成的波长为:

$$\frac{L_{se}}{int\left(\dfrac{1}{2}\sqrt{\dfrac{FL_{se}^2}{4\pi^2 E_t I_{se}}} - \dfrac{1}{2}\right)} \leqslant l_w \leqslant \frac{L_{se}}{int\left(\dfrac{1}{4}\sqrt{\dfrac{FL_{se}^2}{4\pi^2 E_t I_{se}}} - \dfrac{1}{4}\right)}$$

$$(6.14)$$

式中,"int"为取整函数;l_w 是竹间高阶屈曲形态下的波长。本节采用 l_w 的下限值[7]来评估 BED 中波的发展,即

$$l_w = \frac{L_{se}}{int\left(\dfrac{1}{2}\sqrt{\dfrac{FL_{se}^2}{4\pi^2 E_t I_{se}}} - \dfrac{1}{2}\right)}$$

$$(6.15)$$

若要在单个竹间中形成至少一个完整的波,需要满足下式:

$$\frac{1}{2}\sqrt{\frac{FL_{se}^2}{4\pi^2 E_t I_{se}}}-\frac{1}{2}\geqslant 1 \tag{6.16}$$

根据式(6.16),F 取试件 L60S5-V1 试验中实测最大压力 63.1 kN,可得 L_{se} 的最小值应为 210 mm。在经历一次加载后,即使后续加载的压应变幅值小于前期加载压应变幅值,但是波长的大小仍几乎保持不变[4]。图 6.16 和图 6.17 给出了一些加载至 4%应变幅值的算例的变形图。如图 6.16(b)所示,当竹间长度增加至 160 mm,一个完整的波形形成于两相邻竹节之间的竹间段,该值小于由式(6.16)计算所得的理论值 210 mm。通过分析可知,两者之间的差异主要因为式(6.15)中未考虑竹节转动对波长的影响,因此引入转动调整系数 C_r,竹间高阶屈曲形态下的波长可表示为:

$$l_w=\frac{L_{se}}{\mathrm{int}\left[C_r\left(\frac{1}{2}\sqrt{\frac{PL_{se}^2}{4\pi^2 E_t I_{se}}}-\frac{1}{2}\right)\right]} \tag{6.17}$$

式中,转动调整系数 C_r 的取值可根据试验以及有限元模拟结果求得,对于竹节为 20 mm 的试件,该值可取为 1.56。由式(6.17)可得,若要在单个竹间段形成两个完整的波形,其长度应大于 250 mm。如图 6.16(d)所示的算例结果验证了该结论,在竹间长度为 280 mm、竹节长度为 20 mm 的有限元算例 L280S20-4%中观察到完整的两个波形。

如图 6.5(h)和图 6.17(a)所示,试件 L80S5-V1 的波长发展与算例 L160S20-4%的波长发展几乎一样,两者的区别仅在于试件 L80S5-V1 的竹间段侧向变形小于算例 L160S20-4%。由此可知,5 mm 竹节虽然对于波长发展的影响很小,但能显著降低竹间段侧向变形。

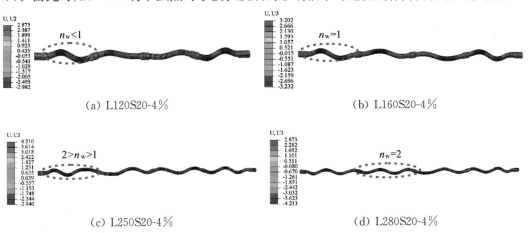

(a) L120S20-4%　　　　　　　　　　　　　　(b) L160S20-4%

(c) L250S20-4%　　　　　　　　　　　　　　(d) L280S20-4%

图 6.16　不同竹间长度下波的发展

(a) L80S5-V1　　　　　　　　　　　　　　　(b) L160S20-4%

图 6.17　边竹节对波发展的影响

6.1.5 消耗杆关键参数优化

为进一步研究全钢竹形耗能杆设计参数对其性能的影响,本节将重点对竹节与外约束套管间隙大小、竹节的长度、竹间的长度与数目以及定位栓的位置进行研究。各数值算例中详细尺寸见文献[8]。

6.1.5.1 竹节与外套管间隙

本节采用数值算例 Gap0.0、Gap0.5、Gap1.5、Gap2.5、Gap3.5、Gap5.0 和 Gap7.0 分别对竹节与外套管间隙 d_1 为 0.0 mm、0.5 mm、1.5 mm、2.5 mm、3.5 mm、5.0 mm 和 7.0 mm 的 BED 进行对比,分析间隙 d_1 对 BED 性能的影响。各数值算例均采用常幅应变幅值为 2% 的加载模式。

图 6.18 给出了各数值算例的应力-应变曲线。当 d_1 小于 1.5 mm 时,BED 具有稳定的滞回性能,而当 d_1 大于 2.5 mm 时,BED 的滞回曲线在受压阶段会出现明显的波动现象。数值算例 Gap0.0 和 Gap0.5 中未出现强度退化的现象,而当 d_1 大于 1.5 mm 时,BED 开始出现较为明显的强度退化。此外,随着 d_1 的增加,滞回曲线逐渐出现明显的捏缩现象。在间隙大小为 0 mm 的数值算例 Gap0.0 中,由于竹节与外约束套管在受压状态时出现严重的挤压现象,导致其受压力显著增加。BED 的割线刚度 K_{sec} 可定义为:

$$K_{sec} = \frac{F_{max}^+(F_{max}^-)}{u_{max}^+(u_{max}^-)} \tag{6.18}$$

式中,F_{max}^+ 和 F_{max}^- 分别为最大拉力和最大压力;u_{max}^+ 和 u_{max}^- 分别为最大正向位移和最大负向位移。如图 6.19(a)所示,当 $d_1 \leqslant 0.5$ mm 时,BED 正向位移下的割线刚度在循环加载下的变化小于1.1%,但是当 $d_1 \geqslant 1.5$ mm 时,正向位移下的割线刚度随着加载圈数的增加迅速下降。随着 d_1 的增加,BED 在负向位移下的割线刚度逐渐下降。在同一间隙下,负向割线刚度随着加载圈数的变化不大。

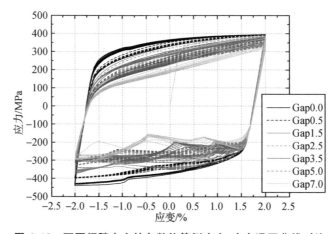

图 6.18 不同间隙大小的各数值算例应力-应变滞回曲线对比

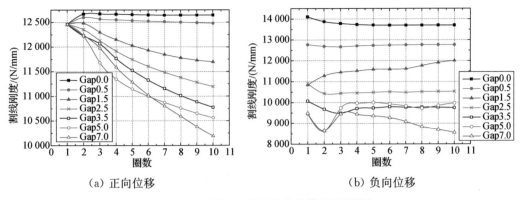

（a）正向位移　　　　　　　　　　　　（b）负向位移

图 6.19　不同 d_1 大小的各数值算例割线刚度

图 6.20 给出了算例 Gap0.5、Gap1.5 和 Gap5.0 在第 8 圈最大压应变下的累积塑性应变云图。结果表明，BED 的低周疲劳寿命随着竹节与外约束套管间隙的增加而降低。由图 6.21 可知，随着 d_1 的增加，竹形内核与外套管间的接触应力随之增加。基于上述分析可得，当 BED 的 d_1 取为 0.5～1.5 mm 时，BED 具有稳定的滞回性能、可控的割线刚度和良好的接触状态。

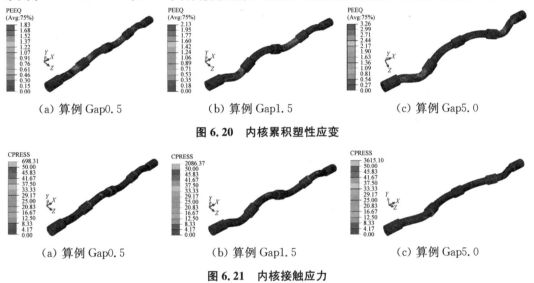

（a）算例 Gap0.5　　　　　　（b）算例 Gap1.5　　　　　　（c）算例 Gap5.0

图 6.20　内核累积塑性应变

（a）算例 Gap0.5　　　　　　（b）算例 Gap1.5　　　　　　（c）算例 Gap5.0

图 6.21　内核接触应力

6.1.5.2　竹节长度

如图 6.22 所示，竹节的转动模式受到竹节长度 L_{sl} 的影响，分为约束转动与自由转动，两者的区别在于竹节对角线长度是否大于外套管内径，具体划分方法如下式所示：

$$d_{\text{in}} \begin{cases} > \sqrt{L_{\text{sl}}^2 + d_{\text{sl}}^2} & \text{自由转动} \\ = \sqrt{L_{\text{sl}}^2 + d_{\text{sl}}^2} & \text{临界状态} \\ < \sqrt{L_{\text{sl}}^2 + d_{\text{sl}}^2} & \text{约束转动} \end{cases} \tag{6.19}$$

当竹节对角线长度小于外套管内径 d_{in} 时，竹节可发生自由转动；而当竹节对角线长度大于外套管内径 d_{in} 时，竹节发生约束转动。对于图 6.22(a) 中的转动约束竹节，竹节的最大转动角度可表示为：

$$\alpha_{\text{max}} = 2\frac{d_1}{L_{\text{sl}}} \tag{6.20}$$

如式(6.19)所示,不同竹节长度 L_{sl} 将会导致不同的竹节转动模式,进而对 BED 的性能有所影响。本节建立数值算例 Slub0、Slub5、Slub10、Slub15、Slub25 和 Slub35,分别对比 L_{sl} 为 0 mm、5 mm、10 mm、15 mm、25 mm 和 35 mm 的 BED 性能。图 6.23 汇总了算例应力-应变曲线。BED 的滞回曲线随着 L_{sl} 的增加而逐渐更加稳定,且在各算例中均未出现强度退化和捏缩现象。如图 6.24(a)所示,算例中 BED 的正向割线刚度随 L_{sl} 的变化小于 2.8%,而图 6.24(b)中无竹节设置的算例 Slub0 相较于其他算例,其负向割线刚度下降达 10%,表明竹节的设置能够有效提高 BED 负向割线刚度的稳定性。

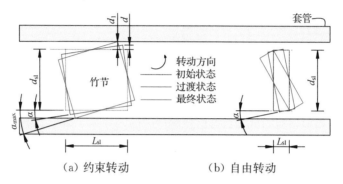

（a）约束转动　　　　　　　（b）自由转动

图 6.22　竹节转动模式

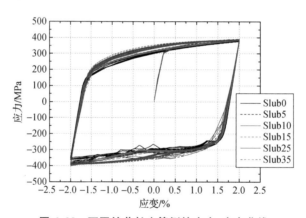

图 6.23　不同竹节长度算例的应力-应变曲线

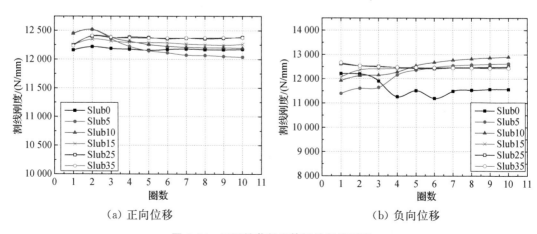

（a）正向位移　　　　　　　　　（b）负向位移

图 6.24　不同竹节长度算例的割线刚度

图 6.25 给出了算例 Slub5、Slub15 和 Slub25 在第 8 圈最大压应变条件下的接触应力云图。随着 L_{sl} 的增加，竹形内核的变形逐渐减小，并最终导致 BED 的接触应力随之减小。综上所述，为了保证 BED 具有相对稳定的滞回性能和较高的材料利用率，建议竹节长度应大于等于 5 mm 而小于等于 25 mm。当 L_{sl} 过小时，不利于加工且对性能有不利影响，而当 L_{sl} 过长时，则会降低材料利用率。

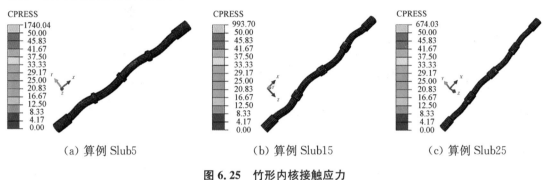

(a) 算例 Slub5　　　　　　(b) 算例 Slub15　　　　　　(c) 算例 Slub25

图 6.25　竹形内核接触应力

6.1.5.3　竹间数量

结合 BED 的工作机理，通过改变竹间段的数量研究其对耗能杆性能的影响。开展一系列分别含有 2、4、6、8、10 和 14 个 40 mm 竹间的 BED 算例分析，对应命名为 SegN2、SegN4、SegN6、SegN8、SegN10 和 SegN14。图 6.26 汇总了算例应力-应变曲线。各算例均具有稳定的滞回曲线，且随着竹间数量的增加，未出现强度退化和捏缩现象。由图 6.27 可知，竹间数量的增加会显著降低耗能杆正向和负向割线刚度，但是对于某一固定竹间数量的耗能杆，其正负向位移的割线刚度随加载圈数的变化很小。

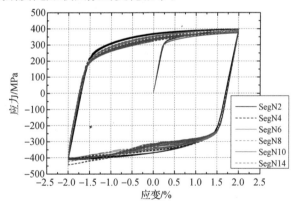

图6.26　不同竹间数量的各数值算例应力-应变滞回曲线对比

图 6.28 给出了算例 SegN2 和 SegN6 在第 8 圈最大压应变下的累积塑性应变云图。BED 的低周疲劳寿命随着竹间数量的增加而逐渐减小。由图 6.29 可知，随着竹间数量的增加，接触应力逐渐增加。综上所述，竹间数量对滞回性能稳定性的影响较小，对割线刚度和低周疲劳寿命有一定的影响。为获得具有良好性能的 BED，建议竹间数目不超过 10。

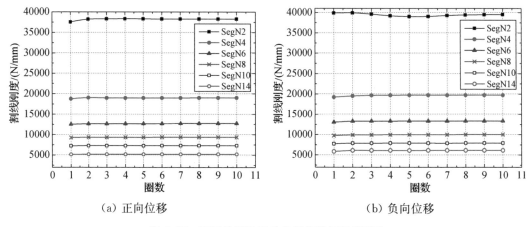

（a）正向位移 　　　　　　　　　　　　　（b）负向位移

图 6.27　不同竹间数量的各数值算例割线刚度

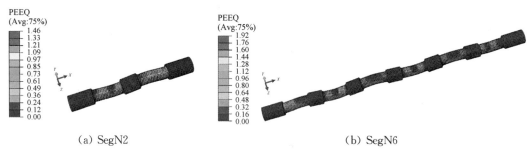

（a）SegN2 　　　　　　　　　　　　　　　（b）SegN6

图 6.28　算例累积塑性应变

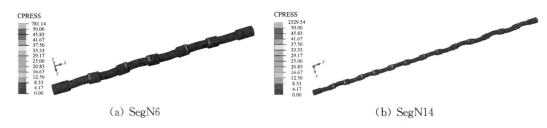

（a）SegN6 　　　　　　　　　　　　　　　（b）SegN14

图 6.29　算例接触应力

6.1.5.4　外套管壁厚

外套管的可靠约束是保证 BED 有效工作的前提。选择 S4 和 S6 两个系列的算例对壁厚进行分析，其中 S4 系列的耗能杆竹间长度为 40 mm，S6 系列的耗能杆竹间长度为 60 mm。两系列数值算例中套管的壁厚均由 0.5 mm 变化至 5 mm。以算例 T0.5-4 为例，T0.5 表示外套管的壁厚为 0.5 mm，数字 4 表示该算例具有 4 段 40 mm 的竹间。

图 6.30 汇总了算例应力-应变曲线。图 6.30（a）中，S4 系列的算例 T0.5-4 在加载第 1 圈即发生整体失稳。当 S4 系列的 BED 外套管壁厚大于等于 1 mm 时，各算例均具有稳定的滞回曲线。在图 6.30（b）所示的系列 S6 中，算例 T0.5-6 在加载第 1 圈和算例 T1-6 在加载第 2 圈出现了整体失稳。当外套管的壁厚大于等于 2 mm 时，各算例的滞回性能趋于稳定，无强度退化和捏缩现象。

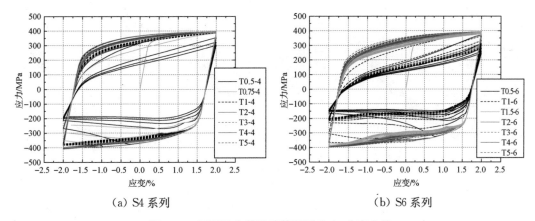

（a）S4 系列　　　　　　　　　　　　（b）S6 系列

图 6.30　不同外套管壁厚算例的应力-应变曲线

为避免 BED 的整体失稳,可通过下式进行整体稳定设计:

$$P_{cr} = \left(\frac{\pi}{L_{ct}}\right)^2 (kEI_t) > P_y \qquad (6.21)$$

式中,P_{cr} 为 BED 的临界屈曲荷载;P_y 是 BED 的屈服荷载;I_t 是外套管的转动惯量;k 是约束系数,可由试验或数值模拟标定。基于系列 S4 和 S6 模拟结果,为避免 BED 发生整体失稳,k 可取 0.42～0.55。考虑外套管初始几何缺陷的不利影响,建议取约束系数 k 的下限值,以提高 BED 整体稳定的安全性。

在 BED 的数值分析中发现,即使耗能杆的整体失稳能够有效抑制,但是当外套管壁厚较小时,外套管仍可能出现局部鼓曲。由图 6.31(a)和(b)可知,算例 T0.5-6 和 T1-6 均以一阶模态形式发生整体失稳,其套管中部区域应力超过材料屈服应力。为清楚显示外套管的变形,图 6.31(c)所示为放大 15 倍后算例 T2-6 的变形图。虽然算例 T2-6 未出现整体失稳现象,但是其外套管的局部区域应力仍大于材料的屈服应力,因此在循环加载过程中,外套管具有发生局部鼓曲或屈曲的可能。当外套管壁厚增加至 3 mm 和 4 mm 时,如图 6.31(d)和(e)所示,仅有限的区域进入塑性,壁厚的增加有效降低了循环荷载作用下外套管进入局部鼓曲或屈曲的可能性。当外套管壁厚为 5 mm 时,整个循环加载过程中套管的最大应力小于材料屈服应力。因此,为保证外套管在循环加载过程中不出现因局部应力大于材料屈服应力而导致的局部鼓曲或屈曲现象,建议取外套管壁厚大于等于 5 mm。

6.1.5.5　定位栓位置

当定位栓设置于 BED 中部位置时,耗能杆的构型以及其内部摩擦力分布等均呈现对称分布形态,因此最终可获得相对较为对称的滞回性能。但当定位栓移至图 6.32(a)所示的 BED 端部时,由图 6.32(b)所示的试验结果表明,定位栓布置在端部会导致耗能杆压力随着加载圈数的增加而逐渐增加,且其最大 β 值可达 1.38,最终该 BED 构件的定位栓因受到较大剪力而破坏失效。因此建议将定位栓布置于 BED 的中部。

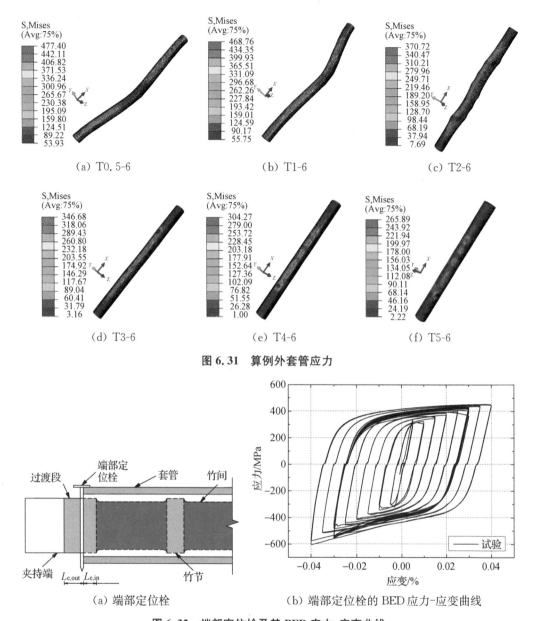

(a) T0. 5-6

(b) T1-6

(c) T2-6

(d) T3-6

(e) T4-6

(f) T5-6

图 6.31 算例外套管应力

（a）端部定位栓

（b）端部定位栓的 BED 应力-应变曲线

图 6.32 端部定位栓及其 BED 应力-应变曲线

6.2 部分约束耗能杆

6.2.1 概念、构造和设计

6.2.1.1 概念设计

BED 通过在内核中增加均匀分布的弹性竹节,解决了灌胶耗能杆可能存在的问题,但是由于竹节处于弹性状态,其内核中弹性相对塑性部分占比较大,因此可定义的材料利用率 U_m 为:

$$U_m = \frac{V_p}{V_p + V_e} \tag{6.22}$$

式中,V_p 是内核进入塑性部分的体积;V_e 是内核始终保持弹性部分的体积。对于具有 4 个

40 mm 竹间和 3 个 20 mm 竹节的 BED,其 U_m 约为 0.42。可以发现,其材料利用率不足一半,这对大应变下构件低周疲劳性能存在影响。

如图 6.33(a)所示,受到屈曲部分约束新机制的启发,本节提出了一种新型部分约束耗能杆(Partially Restrained Energy Dissipater,PED),概念图如图 6.33 所示。通过外套管内壁的天然圆弧对屈服段边缘进行部分约束,屈服段的侧向变形始终限制在如图 6.33(b)所示的屈服段边缘和外套管内壁形成的间隙范围内。相比于 BED,图 6.33(b)中 PED 的屈服段未设置竹节,内核材料利用率明显提高。与 BED 类似,PED 主要通过屈服段进入塑性实现耗能,而其余部分则保持弹性以保证 PED 的有效工作。

鉴于上述特点,本节提出的 PED 具有如下特点:

(1) 材料利用率高。弹性竹节的去除能够提高材料利用率,使得 PED 中的绝大部分材料能够进入塑性进行耗能。

(2) 有效的约束机制。如图 6.33(b)所示,在 PED 中,屈服段边缘与外约束管内壁之间间隙可缩减至 1 mm 以内,屈服段可能产生的侧向位移被限制,内核被有效约束。

(3) 无焊接和灌浆。焊接可能会降低金属阻尼器的滞回性能,且对于较小构件来说,灌浆不易密实。

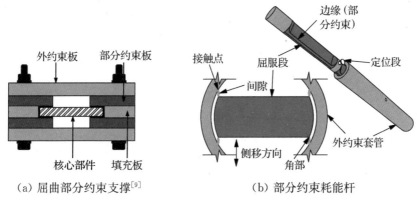

(a) 屈曲部分约束支撑[9]　　　　　　(b) 部分约束耗能杆

图 6.33　屈曲部分约束新机制的应用

6.2.1.2　构造与设计尺寸

如图 6.34 所示,PED 由内核和外约束管组成,内核通过数控机床加工,由两个屈服段、两个弹性过渡段、两个夹持段和一个定位段组成。在屈服段和弹性过渡段或定位段截面突变处设置有圆倒角,以减轻截面的突然变化,进而减小应力集中。定位段中部和外套管的对应部分开有圆孔,钢钉穿过圆孔以限制部分约束内核与外套管沿长度方向的相对移动。图中,L_y 是屈服段长度;L_e 是过渡段长度;L_s 是定位段长度;t_y 是屈服段厚度;d_c 是过渡段或定位段直径;L_t 是外套管长度;L_{total} 是除夹持端以外的内核长度;d_i 是外套管内径;d_e 是外套管外径。屈服段表面涂有红漆,用以观察试验结束后屈服段和外管内壁的接触状态。由图 6.34(b)所示的 PED 横截面图可知,屈服段边缘与外约束管内壁存在间隙 d_g。

本试验共加工了 11 根 PED 试件,命名为"L_xT_y-z",其中"L_xT_y"表示屈服段的长和厚分别为 x mm 和 y mm,"z"是 PED 试件采用的加载制度[3],包括预加载和正式加载,常幅加载制度与 6.1.1 节相同,变幅加载制度(V)与 V2 相同。本试验均加载至 PED 试件破坏时为止。

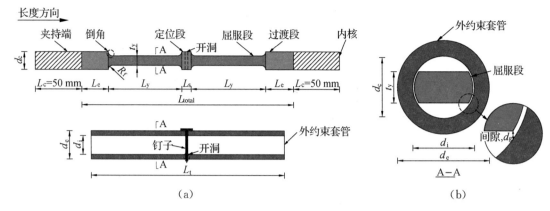

图 6.34 PED 细部构造

6.2.1.3 屈服段防扭转屈曲

为使 PED 屈服段能够进行有效耗能,其变形应当以绕弱轴弯曲为主,而绕纵轴的扭转屈曲应避免。鉴于在双轴对称截面中通常不考虑扭转-弯曲耦合的屈曲模式,因此对扭转和弯曲屈曲进行解耦分析。

如图 6.35 所示的是屈服段扭转屈曲的计算简图。屈服段的扭转平衡微分方程和弯曲平衡微分方程分别如下[10]:

$$EI_\omega \varphi''' + (Pi_0^2 - GI_t)\varphi' = 0 \tag{6.23}$$

$$EI_x y^{iv} + Py'' = 0 \tag{6.24}$$

式中,I_ω 是翘曲惯性矩;φ 是扭转角度;i_0 是屈服段截面对剪心的极回转半径,定义为 I_ω 和 A_y 比值的平方根;$G=E/2(1+\nu_e)$,为剪切模量;ν_e 是弹性泊松比,取值为 0.3;I_t 是扭转常数,定义为屈服段截面弱轴(X 轴)惯性矩 I_x 和强轴(Y 轴)惯性矩 I_y 之和;P 是作用于部分约束内核的轴力;y 是 Y 方向的侧向变形。式(6.23)的边界条件为 $\varphi=0$ 和 $\varphi'=0$,式(6.24)的边界条件为 $y=0$ 和 $y'=0$,从而可得屈服段的扭转屈曲荷载 P_ω 和弯曲屈曲荷载 P_{cr} 分别如下:

$$P_\omega = \frac{1}{i_0^2}\left[\frac{\pi^2 EI_\omega}{(\mu_0 L_y)^2} + GI_t\right] \tag{6.25}$$

$$P_{cr} = \frac{\pi^2 EI_x}{(\mu_0 L_y)^2} \tag{6.26}$$

式中,μ_0 等于 0.5,定义为有效长度系数;L_y 是屈服段长度,如图 6.34(a)所示。对于类似于屈服段截面的实心截面,其 I_ω 可近似取为 0。I_x 和 I_y 的计算公式如下:

$$I_x = \frac{d_c^4}{32}[\theta_1 - 0.25\sin(4\theta_1)] \tag{6.27}$$

$$I_y = \frac{t_y}{12}(d_c^2 - t_y^2)^{\frac{3}{2}} + I_x \tag{6.28}$$

式中,θ_1 表示 $\arcsin(t_y/d_c)$;d_c 是过渡段或定位段直径,如图 6.34(a)所示;t_y 是屈服段厚度,如图 6.34(a)所示。因此在不考虑屈服段和外套管之间接触力的前提下,为保证屈服段的扭转屈曲不先于弯曲屈曲发生,应控制 P_ω 大于 P_{cr},进而可得屈服段防扭转屈曲要求如下:

$$L_y \geqslant 10\sqrt{\frac{i_0^2 I_x}{I_t}} \tag{6.29}$$

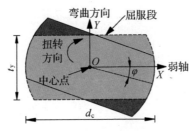

图 6.35　屈服段扭转屈曲简图

6.2.2　疲劳、变形和失效模式

6.2.2.1　低周疲劳性能

图 6.36 给出了 PED 试件的应力-应变曲线(为简化篇幅,部分图形将有限元模拟结果也在此绘制,如红色虚线所示,具体模拟过程在 6.2.4 节进行介绍),其中正向代表拉伸状态,横坐标表示内核轴向应变,定义为试件轴向位移 u_c 除以屈服段总长 $2L_y$,纵坐标代表名义轴向应力,定义为试件轴向力 P_p 除以屈服段横截面积 A_y。N_f 是疲劳加载圈数,n_i 是加载制度 V 中常幅加载的圈数。所有 PED 试件均具有稳定的滞回性能。通过对比疲劳加载圈数 N_f 发现,PED 的疲劳加载圈数随着常幅应变幅值的增加而迅速下降。通过对比屈服段边缘和外套管内壁间间隙 d_g 分别为 1.07 mm 和 0.89 mm 的试件发现,当 d_g 越大,PED 的低周疲劳寿命越差,上述现象主要归因于在较小的间隙中,屈服段的侧向变形较小。通过对比具有不同屈服段长度的 PED 试件可知,PED 屈服段长度越长,其低周疲劳寿命越差。

6.2.2.2　变形与失效模式

PED 的变形及失效模式如图 6.37 所示。通过屈服段外表面红漆的擦痕可知屈服段边缘被外套管有效约束,提出的部分约束机制是可行的。受到摩擦力的影响,内核截面由两端向中部逐渐减小。如图 6.38(a)所示,由于过渡段外伸段与外套管发生接触,在试件 L160T10-C2 中出现过渡段的明显磨损,进而造成了图 6.36(i)中所示的试件轴向压力增大的异常情况。

如图 6.37(a)、(b)和(c)所示,PED 屈服段的变形随着常幅加载应变幅值的增加而增加。对比图 6.38(b)和(c)发现,接触区域的磨损也随着应变幅值的增加而更加严重,进而可在接触区域产生大量的摩擦力,有利于抑制屈服段的扭转。同样的结论可以在图 6.37(d)、(e)和(f)的对比中发现。对比图 6.37(a)和(d),可知间隙大小为 0.89 mm 的 PED 试件的变形程度小于间隙大小为 1.07 mm 的试件,同样对比图 6.37(b)和(e)以及图 6.37(c)和(f),即可知 PED 的侧向变形随着间隙的增加而增加。当间隙相同的时候,对比试件 L80T10-C1 和试件 L160T10-C1 可知,屈服段长度越长,形成的波的数目越多。

如前所述,钢钉穿过定位段和外套管对应位置开设的圆孔。如图 6.39(a)所示,在 PED 的加载过程中发现钢钉的转动被较小的孔洞约束,钢钉发生弯曲并对定位段产生挤压力,最终在定位段的开孔中形成图 6.38(d)所示的挤压变形。这一不利现象可以通过增大外套管中的开洞,为钢钉的转动提供足够的空间加以避免。如图 6.39(b)所示,同时考虑定位段可能发生的顺时针以及逆时针转动,以 O 点为转动中心,外套管开洞的改进设计方法如下:

$$d_{o,tube} \geqslant d_e \tan(\eta + \gamma) \tag{6.30}$$

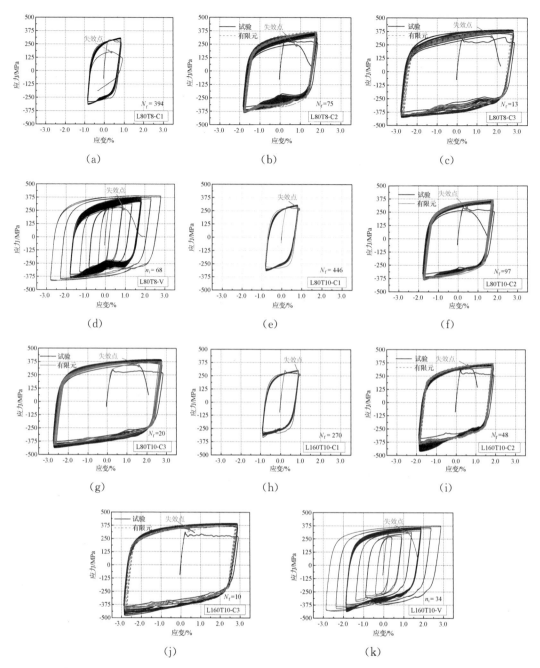

图 6.36　PED 校正应力-应变滞回曲线

$$\tan\eta=(d_i-d_c)/L_s \tag{6.31}$$

$$\tan\gamma=d_{o,stopper}/d_c \tag{6.32}$$

式中，$d_{o,tube}$ 和 $d_{o,stopper}$ 分别是外套管和定位段的开洞大小；η 是定位段的转动角度；γ 是钢钉在定位段开洞中的转动角度。因此为避免钢钉在加载过程中发生弯曲以及孔洞挤压现象，外套管中的开洞最小值应为 $d_e \cdot \tan(\eta+\gamma)$。

　　此外，从图 6.37 中可以观察出所有 PED 的破坏位置以及断裂面状态。试件的破坏断裂面均较为粗糙，对于经受大应变幅值的 PED 试件，其破坏位置集中于定位段附近的波峰或波谷处,造成此现象的原因为该处的横截面积最小。但是,试件 L80T8-C2、试件 L80T10-C2 和试件 L160T10-C1 破坏于过渡段附近的波峰或波谷处,试件 L80T10-C1 则破坏于倒角应力集中处。

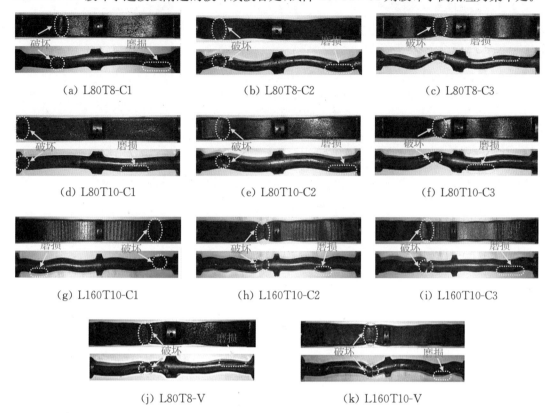

（a）L80T8-C1　　　　　　（b）L80T8-C2　　　　　　（c）L80T8-C3

（d）L80T10-C1　　　　　　（e）L80T10-C2　　　　　　（f）L80T10-C3

（g）L160T10-C1　　　　　　（h）L160T10-C2　　　　　　（i）L160T10-C3

（j）L80T8-V　　　　　　　　（k）L160T10-V

图 6.37　PED 变形及破坏模式

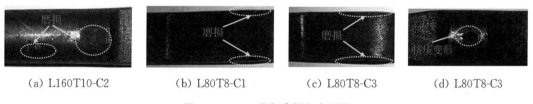

（a）L160T10-C2　　（b）L80T8-C1　　（c）L80T8-C3　　（d）L80T8-C3

图 6.38　PED 局部磨损和变形图

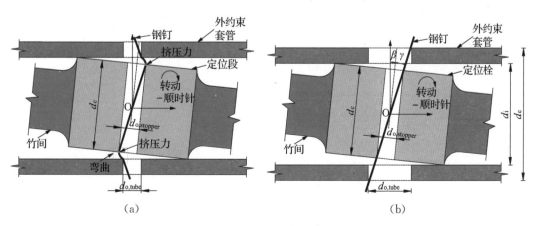

（a）　　　　　　　　　　　　　　（b）

图 6.39　PED 定位栓变形模式和开洞改进

6.2.3　承载力特征和寿命预测

6.2.3.1　受压承载力调整系数

如图 6.40 所示,PED 的受压调整系数均不超过 1.3。PED 受压调整系数的变化规律与 BED 类似,可以总结为三个阶段:① 初始调整阶段。在初始加载阶段,由于循环硬化[4]以及较大上屈服力的影响,PED 的受压调整系数不稳定。② 稳定增长阶段。当应变幅值较低时(如 1.0% 应变幅值),对比试件 L80T8-C1 和试件 L80T10-C1 可以发现受压调整系数几乎保持不变,并可由图 6.37(a)和(d)中观察到的轻微接触状态解释。在应变幅值 2% 和 3% 时,PED 的受压调整系数随着加载圈数而迅速增加。此外,由图 6.40 可知,当间隙越大、屈服段长度越长时,PED 的受压调整系数越大。③ 突变阶段。试件 L80T8-C2 和试件 L80T10-C2 在破坏之前出现拉力的较大下降,从而导致受压调整系数的陡增。

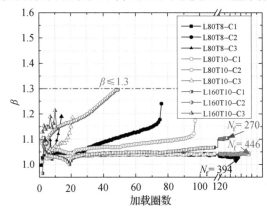

图 6.40　PED 受压承载力调整系数

6.2.3.2　疲劳寿命预测

根据试件 L80T8-C1、L80T8-C2 和 L80T8-C3 的试验结果,通过对数线性回归得到屈服段长度为 80 mm、间隙大小为 1.07 mm 的 PED 低周疲劳寿命 Manson-Coffin 方程为:

$$\Delta\varepsilon = 0.072 \cdot (N_f)^{-0.32} \tag{6.33}$$

根据试件 L80T10-C1、L80T10-C2 和 L80T10-C3 的试验结果,得到屈服段长度为 80 mm、间隙大小为 0.89 mm 的 PED 低周疲劳寿命 Manson-Coffin 方程为:

$$\Delta\varepsilon = 0.091 \cdot (N_f)^{-0.35} \tag{6.34}$$

根据试件 L160T10-C1、L160T10-C2 和 L160T10-C3 的试验结果,得到屈服段长度为 160 mm、间隙大小为 0.89 mm 的 PED 低周疲劳寿命 Manson-Coffin 方程为:

$$\Delta\varepsilon = 0.068 \cdot (N_f)^{-0.33} \tag{6.35}$$

6.2.4　有限元模型评估内核塑性发展

图 6.41 为 PED 有限元模型。其内核与外套管均由八节点减缩积分 C3D8R 实体单元组成,塑性材料模型采用考虑硬化效应的循环硬化模型,接触模型定义了切向力与法向力关系,其中切向行为定义为 Coulomb 摩擦行为,法向行为定义为硬接触,用以减小内核和外套管的接触嵌入。仅释放内核纵向(Z 向)约束,在内核两端施加对称位移荷载,约束外套管 Z 向的转动和位移。有限元结果如图 6.36 中的红色虚线所示,通过对比试验和模拟应力-应

变曲线,验证模型的准确性。

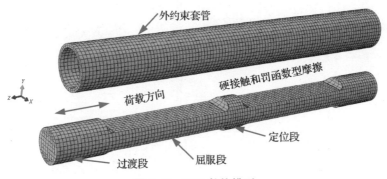

图 6.41　PED 数值模型

如图 6.42 所示,取试件 L80T10-C3 和 L160T10-C2 第 6 圈最大压应变下的位移云图,由构件平面外变形对比试验与模型的波峰波谷位置,发现模型能够准确地预测波的数目、位置,进而可得有效可靠的波长。

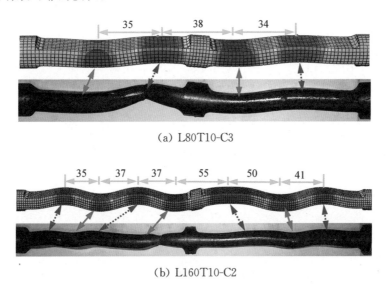

(a) L80T10-C3

(b) L160T10-C2

图 6.42　PED 试件第 6 圈最大压应变下变形

如图 6.43 所示的是试件 L80T8-C2、L80T10-C2 和 L160T10-C2 在第 6 圈最大压应变下的接触应力云图,数值分析所得的试件接触位置与图 6.37(b)、(e)和(h)所示的试验观察到的接触位置一致。由于间隙较大试件 L80T8-C2 的侧向变形大于试件 L80T10-C2,导致试件 L80T8-C2 的接触应力明显大于试件 L80T10-C2 的,同时试件 L80T8-C2 的接触面积也大于试件 L80T10-C2 的。在 PED 的接触分析中,接触应力大于 σ_u(404.2 MPa)的区域为磨损区域,标记为图 6.43(a)和(b)中的灰色区域,由图 6.43(a)中的灰色区域多于图 6.43(b)中的可印证图 6.37(b)和(e)所示试件 L80T8-C2 和试件 L80T10-C2 的不同磨损程度。如图 6.43(c)所示,随着 PED 屈服段长度的增加,其内核与外套管接触应力变化不大,但接触区域与对应的面积相应增加。

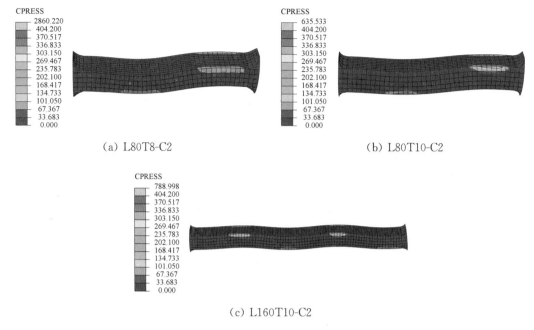

(a) L80T8-C2　　　　　　　　　　(b) L80T10-C2

(c) L160T10-C2

图 6.43　PED 试件第 6 圈最大压应变下的接触应力云图

如图 6.44 所示的是试件 L80T8-C2 和 L80T10-C2 在第 6 圈最大压应变下的纵向塑性应变云图,该应变沿试件纵向方向呈现不均匀分布。由图 6.44(a)可知,试件 L80T8-C2 波谷处的最大压塑性应变高达 -5.7%,明显大于 -2% 的名义压应变。根据试验观察可知,PED 试件的破坏起始于波谷塑性压应变最大处。图 6.44(b)所示的试件 L80T10-C2 最大压塑性应变为 -4.9%,该值小于试件 L80T8-C2 的最大压塑性应变,进而可以从塑性应变发展的角度解释试件 L80T10-C2 的低周疲劳寿命优于试件 L80T8-C2。

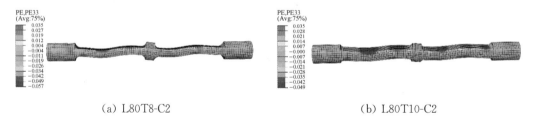

(a) L80T8-C2　　　　　　　　　　(b) L80T10-C2

图 6.44　PED 试件第 6 圈最大压应变下纵向塑性应变云图

6.3　本章小结

本章提出了两个系列的新型全钢耗能杆,通过 12 根 BED 试件和 11 根 PED 试件的低周疲劳试验[1-3],研究其滞回性能以及变形模式,主要结论如下:

(1) 试验结果表明,BED 试件具有稳定的滞回性能,在最大应变幅值下均未出现失稳;窄竹节(5 mm)BED 试件低周疲劳性能受竹间长度影响较小,宽竹节(20 mm)BED 试件性能随着竹间长度增加而减小;相同竹间长度 BED 试件性能随着竹节长度增加而提高;较弱转动能力的竹节能够明显减小内核竹间的侧向变形。

(2) 提出了能准确计算 BED 初始弹性刚度的串联模型;提出了考虑累积塑性变形影响

下全截面塑性的竹间屈服段接触判断模型,该模型下限可用于判断 BED 初始接触状态,而上限可用于判断 BED 最终接触状态。

(3)试验结果表明,PED 试件也表现出稳定的滞回性能,且内核屈服段越长,与约束管间隙越大,其性能越低;较大的间隙为屈服段侧向变形提供了空间,而较长的屈服段则会增加屈曲波的数目;PED 失效模式与侧向变形引起的弯曲以及倒角处的应力集中相关。

(4)通过对扭转和弯曲屈曲进行解耦简化解析,给出了适用于 PED 屈服段防扭转屈曲要求的屈服段长度设计值;针对试验中出现的定位钢钉弯曲现象,提出了增大外套管开洞的改进设计方法,避免定位段孔洞的挤压变形。

参考文献

[1] Wang C L,Liu Y,Zhou L. Experimental and numerical studies on hysteretic behavior of all-steel bamboo-shaped energy dissipaters[J]. Engineering Structures,2018,165: 38 - 49.

[2] Wang C L,Liu Y,Zhou L,et al. Concept and performance testing of an aluminum alloy bamboo-shaped energy dissipater[J]. The Structural Design of Tall and Special Buildings,2018,27(4): e1444.

[3] Liu Y,Wang C L,Wu J. Development of a new partially restrained energy dissipater: Experimental and numerical analyses[J]. Journal of Constructional Steel Research, 2018,147: 367 - 379.

[4] Chen Q,Wang C L,Meng S,et al. Effect of the unbonding materials on the mechanic behavior of all-steel buckling-restrained braces[J]. Engineering Structures,2016,111: 478 - 493.

[5] Chai H. The post-buckling response of a bi-laterally constrained column[J]. Journal of the Mechanics and Physics of Solids,1998,46(7): 1155 - 1181.

[6] Shanley F R. Inelastic column theory[J]. Journal of the Aeronautical Sciences,1947, 14(5): 261 - 268.

[7] Tremblay R,Filiatrault A,Timler P,et al. Performance of steel structures during the 1994 Northridge earthquake[J]. Canadian Journal of Civil Engineering,1995,22(2): 338 - 360.

[8] Zhou Y Y,Liu Y,Wang C L. Parametric studies and design method for a new all-steel bamboo-shaped energy dissipater[J]. Journal of Earthquake Engineering,2022,26(6): 3073 - 3090.

[9] Wang C L,Chen Q,Zeng B,et al. A novel brace with partial buckling restraint: An experimental and numerical investigation[J]. Engineering Structures,2017,150: 190 - 202.

[10] 陈骥. 钢结构稳定理论与设计[M]. 5 版. 北京:科学出版社,2011.

7 套管构件失效模式

空间结构压杆失稳会导致结构局部倒塌,甚至会引起结构连续倒塌[1]。Bucharest dome 和 Hartford Civic Center Coliseum 就是典型的案例,由于单根压杆发生了失稳,导致空间结构局部区域承载力急速降低,最终结构发生连续倒塌。因此,提高压杆的承载能力,防止空间结构压杆的失稳,对避免结构破坏具有重要意义。

基于屈曲约束理念,对空间结构压杆进行外套管加固,受压杆件与外套管共同组成套管构件,以改善压杆屈曲后性能。由于套管构件内核往往为圆管,具有相对较大的抗弯刚度,同时考虑到约束部件的经济性,其工作机理和适用场景与前章所述的屈曲约束支撑又有明显差别。笔者等人提出了一种内核与外管之间无限位连接的套管构件[2],不影响正常使用阶段压杆及结构特性。本章将依次介绍无缝外管加固压杆[2]与装配式外管加固压杆[3]的抗压性能试验,探究套管构件的承载机理、变形特征以及失效模式,进一步推广套管构件在空间结构加固领域的应用。

7.1 无缝套管构件

7.1.1 试件设计和试验方案

如图 7.1 所示,本章研究的套管试件主要由内压杆及外套管组成。所有试件的内压杆尺寸相同,其杆长 L_c、外径 r 和壁厚 t 分别为 2 660 mm、70 mm 和 4 mm。各试件差别在于无缝外套管的尺寸,其杆长、外径和壁厚分别记为 L、R 和 T。内压杆顶端和底端分别留有 80 mm 长的夹持段来连接加载装置。外套管长度相对较短,自由包裹压杆,由于自重通常滑到压杆的一端,内核压杆的另一端有部分区域不受约束,称为外伸段,其长度记为 L_o。g 表示外套管与内压杆之间的间隙值,为外套管内径与内压杆外径差值的一半。

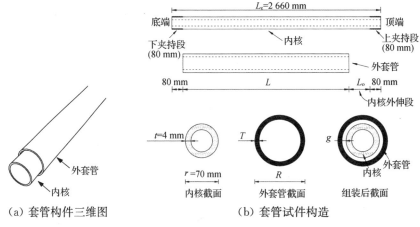

(a) 套管构件三维图　　　　(b) 套管试件构造

图 7.1　无缝套管试件构造和设计尺寸

148

表 7.1 给出了试件加工完毕后的实测尺寸。为了区分试件,按照外套管设计尺寸对试件进行命名。譬如试件 S2400g2.5T4 表示该试件的无缝外套管长度 L 和厚度 T 分别为 2 400 mm 和 4 mm,内压杆与外套管之间的间隙值 g 为 2.5 mm。S1* 为所有内压杆实测尺寸平均值。

表 7.1　无缝套管试件实测尺寸
单位:mm

编号	试件名称	L	R	T	L_0	g
S1*	—	2 660.53	69.86	4.26	—	—
S2	L2400g2.5T2.5	2 400.17	80.05	2.68	100.00	2.34
S3	L2400g2.5T4	2 397.60	83.56	4.32	103.40	2.61
S4	L2400g2.5T10	2 398.90	96.23	10.93	100.63	2.23
S5	L2400g5.5T4	2 397.87	88.95	4.18	103.70	5.26
S6	L2400g8.5T4	2 399.13	94.80	4.31	101.93	8.09
S7	L2400g10T2.5	2 399.07	94.86	2.54	100.93	9.89
S8	L2400g2.5T6	2 389.67	89.02	6.36	101.40	3.24
S9	L2350g2.5T6	2 350.07	89.42	6.52	151.47	3.24
S10	L2450g2.5T4	2 451.43	83.44	4.55	49.57	2.23
S11	L2450g2.5T10	2 449.40	95.40	10.92	51.33	1.90

注:S1* 行中为所有试件的内压杆实测尺寸平均值。

试验中内压杆和外套管都选用 20 号无缝钢管制作,材料性能试验结果如表 7.2 所示。拉伸试样的命名遵循以下规则:RxTy 代表试样由外径 R 和壁厚 T 分别为 x mm 和 y mm 的无缝钢管加工而成。以试样 R70T4 为例,表示该试样由外径和壁厚分别为 70 mm 和 4 mm 的无缝钢管加工而成。

表 7.2　钢管材料性能参数

试样	E/GPa	$\sigma_{0.2}$/MPa	σ_b/MPa	δ/%
R70T4	190.87	303.98	462.05	21.04
R80T2.5	206.51	327.56	488.04	19.66
R83T4	193.03	310.89	476.52	18.81
R89T4	203.62	336.56	465.94	24.33
R87T6	195.55	276.02	451.10	21.42
R95T2.5	206.34	342.03	471.09	19.61
R95T4	205.08	276.38	459.85	21.17
R95T10	209.44	314.93	476.22	18.17

注:E 为弹性模量;$\sigma_{0.2}$ 为名义屈服强度;σ_b 为抗拉极限强度;δ 为断后伸长率。

图 7.2 给出了铰接构件的单向受压试验的加载装置[①]。为了实现试件两端铰接,同时防止加载过程中的试件端部滑动,分别在构件两端布置了单向刀铰和夹持装置,分别如图 7.2(c)和图 7.2(e)所示。构件下端刀铰板底部安装 100 t 螺旋千斤顶,为防止千斤顶加载过程中失稳,在其顶部与试验机四个立柱之间设置了侧向支撑装置。

构件的实际转动中心位于刀铰的刀尖部位,端板厚 20 mm,刀铰板厚 25 mm,构件的计算长度应为构件的几何尺寸加上顶、底部两端的端板及刀铰板厚度,即两端分别加 45 mm 可得实际计算长度。

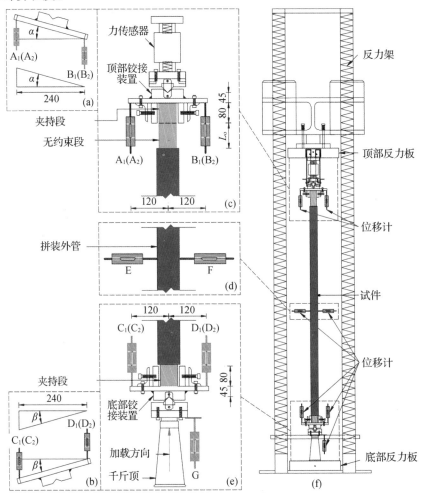

图 7.2 轴压试验加载和测试装置(单位:mm)

图 7.2 同时给出了试验的量测布置方案,构件的荷载 P 通过安装在试件顶部的压力传感器记录。构件跨中分别设置 2 个水平方向的中部位移计用于测量套管构件在铰接方向的侧移。在构件上下两端的端板四个角分别布置了 4 个位移计用来测量端板的位移和转角。如图 7.2(a)所示,在测量支架上部安装了 4 个竖向位移计,垂直顶住上端板,分别为 A_1、A_2、B_1 和 B_2,4 个位移计与转动中心的水平距离均为 120 mm。加载过程中位移计 A_1、A_2、B_1 和

---

① 此加载装置由东南大学舒赣平教授团队友情提供使用。

B_2 测得的竖向位移分别为 a_1、a_2、b_1 和 b_2(竖向位移向上为正),则上端板的竖向位移 h_1 和水平转角 α(上端板顺时针转动时为正值)分别为式(7.1)和式(7.2)。使用相同方法可以得到底端竖向位移 h_2 与水平转角 β。上下端板的竖向相对位移为试件的轴向变形量 Δ。此外,以跨中 2 个位移计的平均值作为试件跨中挠度 v。

$$h_1 = \frac{c_1 + c_2 + d_1 + d_2}{4} \tag{7.1}$$

$$\alpha = \arctan\left[\frac{(d_1 + d_2) - (c_1 + c_2)}{480}\right] \tag{7.2}$$

试验过程中采取手动控制加载,分别读取压力传感器和位移计的数据,以获得构件的荷载-位移曲线。加载制度如图 7.3 所示[3-4]。加载前,为消除试件、连接件和试验机之间的空隙,需要对试件进行 5 kN 的预加载,然后将荷载降至 0 kN,此时将荷载和位移计的采集仪读数清零。试验加载前先对试件进行了有限元模拟,预估了不同试件的峰值承载力。试验加载采用力控制和位移控制两阶段:第一阶段为施加荷载至 20 kN 后降至 10 kN,再施加荷载至 30 kN 后降至 10 kN,施加荷载至 40 kN 后降至 10 kN;接着开始第二阶段的加载,施加荷载达到模拟峰值承载力 80% 后,减缓加载速率,直至构件荷载下降到实测极限承载力的 80% 以下,停止加载。此外,若加载过程中跨中侧移超过构件长度的 1/25 或者内压杆端部外伸段局部变形过大时立即停止加载。

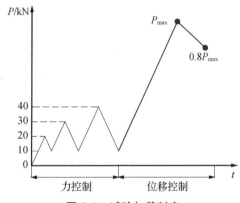

图 7.3　试验加载制度

7.1.2　试件刚度和承载力

套管加固试件承载能力的提高受到多个参数的影响,其中包括外套管壁厚 T、内压杆与外套管之间的净间隙 g 和内压杆外伸段长度 L_0 等,分别对比讨论如下:

图 7.4 对比了不同外套管壁厚 T 对套管试件承载力的影响。其中,图 7.4(a)对比了外套管长度相同,内压杆与外套管间隙相同时,S2、S3 和 S4 的荷载-位移曲线,同时也给出了无外套管试件 S1* 的曲线。由图可知:① 进行套管加固后的试件承载力显著提高,相比试件 S1*,试件 S2、S3 和 S4 的极限承载力分别提高到 1.53、1.86 和 2.47 倍;② 加载初期,未加固的试件与套管加固试件的刚度接近,初始刚度即为内压杆的轴向刚度;③ 对于外伸段长度相同、内压杆与外套管间隙相同的试件,外套管壁厚越大,承载力越高,这是因为外套管越厚,抗弯刚度越大。图 7.4(b)对比了 S10 和 S11 的荷载-位移曲线,也可以得到同样的规律。

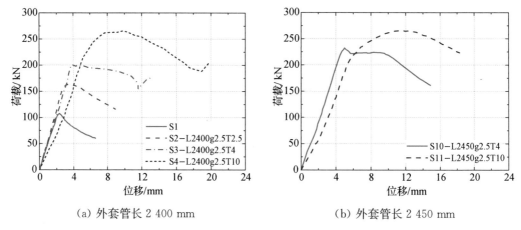

(a) 外套管长 2 400 mm　　　　　　　(b) 外套管长 2 450 mm

图 7.4　不同壁厚套管试件荷载-位移曲线

图 7.5 分析了内压杆与外套管之间间隙的差异对套管加固试件承载力的影响。图 7.5(a)给出试件 S1、S2 和 S7 的荷载-位移关系曲线。由图可知,试件 S2 和 S7 的间隙分别为 2.5 mm 和 10 mm,其极限承载力分别为 164.13 kN 和 157.54 kN,相对于试件 S1,试件 S2 和 S7 的极限承载力分别提高到 1.46 和 1.53 倍,而 S7 相对于 S2,极限承载力仅降低了 4%。

图 7.5(b)对比了试件 S3、S5 和 S6 的荷载-位移曲线,内压杆外伸段长度均为 100 mm,外套管壁均为 4 mm。由图可知,试件 S3、S5 和 S6 的间隙分别为 2.5 mm、5.5 mm 和 8.5 mm,其极限承载力分别为 200.13 kN、203.85 kN 和 189.23 kN。其中,间隙分别为 2.5 mm 和 5.5 mm 的两个试件 S3 和 S5 极限承载力相差不大,而间隙为 8.5 mm 的试件 S6 相对于试件 S3,其极限承载能力仅下降了 5%。

由此可得,当外套管壁厚与外伸段长度相等时,内压杆与外套管间隙对极限承载力影响较小,甚至当间隙分别为 8.5 mm 和 10 mm 时,其极限承载能力略有下降,分别降低了约 5% 和 4%。考虑到对空间结构杆件进行套管加固,较大的容许间隙能够方便施工,但会导致性能略有下降。

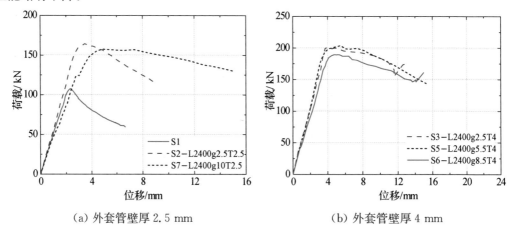

(a) 外套管壁厚 2.5 mm　　　　　　　(b) 外套管壁厚 4 mm

图 7.5　不同间隙套管试件荷载-位移曲线

图 7.6 对比了内压杆外伸段长度的差异对套管加固试件承载力的影响。图 7.6(a)对比了试件 S1、S3 和 S10 的荷载-位移曲线,试件 S3 和 S10 的外套管壁厚都为 4 mm,内压杆与外套

管间隙都为 2.5 mm,外伸段长度分别为 100 mm 和 50 mm,极限承载力分别为 200.13 kN
和 232.15 kN。由此可得,随着压杆外伸段变短,其承载力约增加了 16%。

图 7.6(b)对比了试件 S4 和 S11 的荷载-位移曲线,试件 S4 和 S11 的外套管壁厚为
10 mm,间隙为 2.5 mm,外伸段长度分别为 100 mm 和 50 mm,对应的极限承载力分别为
265.34 kN 和 260.22 kN,二者的极限承载力相差不大。对比外套管壁厚为 4 mm 的试件 S3 和
S10,外套管壁厚为 10 mm 的 S4 和 S11 对上部内压杆外伸段下端有着更强的约束,而这种更强
的支承使得试件极限承载能力有所增加,同时也弱化了外伸段长度对极限承载能力的影响。

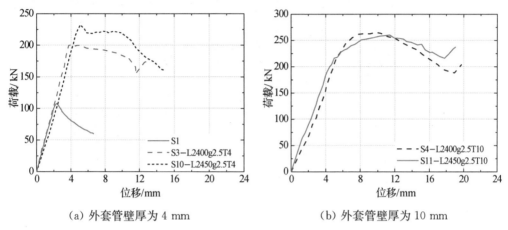

（a）外套管壁厚为 4 mm　　　　　　　（b）外套管壁厚为 10 mm

图 7.6　不同外伸段长度套管试件荷载-位移曲线

7.1.3　试件失效模式特征

图 7.7 进一步总结了所有试件的破坏模式,特别是给出了构件的整体失效图,以及内压
杆上端部变形图。根据外套管变形和内压杆上端部变形初步将试件失效模式分为三类:构
件整体失稳、内压杆外伸段端部局部失稳以及端部局部失稳与整体失稳耦合的破坏模式。

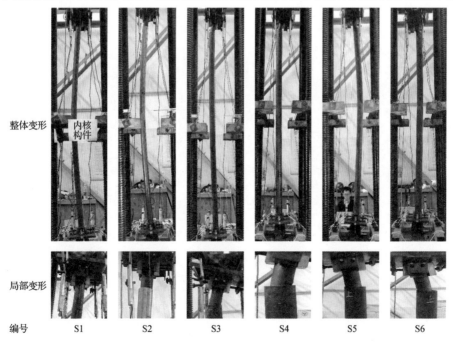

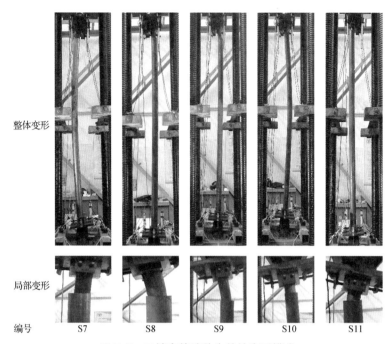

图 7.7　无缝套管试件失效的变形模式

图 7.8 根据试验中试件的变形模式,给出了试件的整体失稳、内压杆外伸段端部失稳和端部失稳与整体失稳耦合的失效模式示意图。试验中认为构件承载力降低至 0.85 倍峰值承载力 P_{max} 时失效。各试件失效模式基于上端板转角 α 与下端板转角 β 进行量化判定,将会在 7.2.4.2 节详细说明。

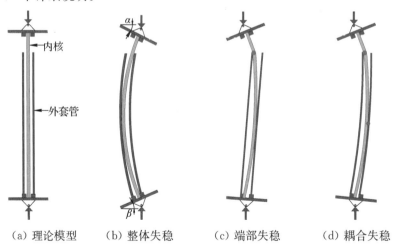

（a）理论模型　　（b）整体失稳　　（c）端部失稳　　（d）耦合失稳

图 7.8　套管构件的失效模式

对比外伸段长度相同、内压杆与外套管间隙相同的试件 S2、S3 和 S4 发现,3 个试件的外套管壁厚分别为 2.5 mm、4 mm、10 mm,破坏形式分别为整体失稳[图 7.8(b)]、端部失稳和端部失稳[图 7.8(c)],当外套管壁厚越薄时,越容易发生整体失稳。此规律也可以在 S10 和 S11 两构件中验证,其外套管壁厚分别为 4 mm 和 10 mm,破坏模式分别为耦合失稳和端部失稳。

比较试件 S2 和 S7，外套管壁厚与内压杆外伸段长度相同，内压杆与外套管间隙相差较大，破坏模式分别为整体失稳破坏与耦合失稳破坏；试件 S3、S5 和 S6 只有间隙有差别，但是破坏模式以端部失稳为主，因此，套管构件内压杆和外套管之间的间隙对破坏模式的影响较小。

试件 S3 和 S10 外套管壁厚相同，内压杆与外套管之间的间隙相同，外伸段长度为 100 mm 的试件 S3 的破坏模式为端部失稳，外伸段长度为 50 mm 的试件 S10 的破坏模式为耦合失稳，即当套管构件其他尺寸相同时，内压杆外伸段长度越长，越容易发生端部失稳破坏，反之，容易发生整体失稳。

进一步将上述试验现象总结如下：

如图 7.8(a) 所示，加载初期，存在初始缺陷的内压杆在一定的轴向压力作用下开始发生侧向变形，由于内压杆与外套管存在一定的间隙，初始阶段外套管并不受力，随着荷载的增大，内压杆侧向变形逐渐变大，外套管受到内压杆与外套管接触力的作用，从而发生侧向挠曲，内压杆与外套管的侧向挠曲随着荷载的增大缓慢发展。

当外套管厚度较小时，外套管不足以承担内压杆的作用力，导致外套管发生较大的弯曲变形，此时到达峰值荷载，承载力将逐渐下降，试件发生整体失稳，试件的失稳形态如图 7.8(b) 所示；当外套管厚度较大时，外套管弯曲刚度较大，内压杆与外套管的接触力作用下外套管的弯曲变形也较小，而此时内压杆的外伸段由于没有套管约束，也会发生绕外伸段底部的转动。当外伸段底部形成塑性铰时，试件成为机构，试件发生端部失稳，承载力将逐渐下降，试件的失稳形态如图 7.8(c) 所示。当外套管厚度适中时，在内压杆与外套管接触力作用下外套管发生较大弯曲变形，同时外伸段底部也形成塑性铰，试件发生套管整体失稳与外伸段失稳的耦合失稳，承载力将逐渐下降，试件的失稳形态如图 7.8(d) 所示。

7.1.4　试件有限元模拟

如图 7.9 所示，给出了套管构件的数值模型。内压杆、外套管、上（下）夹持装置和上（下）端板均使用 C3D8R 实体单元，网格尺寸均为 10 mm 左右，内压杆和外套管均沿径向划分为 2 层单元。数值模型使用的材料属性如表 7.2 所示。为考虑内压杆的几何初始缺陷，对内压杆进行线弹性屈曲分析，在进行套管构件静力分析时，引入内压杆的一阶屈曲模态作为内压杆的初始缺陷，内压杆的初始缺陷幅值为 $L_c/1\,000$，未考虑外套管的初始缺陷。

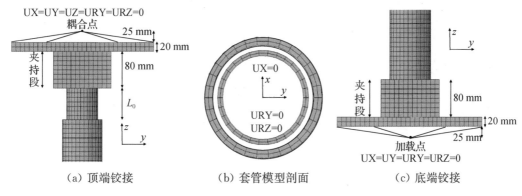

　（a）顶端铰接　　　　　（b）套管模型剖面　　　　　（c）底端铰接

图 7.9　套管试件的有限元模型

夹持装置与端板在试验加载过程中未产生相对滑动，建模时使用绑定约束(Tie)功能，将夹持装置与端板的接触面进行绑定约束。内压杆、外套管和端板(夹持装置)之间通过接触传递压力，使用通用接触(Contact)功能，接触面间的法向(Normal)定义为硬接触，接触面间的切向(Tangential)定义为罚函数接触算法。

如图 7.9 所示，在套管试件加载装置刀铰的刀尖位置分别建立两个参考点，其与内压杆上、下端面的距离均为 45 mm，通过耦合(Coupling)功能，将上、下参考点分别与上、下端板端面的 6 个自由度进行耦合。对于套管试件下端的加载点，约束沿 X、Y 轴的平动自由度以及绕 Y、Z 轴的转动自由度($UX=UY=URY=URZ=0$)；对于套管试件上端的耦合点，约束沿 X、Y、Z 轴的平动自由度以及绕 Y、Z 轴的转动自由度($UX=UY=UZ=URY=URZ=0$)。

根据外套管的受力特性，约束外套管跨中截面沿 X 轴的平动自由度以及绕 Y、Z 轴的转动自由度($UX=URY=URZ=0$)。通过在试件下端加载点施加位移荷载对套管试件进行轴向加载，采用自动增量步进行非线性数值分析。

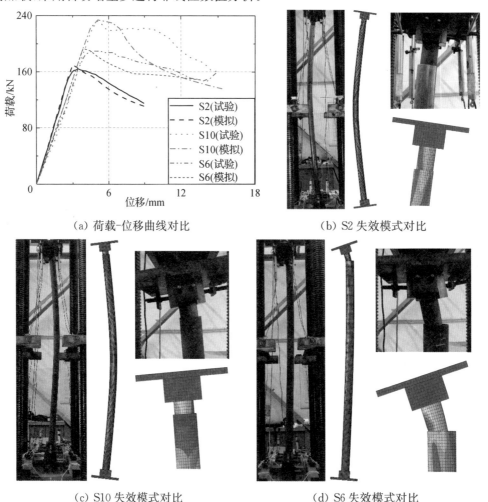

(a) 荷载-位移曲线对比　　　　(b) S2 失效模式对比

(c) S10 失效模式对比　　　　(d) S6 失效模式对比

图 7.10　试验-有限元模拟结果对比

如图 7.10(a)所示，给出了典型试件的荷载-位移曲线对比图。试件 S2 数值模拟的荷载-位移曲线与试验结果差异不大;试件 S10 和 S6 数值模拟的极限承载力与试验结果差异不大,荷载下降阶段曲线略低于试验结果。

如图 7.10(b)～(d)所示,给出了典型试件的失效模式对比图。试件 S2 外套管跨中截面边缘纤维进入塑性,试件发生整体屈曲破坏;试件 S10 外套管跨中截面边缘纤维进入塑性,试件发生整体屈曲破坏,同时,内压杆外伸段与外套管接触截面边缘纤维进入塑性,试件发生端部屈曲破坏,最终发生耦合屈曲破坏;试件 S6 内压杆外伸段与外套管接触截面边缘纤维进入塑性,试件发生端部屈曲破坏。

7.2　装配式套管构件

7.2.1　装配式套管及试验方案

在无缝套管构件基础上,为便于空间网架压杆加固,可采用拼装外套管形式,如图 7.11 所示。将无缝圆管切割成两个半圆形板,在半圆形板两侧边焊接带有螺栓孔的耳板[图 7.11(a)],将空间结构的压杆置入半圆形板内,通过高强螺栓锚固耳板组成拼装外套管,外套管与压杆一起形成了套管构件[图 7.11(b)]。考虑到工程中的待加固压杆倾斜,拼装外套管通常会紧靠下端,在另一端形成压杆的无约束段。采用拼装外套管加固空间结构压杆具有如下特点:

(1)无须直接对待加固压杆进行改造,避免了焊接残余应力对待加固压杆应力状态的影响。

(2)拼装外套管通过高强螺栓连接,方便了施工,避免了高空焊接等对加固质量的不利影响。

(3)正常使用状态下压杆的力学性能未发生改变,无须对结构正常使用极限状态下的安全进行复核。

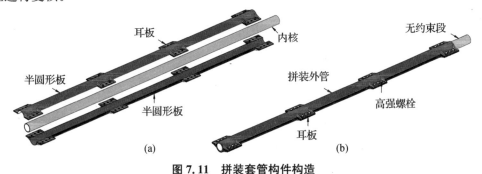

图 7.11　拼装套管构件构造

装配式套管构件的内核杆与无缝套管构件相同,由外径 70 mm、壁厚 4 mm 的 20 号无缝钢管加工而成,总长为 2 660 mm,分为加固段和夹持段。试件的内核压管夹持段主要用于与加载装置连接,待加固段总长为 2 500 mm。详见图 7.1 所示。装配式外套管的构造示意图见图 7.12 所示。首先将外径为 D、壁厚为 T 的 20 号无缝钢管切割成两个半圆形板,在半圆形板两侧边焊接带有螺栓孔的耳板,随后通过 M10 的高强螺栓锚固形成拼装外套管。如图 7.12 所示,拼装外套管总长为 L,耳板长为 150 mm,耳板之间的净间距为 L_a。

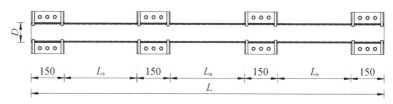

图 7.12　螺栓拼装外管

如图 7.13 所示,将内核管置入拼装外套管内,形成对内核管待加固段的新约束,即拼装外套管与内核管待加固段组成套管构件。如图 7.13(a)所示,因为外套管常小于内核管待加固段的长度,所以新的套管构件包括夹持段、约束段和无约束段。其中,约束段与拼装外套管等长,为 L;无约束段的长 L_o 为待加固段减去拼装外套管的长度 L;内核管与外套管间隙 g 的设计值为 2.5 mm,为拼装外套管内径与内核管外径差值的一半。

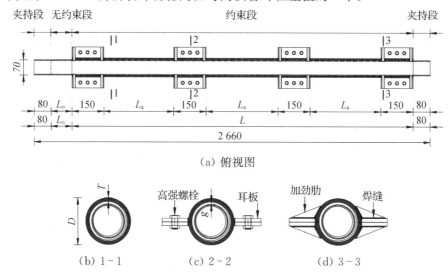

(a)　俯视图

(b)　1－1　　　　(c)　2－2　　　　(d)　3－3

图 7.13　装配式套管构件构造

表7.3 给出了8根试件的实测尺寸,其中试件 A1* 仅有内核管,其余为套管试件。试件 A1* 的实测尺寸为所有试件的内核管实测尺寸的平均值。与无缝套管构件类似,同样按照外套管设计尺寸对装配式套管构件命名。譬如试件 A2400g2.5T4 表示该试件的装配式外套管长度 L 和厚度 T 分别为 2 400 mm 和 4 mm,内压杆与外套管之间的间隙值 g 为 2.5 mm。试件 A2400g2.5T6# 名称中上标# 表示套管构件屈曲方向沿外套管组装平面。各试件的安装加载方式见图 7.2 所示,除试件 A2400g2.5T6# 外的其他试件外套管耳板位于构件屈曲平面内。此外,装配式套管构件钢管原材与无缝套管构件相同,材性参数详见表 7.2 所示。

表 7.3　装配式套管试件实测尺寸　　　　　　　　　单位:mm

编号	试件	L	L_a	R	T	L_o	g
A1*	—	2 660.56		69.88	4.30		
A2	A2400g2.5T4	2 399.93	599.98	82.54	4.54	101.57	1.79
A3	A2400g2.5T6	2 401.60	600.53	88.60	6.28	98.10	3.08

编号	试件	L	L_a	R	T	L_o	g
A4	A2400g2.5T6#	2 400.50	600.17	88.57	6.15	100.17	3.20
A5	A2450g2.5T6	2 454.00	618.00	88.68	6.27	46.67	3.13
A6	A2475g2.5T6	2 475.33	625.11	88.68	6.19	25.17	3.21
A7	A2425g2.5T10	2 425.88	608.63	95.74	11.02	74.45	1.91
A8	A2450g2.5T10	2 451.17	617.06	95.50	10.77	49.43	2.04

注:L 表示外套管的长度;L_a 表示外套管耳板净间距;L_o 表示内核管无约束段的长度;R 和 T 分别表示外套管的外径和壁厚;g 表示内核管与外套管的间隙。

7.2.2　试件承载能力

图 7.14 给出了试件的轴向荷载-轴向变形曲线,并分别标识了曲线的三个特征点:屈服荷载点 P_y(在 7.2.4.1 节讨论)、峰值荷载点 P_{max} 及承载力下降至 $0.85P_{max}$ 点。其中,x 轴表示轴向变形 Δ,为位移计测得试件的轴向变形;y 轴表示试件所承受的轴向荷载 P,由压力传感器测得。图 7.15 同时给出了试件轴向荷载-跨中挠度的曲线。其中,x 轴表示试件在失稳平面内的跨中挠度 ν。

由图 7.14(a)可知,内核管经拼装套管加固后形成试件 A2,承载能力和变形能力得到了较大的提升。由图 7.14(b)可知,当试件 A3 和 A4 的外套管组装平面不一致时,两个试件的轴向荷载-轴向变形曲线、峰值荷载 P_{max} 均差异较小。由图 7.14(c)和(d)可知,试件 A6 和 A8 的内核管无约束段相对较短,其峰值荷载 P_{max} 越大。

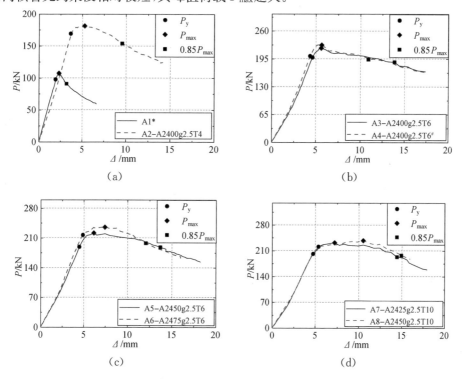

图 7.14　轴向荷载-轴向变形曲线

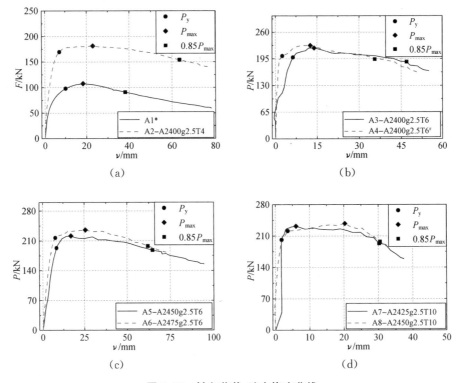

图 7.15　轴向荷载-跨中挠度曲线

　　由图 7.15(a)可知,内核管经拼装外套管加固后,承载力下降至 $0.85P_{max}$ 时,套管试件 A2 跨中挠度远大于内核管试件。由图 7.15(b)可知,当拼装外套管组装平面安装方向不一致时,试件 A3 和 A4 峰值荷载 P_{max} 对应的跨中挠度差异较小。由图 7.15(c)和(d)可知,试件 A6 和 A8 的内核管无约束段相对较短,其峰值荷载 P_{max} 对应的跨中挠度越大。

7.2.3　试件失效变形模式

　　图 7.16 给出了所有试件加载结束后的变形图,包括试件的整体变形图和内核管无约束段局部变形图。由图 7.16 可知,试件 A1* 发生了整体弯曲变形。当外套管壁厚增加时,试件 A2 和 A3 分别发生了整体弯曲变形和内核管无约束段局部弯曲变形。当拼装外套管组装平面安装方向不同时,试件 A4 和 A5 均发生了内核管无约束段局部弯曲变形。对比试件 A5 和 A6 可知,试件 A6 发生了整体弯曲变形,当内核管无约束段长度增大时,试件 A5 发生了较为明显的整体弯曲变形,同时内核管无约束段也发生了轻微的局部弯曲变形。对比试件 A7 和 A8,当内核管无约束段长度减小时,均发生了内核管无约束段局部弯曲变形。

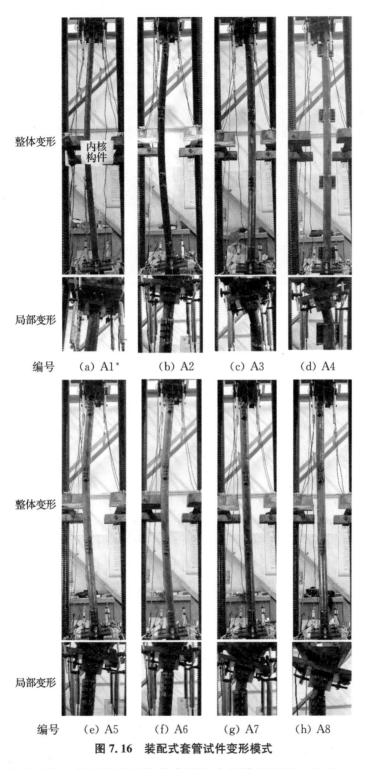

整体变形

内核
构件

局部变形

编号　　（a）A1*　　　（b）A2　　　（c）A3　　　（d）A4

整体变形

局部变形

编号　　（e）A5　　　　（f）A6　　　　（g）A7　　　　（h）A8

图 7.16　装配式套管试件变形模式

　　图 7.17 给出了试件卸载后拆除拼装外套管的内核管变形图。由图 7.17 可知，内核管
的主要变形为整体屈曲和无约束段局部弯曲。试件 A2 的内核管发生了整体屈曲变形，当外
套管壁厚增加后，试件 A3 的内核管发生了无约束段局部弯曲变形。虽然拼装外套管组装平
面安装方向不同，但是试件 A3 和 A4 的内核管都发生了无约束段局部弯曲变形。试件 A6

的内核管发生了明显的整体屈曲变形,当内核管无约束段长度增加时,试件 A5 的内核管发生了较为明显的整体屈曲变形,同时其无约束段也发生了轻微的局部弯曲变形,进一步分析见 7.2.4 节。而对比试件 A7 和 A8 的内核管,虽然无约束段长度减小,但是由于拼装外套管壁厚较大,所以它们都发生了无约束段局部弯曲变形。

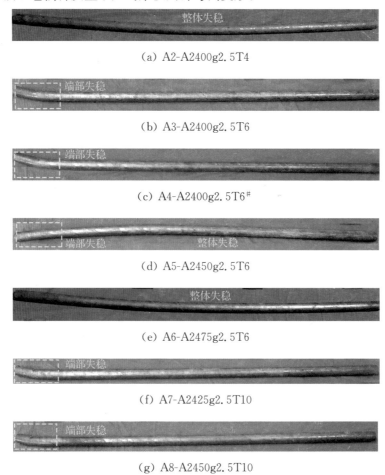

（a）A2-A2400g2.5T4

（b）A3-A2400g2.5T6

（c）A4-A2400g2.5T6#

（d）A5-A2450g2.5T6

（e）A6-A2475g2.5T6

（f）A7-A2425g2.5T10

（g）A8-A2450g2.5T10

图 7.17　试件卸载后拆除拼装外套管的内核管变形

7.2.4　试件延性和失效过程

7.2.4.1　试件屈服点和延性

"屈服点"是结构研究和设计中关键性能点之一。文献[5]提出了一种定义屈服点的简化方法,即曲线上距离原点和峰值点连线的最远点为屈服点。如图 7.18 所示,原点和峰值点连线的平行线与曲线的切点为屈服点。

延性反映结构屈服后至极限状态的变形能力。定义延性系数 u[6] 为

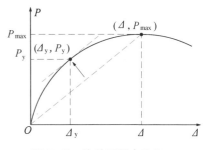

图 7.18　构件屈服点定义

$$u = \frac{\Delta_f}{\Delta_y} \tag{7.3}$$

式中,Δ_y 和 Δ_f 分别为试件屈服和试件荷载下降到 85%P_{max} 的轴向变形。

表 7.4 给出了试件屈服和极限状态的荷载和变形。由表 7.4 可知,内核管经拼装外套管加固后,试件的屈服荷载 P_y 提高了 72.9%~125.8%,峰值荷载 P_{max} 提高了 68.6%~121.2%;但是 P_y 与 P_{max} 的比值约为 0.85~0.95,即两者的差异较小,表明屈服后不久就到达极限状态;试件屈服荷载 P_y 和峰值荷载 P_{max} 分别对应的轴向变形 Δ_y 和 Δ 也明显增加。内核管试件 A1* 的延性系数 u 为 1.65,加固后的套管试件延性系数 u 为 2.47~3.07 之间,拼装外套管加固压杆后延性系数提高了 49.7%~86.1%。由此可知,内核管经装配式外套管加固后,试件的承载力和延性均得到了显著改善。

表 7.4　试件屈服和极限状态的荷载和变形

编号	试件名称	轴向荷载/kN		轴向变形/mm			延性系数
		P_y	P_{max}	Δ_y	Δ	$\Delta_{0.85}$	u
A1*	—	97.98	107.54	1.93	2.33	3.19	1.65
A2	A2400g2.5T4	169.38	181.38	3.64	5.26	9.56	2.63
A3	A2400g2.5T6	198.46	220.23	4.61	5.60	13.84	3.00
A4	A2400g2.5T6#	201.85	227.38	4.33	5.65	10.91	2.52
A5	A2450g2.5T6	189.23	222.00	4.46	5.30	13.71	3.07
A6	A2475g2.5T6	217.23	235.54	4.88	7.43	12.05	2.47
A7	A2425g2.5T10	201.69	232.00	4.74	7.18	14.41	3.04
A8	A2450g2.5T10	221.23	237.85	5.36	10.52	14.92	2.78

备注:Δ 为试件峰值荷载 P_{max} 对应的轴向变形;Δ_y 为试件屈服荷载 P_y 对应的轴向变形;$\Delta_{0.85}$ 为试件 0.85P_{max} 对应的轴向变形;u 为延性系数,等于 $\Delta_{0.85}$ 与 Δ_y 的比值。

7.2.4.2　试件的失效过程

结合 7.1 节无缝套管构件轴压试验以及上述装配式套管构件试验结果,根据试件失效时的构件变形特征,将套管构件的失效模式分为三类:整体失稳、端部失稳,以及两者的耦合失稳。无缝套管构件与装配式套管构件的变形模式分析结果均表明,试件的失稳会引起加载装置端板的转动,不同的失效模式会引起不同的端板转动模式。本小节基于试验测得的端板转角数据开展进一步分析。

图 7.19 给出了试件加载过程中上、下端板的转角变化图。其中,横坐标为试件加载过程中承受的轴向荷载 P 与峰值荷载 P_{max} 的比值,当试件承受的轴向荷载为 P_{max} 时,横坐标数值为 1;纵坐标为试件加载过程中对应的上、下端板转角。以图 7.19(a)为例,A1*-α 表示试件 A1* 在加载过程中上端板的转角为 α,A1*-β 表示试件 A1* 在加载过程中下端板的转角为 β。

由图 7.19 可知,所有试件在达到峰值荷载前,随着轴向荷载的增加,上、下端板的转角较小且差异不大,当轴向荷载达到峰值荷载后,上、下端板的转角逐渐增加,且部分试件的上、下端板的转角增加幅度差异较大,具体有:

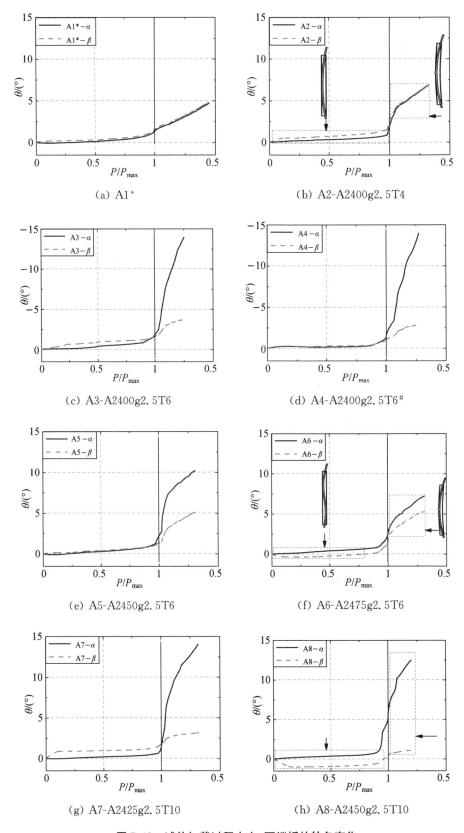

图 7.19　试件加载过程中上、下端板的转角变化

（1）试件 A1*、A2 和 A6 均发生了明显的整体弯曲变形。试件 A1* 和 A2 的上端板的转角 α 为正值（绕顺时针旋转），下端板的转角 β 为正值（绕逆时针旋转），上、下端板的转动方向相反，此时试件呈现 C 形；试件 A6 加载初期，上端板的转角 α 为正值（绕顺时针旋转），下端板的转角 β 为负值（绕顺时针旋转），上、下端板的转动方向相同，此时试件呈现 S 形，随着荷载增加，下端板的转角 β 为正值（绕逆时针旋转）。轴向荷载达到峰值荷载 P_{max} 后，上、下端板的转角 α 和 β 均急剧增加，且转角增加幅度基本一致。也就是说，上、下端部转角差异较小是试件发生整体弯曲失稳的显著特征。

（2）试件 A3、A4、A7 和 A8 均发生了明显的内核管无约束段局部失稳变形。轴向荷载达到峰值荷载 P_{max} 后，上、下端板的转角 α 和 β 均急剧增加，但是上端板转角增加幅度远大于下端板。也就是说，上、下端部转角差异较大是试件发生端部失稳的显著特征。需要说明的是，试件 A3 和 A4 的上、下端板的转角 α 和 β 都为负值，主要原因是这两个试件失稳的方向与其余试件相反，如图 7.19(c) 和 (d) 所示；而试件 A8 加载初期也呈现 S 形的弯曲变形。

（3）加载初期，试件 A5 上、下端板的转角 α 和 β 同步增大；轴向荷载达到峰值荷载 P_{max} 后，上、下端板的转角 α 和 β 均急剧增加，但上端板转角增加幅度明显大于下端板，具有试件发生端部失稳的特征。试件加载结束后，具有明显的整体弯曲变形，如图 7.19(e) 所示。因此，本研究认为试件 A5 同时发生了整体失稳和内核管无约束段端部失稳的耦合失稳。

由上述分析可知，当失效时构件两端转角存在较大差异，表明构件的弯曲变形主要集中在内核上部外伸段，试件发生了外伸段失稳。定义参数 r 为试件承载力下降至 $0.85P_{max}$ 时，上端板转角 α 与下端板转角 β 的比值，可表示为：

$$r = \frac{\alpha}{\beta} \tag{7.4}$$

表 7.5 汇总了各试件失效，即承载力为 $0.85P_{max}$ 时，端板转角及其对应的失效模式。试件发生整体弯曲变形，其 $r < 1.35$；试件发生内核管无约束段局部失稳，其 $r > 3.10$。试件 A5-A2450G2.5T6 的 r 为 2.18，介于两者之间，可认为其发生了耦合失稳。

表 7.5　试件的端板转角及失效模式

试件号	试件名称	$\alpha/(°)$	$\beta/(°)$	r	失效模式
A1*	—	2.52	2.68	0.94	G
A2	A2400G2.5T4	5.20	5.32	0.98	G
A3	A2400G2.5T6	10.47	3.38	3.10	L
A4	A2400G2.5T6♯	9.52	2.47	3.85	L
A5	A2450G2.5T6	8.43	3.87	2.18	C
A6	A2475G2.5T6	5.65	4.20	1.35	G
A7	A2425G2.5T10	10.70	2.89	3.70	L
A8	A2450G2.5T10	11.73	1.02	11.50	L

注：α 和 β 分别为试件失效时的顶端与底端转角；G、L 和 C 分别表示整体失稳、端部失稳和耦合失稳失效模式。

7.2.5 构件关键参数分析

7.2.5.1 外套管壁厚的影响

图 7.20 对比了外套管壁厚 T 对试件性能的影响。试件 A2 和 A3 的外套管壁厚 T 分别为 4 mm 和 6 mm。由图 7.20 和表 7.4 可知,试件 A2 和 A3 的峰值荷载 P_{max} 分别为 181.38 kN 和 220.23 kN,相对于试件 A1*,分别提高了 68.6% 和 104.8%。表明随着 T 的增加,外套管抗弯刚度增加,试件的峰值荷载显著增加。此外,试件 A2 和 A3 的失效模式分别为整体失稳和端部失稳,表明随着 T 的增加,外套管抗弯刚度增加,试件的整体失稳被抑制,转变为内核管的无约束段端部失稳。

由此可知,外套管壁厚对试件的峰值荷载有较大影响,在拼装外套管加固压杆的应用中,可适当增加外套管的壁厚,提升构件的峰值荷载。

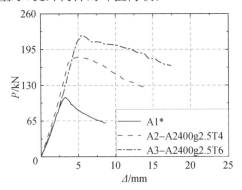

图 7.20　拼装套管壁厚 T 的影响

7.2.5.2 内核管无约束段长度的影响

图 7.21 对比了内核管无约束段长度 L_o 对试件性能的影响。试件 A3、A5 和 A6 的 L_o 分别为 100 mm、50 mm 和 25 mm,而试件 A7 和 A8 的 L_o 分别为 75 mm 和 50 mm。

由图 7.21(a) 和表 7.4 可知,试件 A3、A5 和 A6 的峰值荷载 P_m 分别为 220.23 kN、222 kN 和 235.54 kN,相对于试件 A1*,套管加固后试件的 P_{max} 分别提高了 104.8%、106.4% 和 119%,套管加固效果明显;随着 L_o 的减小,试件的 P_{max} 略有提升,表明减小内核管无约束段长度能够进一步提升套管加固效果。此外,随着 L_o 的减小,试件 A3、A5 和 A6 的失效模式分别为端部失稳、耦合失稳和整体失稳,表明 L_o 对端部失稳有着显著影响,当 L_o 足够小时,端部失稳被限定,整体失稳成为套管试件可能的失效模式。

由图 7.21(b) 和表 7.4 可知,A7 和 A8 的峰值荷载 P_{max} 分别为 232 kN 和 237.8 kN,相对于试件 A1*,分别提高了 115.7% 和 121.2%。随着 L_o 的减小,试件的 P_{max} 略有提升,与图 7.21(a) 的规律相同。试件 A7 和 A8 的失效模式均为端部失稳,表明虽然 L_o 减小,但是拼装外套管壁厚较大,套管试件的整体抗弯刚度大,只发生了端部失稳。

由此可知,随着内核管无约束段长度 L_o 的增大,试件的峰值荷载 P_{max} 略有下降,但是越易发生端部失稳,对试件的失效模式影响较大。因此,在装配式外套管加固压杆的工程应用中,需要重点关注内核管无约束段长度对试件失效模式的影响,尽量避免由于无约束段长度 L_o 过大导致的试件端部失稳。

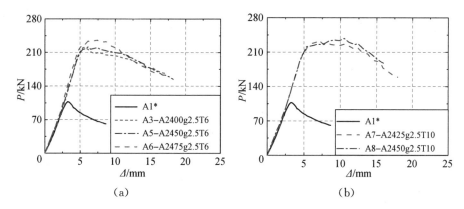

图 7.21　内核管无约束段长度的影响

7.2.5.3　外套管安装方向的影响

图 7.22 给出了外套管组装平面安装方向不同对试件性能的影响。试件 A3 屈曲方向为垂直于外套管的组装平面,试件 A4 屈曲方向为沿外套管的组装平面。试件 A3 和 A4 的极限承载力 P_{max} 分别为 220.23 kN 和 227.38 kN,差异较小,且两个试件的失效模式均为端部失稳。由此可知,外套管组装平面安装方向不一致对试件的 P_{max} 影响较小,在工程应用中,外套管组装平面安装方向不影响加固效果,显然方便了施工。

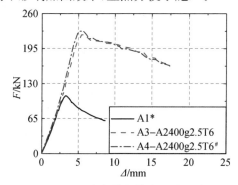

图 7.22　外套管安装方向的影响

7.3　本章小结

基于屈曲约束理念,利用套管加固空间结构压杆,可增加构件的极限承载能力和延性。在此基础上,研究了一种外管与内核之间无连接的无缝套管构件[2]和装配式套管构件[3],并通过轴压试验验证了套管构件的工作机制,主要结论如下:

(1) 通过套管试件轴压试验,得到加固后无缝套管试件和装配式套管试件的极限承载力最大分别提高了 147% 和 68.6%,加固效果显著。对比试验表明外套管壁厚越大,内压杆外伸段越短,承载力越高;内压杆与外套管间隙越大,承载力略有下降。相对于未加固的压杆,拼装外套管加固压杆后延性系数提高了 49.7% 以上,加固后试件能提供更大的屈服后轴向变形能力。

(2) 套管构件的破坏模式可以分为三类:构件整体失稳、内核管无约束段端部失稳和两种失稳状态均发生的耦合失稳。外套管壁厚越薄,越易发生整体失稳,而内核管无约束段越长,越容易发生端部失稳,间隙对失稳形态影响不明显。

参考文献

[1] Erling M S. Alternate path analysis of space trusses for progressive collapse[J]. Journal of Structural Engineering,1988,114(9):1978－1999.

[2] 曾滨,许庆,陈映,等. 空间结构压杆的套管加固失效模式试验研究[J]. 工程力学,2022,39(11):212－221.

[3] Chen Y,Wang C L,Wang C,et al. Experimental study and performance evaluation of compression members in space structures strengthened with assembled outer sleeves[J]. Thin-Walled Structures,2022,173:108999.

[4] 张涌泉. 双相型不锈钢轴心受压构件承载力试验研究与理论分析[D]. 南京:东南大学,2016.

[5] Feng P,Cheng S,Bai Y,et al. Mechanical behavior of concrete-filled square steel tube with FRP-confined concrete core subjected to axial compression[J]. Composite Structures,2015,123:312－324.

[6] Han L H,Huang H,Tao Z,et al. Concrete-filled double skin steel tubular (CFDST) beam-columns subjected to cyclic bending[J]. Engineering Structures,2006,28(12):1698－1714.

8 套管构件设计方法

采用套管加固可以有效提高受压杆件的承载和变形能力。其中,压杆作为内核承受轴向荷载,外套管约束内核屈曲变形,二者组成套管构件。通常内核一端外伸以提供轴向变形余量,但不受约束的内核外伸段可能受压屈曲,导致套管构件发生端部屈曲失效[1]。此外,外管抗弯刚度不足则可能导致构件整体发生受压屈曲,形成整体失稳破坏模式[2]。为促进套管加固在工程中的应用,实现有效提高受压杆件承载能力和屈曲后行为,必须通过合理设计以避免构件过早破坏。本章采用理论与有限元相结合的方式,剖析了以上两种典型破坏模式,并给出了相应的设计方法[1-2]。

8.1 端部稳定分析

8.1.1 端部稳定理论解析

8.1.1.1 套管构件弯曲变形

图 8.1(a)给出了上述套管加固构件的构造示意图以及各尺寸参数的命名。构件包含外套管和内核管两部分。内核管为圆形钢管,截面外径和壁厚分别记为 d_c 和 t_c。外套管由两片半圆形管片通过摩擦型高强螺栓连接形成。忽略摩擦型连接的微小变形,两片半圆形管片能够实现完全组合作用[3],则组合截面的抗弯刚度与同尺寸的无缝圆管抗弯刚度相同,其外径和壁厚分别记为 d_{ca} 和 t_{ca}。将内管置入外套管后,二者之间存在间隙,间隙宽度 $g = 0.5(d_{ca} - d_c) - t_{ca}$。此外,内核长度 l_c 比外套管长度 l_{ca} 更长,在内核一端留有一部分无约束区域,从而实现仅内核管承受轴压荷载,而外管约束内核管的屈曲变形。内核的受约束长度与外管长度均为 l_{ca},内核外伸段长度记为 l_o。

图 8.1(b)分析了轴向荷载 P 作用下套管构件内核和外套筒的变形示意图。构件的内核两端视为铰接[4]。考虑到管材往往存在初始弯曲,仅承受轴向荷载作用时由于 P-Δ 效应仍会发生弯曲变形。当内核初弯曲满足一阶屈曲模态时,跨中位置处挠度最大,其跨中挠度为[5]:

$$\nu_c = \frac{e_c}{1 - P/P_c} \tag{8.1}$$

式中,$e_c = 0.001 l_c$,表示内核初弯曲挠度幅值;$P_c = \pi^2 E_c I_c / l_c^2$,表示内核两端铰接条件下的欧拉屈曲临界力。

随着荷载 P 的增大,内核弯曲变形逐渐加剧直至由式(8.1)计算得到的跨中挠度 $\nu_c \geqslant 2g$,内核与外管在两端和中部位置接触,如图 8.1(b)所示。内核受约束区域的侧向变形受

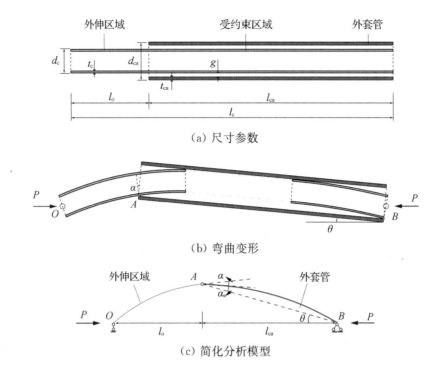

（a）尺寸参数

（b）弯曲变形

（c）简化分析模型

图 8.1 端部稳定分析模型

到约束,在各接触点位置,内核管与外套管的竖直方向位移满足变形协调。接触点 A 随着内核外伸段的弯曲变形发生上移,则外套管绕点 B 出现刚体转动,转角记为 θ。认为内核与外管在点 A 处保持点接触,则二者转动变形量不等,记点 A 处内管与外管横截面之间的夹角为 α。

根据上述分析,建立了如图 8.1(c)所示的分析模型。其中,套管构件被简化为在 A 点处转动变形不连续的杆件 OB。其中曲线 OA 和 AB 分别表示内核外伸段以及外套管的挠曲线,OA 和 AB 在 A 点处的切线夹角为 α。图中虚直线 AB 与水平线之间夹角为 θ,表示外管发生的刚体转动。曲线 AB 在 A 点处的切线与虚直线 AB 间的夹角记为 α_s,即外管弯曲变形导致的 A 点处截面转角。

8.1.1.2 端部失稳理论临界荷载

基于所提出的简化模型,本节首先分析内核外伸部分的抗弯强度需求。图 8.2(a)给出了内核外伸段的静力平衡,并可以建立如下微分方程:

$$E_c I_c y'' + P y = 0 \tag{8.2}$$

式中,$E_c I_c$ 表示内核截面的抗弯刚度。该微分方程的通解为:

$$y = C_1 \sin kx + C_2 \cos kx \tag{8.3}$$

式中,$k = \sqrt{\dfrac{P}{E_c I_c}}$,$C_1$ 和 C_2 为未知常数,可以通过式(8.4)给出的边界条件求解得到:

$$\begin{cases} y''(0) = 0 \\ y(l_o) - y(0) = l_{ca} \tan\theta \\ y'(l_o) = \tan(\alpha + \alpha_s - \theta) \end{cases} \tag{8.4}$$

式中的 3 个等式分别表述了点 O 处弯矩值为 0,外管刚体转动 θ 产生的点 A 平动位移,以及

点 A 处的挠曲线斜率。将式(8.3)代入式(8.4)可以求解得到内核外伸段的挠曲线方程为：

$$y = \frac{\alpha + \alpha_s}{\frac{1}{l_{ca}} + \frac{k}{\tan k l_o}} \cdot \frac{\sin kx}{\sin k l_o} \tag{8.5}$$

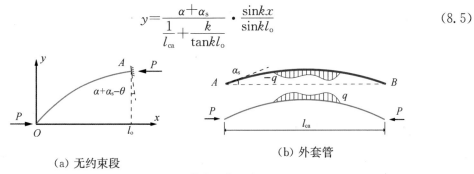

(a) 无约束段　　　　　　　(b) 外套管

图 8.2　静力平衡示意图

从式(8.5)可知，内核外伸段在点 A 处所受弯矩最大，弯矩值为轴力 P 与挠度值 y 的乘积。端部弯矩 M_e 可以通过下式计算：

$$M_e = Py(l_o) = \frac{P(\alpha + \alpha_s)}{\frac{1}{l_{ca}} + \frac{k}{\tan k l_o}} \tag{8.6}$$

内核外伸段由于不受外套管约束，加载过程中应当始终保持弹性。以边缘纤维屈曲准则作为套管构件达到端部弯曲临界状态，则构件的端部失稳临界荷载 P_{max} 可以通过下式计算：

$$P_{max} + M_e \frac{A_c d_c}{2 I_c} = N_y \tag{8.7}$$

式中，$N_y = \sigma_y A_c$，表示内核屈服荷载，A_c 为内核横截面积。将式(8.6)代入式(8.7)并重新组织，得到 P_{max} 为：

$$P_{max} = \frac{N_y}{1 + \frac{A_c d_c}{2 I_c} \cdot \frac{\alpha + \alpha_s}{1/l_{ca} + k/\tan(k l_o)}} \tag{8.8}$$

值得注意的是，$k l_o$ 描述了轴向荷载 P_{max} 与内核外伸段欧拉屈曲临界力($\pi^2 E_c I_c/l_o^2$)之间的关系，如下式所示：

$$k l_o = \pi \sqrt{\frac{P_{max}}{\pi^2 E_c I_c/l_o^2}} \tag{8.9}$$

由于内核外伸部分通常为短粗压杆，计算得到的弹性欧拉屈曲临界力($\pi^2 E_c I_c/l_o^2$)远大于轴向荷载 P_{max}，因此 $k l_o$ 为小量，进而式(8.8)可以简化为：

$$P_{max} = \frac{N_y}{1 + \frac{A_c d_c}{2 I_c} \rho l_{ca}(\alpha + \alpha_s)} \tag{8.10}$$

式中，$\rho = l_o/(l_o + l_{ca})$，表示内核外伸比。可以看出，为确定端部失稳临界荷载 P_{max}，仍需要得到点 A 处外管截面弯曲转角 α_s 和内核截面相对于外管截面的转角 α，并且内核在 A 点处的转动变形量($\alpha + \alpha_s$)越大，其临界荷载 P_{max} 越低。

为了求解 α_s，采用屈曲约束支撑整体稳定理论的相关研究成果，在计算外套管的变形量时往往忽略端部弯矩 M_e 的影响[19-20]，分析模型如图 8.2(b)所示。内核在轴向荷载 P 作用下发生屈曲变形，外套管为其提供侧向约束，二者间的相互作用分布力记为 q，相互作用分布

力 q 使得外管发生弯曲变形。文献[5]给出了外管在最不利条件下的挠曲线方程,对其求导得到点 A 处外管截面转角 α_s:

$$\alpha_s \approx \tan(\alpha_s) = \frac{\pi}{l_{ca}} \cdot \frac{e_{ca} + 2gP/P_E}{1 - P/P_E} \tag{8.11}$$

式中,$P_E = \pi^2(E_c I_c + E_{ca} I_{ca})/l_{ca}^2$,$E_{ca} I_{ca}$ 为外套管的截面抗弯刚度,$e_{ca} = 0.001 l_{ca}$,表示外管的初弯曲挠度幅值。本研究认为对于采用摩擦型高强螺栓组装的装配式外套管,摩擦型连接的微小变形可以忽略,组合截面的抗弯刚度 $E_{ca} I_{ca}$ 与同尺寸的无缝圆管抗弯刚度相同[3],并且沿全长保持一致。

另一方面,关于 A 点处内核与外管间的相对转角 α,其取值与内核的屈曲模态相关。对于装配式套管构件,由于外套管壁厚通常较薄,构件发生端部弯曲失效时,内核为单波屈曲模态[6]。结合忽略端部弯矩 M_e 的假设以及文献[7]的理论分析,单波屈曲模态下内核管的端部相对转角 α 处于以下范围内:

$$\frac{2\pi g}{l_{ca}} \leqslant \alpha \leqslant \frac{16g}{l_{ca}} \tag{8.12}$$

联立式(8.10)~(8.12),可以得到套管构件承载力的理论上限 P_{max}^+ 以及理论下限 P_{max}^-:

$$P_{max}^+ = \frac{N_y}{1 + \rho \dfrac{A_c d_c}{2I_c} \cdot \dfrac{\pi e_{ca} + 2\pi g}{1 - P_{max}/P_E}}, \quad P_{max}^- = \frac{N_y}{1 + \rho \dfrac{A_c d_c}{2I_c} \cdot \dfrac{\pi e_{ca} + [16 - (16 - 2\pi)P_{max}/P_E]g}{1 - P_{max}/P_E}} \tag{8.13}$$

以上讨论内容通过理论分析给出了装配式套管构件端部弯曲临界荷载的上限 P_{max}^+ 以及下限 P_{max}^-,然而由于难以理论预测内核屈曲模态[8-9],需要结合有限元分析确定角度参数 α,从而给出极限承载力 P_{max} 的合理建议取值。

8.1.2 算例模拟与解析修正

8.1.2.1 关键参数与算例设计

为了更加深入地理解套管构件的抗压响应以及各参数对其失效模式的影响,本研究设计了 14 个套管构件算例进行了数值研究。根据式(8.13),套管构件外伸段稳定性主要与 4 组影响参数相关:① 内核圆管的截面属性($A_c d_c/I_c$);② 内核与外管间间隙宽度 g;③ 内核外伸比 $\rho = l_o/(l_o + l_{ca})$;④ 内核和外套管的整体屈曲临界力 P_E。其中,内核截面属性($A_c d_c/I_c$)这一参数主要是由端部弯曲临界准则[式(8.7)]决定的,其准确性将在 8.1.2.3 节验证。在确定模型参数时,主要考虑了其他 3 组影响参数。

表 8.1 给出了 14 个套管构件算例的命名和参数。模型均以"$La\rho bGc$"形式命名,其中 La 表示模型套管长度 l_{ca} 为 a mm,ρb 表示内核外伸比 $\rho = b\%$,Gc 表示内核与外管间的总间隙宽度 $2g = c$ mm。各尺寸参数的命名如图 8.1(a)所示。

表 8.1 算例参数

编号	算例	g/mm	t_{ca}/mm	l_{ca}/mm	ρ	l_o/mm
M1	L2400ρ4G5	2.5	4	2 400	0.04	100.00
M2	L2400ρ4G11	5.5	4	2 400	0.04	100.00

续表

编号	算例	g/mm	t_{ca}/mm	l_{ca}/mm	ρ	l_o/mm
M3	L2400ρ4G17	8.5	4	2 400	0.04	100.00
M4	L2400ρ4G20	10	4	2 400	0.04	100.00
M5	L2400ρ8G5	2.5	4	2 400	0.08	208.70
M6	L2400ρ12G5	2.5	4	2 400	0.12	327.27
M7	L2400ρ16G5	2.5	4	2 400	0.16	457.14
M8	L2400ρ8G11	5.5	4	2 400	0.08	208.70
M9	L2400ρ12G11	5.5	4	2 400	0.12	327.27
M10	L2400ρ16G11	5.5	4	2 400	0.16	457.14
M11	L1870ρ4G5$^+$	2.5	8	1 870	0.04	77.92
M12	L2400ρ4G5$^+$	2.5	8	2 400	0.04	100.00
M13	L2800ρ4G5$^+$	2.5	8	2 800	0.04	116.88
M14	L3500ρ4G5$^+$	2.5	8	3 500	0.04	146.04

上述 14 组模型的内核圆管截面尺寸相同,外径 $d_c=70$ mm,壁厚 $t_c=4$ mm。所有模型被分为 4 组:第 1 组包括模型 M1～M4,区别在于内核与外管间的间隙宽度 g 由 2.5 mm 逐渐增加至 10 mm;第 2 组(M1、M5～M7)和第 3 组(M2、M8～M10)则分别反映了间隙宽度 g 为 2.5 mm 和 5.5 mm 情况下内核外伸比 ρ 对套管抗压性能的影响;对于第 4 组(M11～M14),通过改变内核受约束长度 l_{ca},研究了内核和外套管的整体屈曲临界力 P_E 的影响。值得注意的是,为了避免套管构件发生整体屈曲,第 4 组模型的外套管壁厚 t_{ca} 均为 8 mm,并在模型名称中以上标$^+$进行区分。

8.1.2.2　数值模拟方法与校核

套管构件的内核和外套筒均采用 8 节点减缩积分单元模拟(Abaqus 中称为 C3D8R),圆管沿管壁厚度方向划分为两层,环向单元尺寸为 5 mm,纵向单元尺寸为 10 mm。以试件 L2400ρ4G5 的数值模型为例,模型包含约 85 000 个单元、150 000 个节点和 320 000 个自由度。

钢管材料的应力-应变关系采用文献[10]提出的本构模型,如下式所示:

$$\sigma=\begin{cases} E\varepsilon & \varepsilon\leqslant\varepsilon_y \\ \sigma_y & \varepsilon_y<\varepsilon\leqslant\varepsilon_{sh} \\ \sigma_y+(\sigma_u-\sigma_y)\left\{0.4\left(\dfrac{\varepsilon-\varepsilon_{sh}}{\varepsilon_u-\varepsilon_{sh}}\right)+2\left(\dfrac{\varepsilon-\varepsilon_{sh}}{\varepsilon_u-\varepsilon_{sh}}\right)\Big/\left[1+400\left(\dfrac{\varepsilon-\varepsilon_{sh}}{\varepsilon_u-\varepsilon_{sh}}\right)^5\right]^{1/5}\right\} & \varepsilon_{sh}<\varepsilon\leqslant\varepsilon_u \end{cases}$$

(8.14)

式中,σ_y 和 ε_y 分别表示屈服强度和屈服应变;σ_u 和 ε_u 分别表示极限应力和极限拉应变;ε_{sh} 表示应变强化段的起始应变。算例的材性参数取值如表 8.2 所示。

表 8.2　内核与外管材性参数[10]

钢材等级	E/MPa	f_y/MPa	f_u/MPa	ε_y/%	ε_{sh}/%	ε_u/%
S275	210 000	275	430	0.13	1.50	21.63

内管外表面和套筒内表面之间设置接触对。法向接触关系定义为"hard contact",允许在拉伸时分离界面,在受压时不穿透;切向接触关系定义为库仑摩擦,摩擦系数取 0.1[11-12]。在 Abaqus 中设置接触自稳定赋予临近面相对运动以额外阻尼,面面接触时的自稳定系数设置为 1×10^{-4},在提高收敛性的同时保证了结果的准确性[11]。

进行有限元模拟时,简化了套管构件的边界条件,假定为理想的铰接约束[13]。简化模型如图 8.3 所示。在内核管两端轴力作用点,即截面中心,设置参考点(RP1、RP2),参考点与内核管管口截面之间建立耦合约束,允许截面在 xoy 平面内绕参考点转动。在外套管底部截面中心也设置有参考点(RP3),参考点与边缘节点之间建立耦合约束,限制其 X 方向自由度。在轴向加载之前,首先对内核进行屈曲模态分析,并将其一阶屈曲模态调幅至内核长度的 1/1 000。然后将初弯曲引入有限元模型作

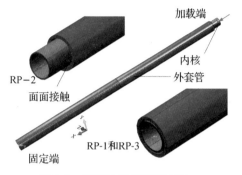

图 8.3　套管构件模型示意图

为内核的初始缺陷。最终,对参考点 RP2 进行轴向位移加载(X 轴方向),最大加载幅值为 $2.5\Delta_y$,$\Delta_y = l_c\varepsilon_{y,c}$ 为内核屈服位移,l_c 表示内核长度,$\varepsilon_{y,c}$ 为内核钢材屈服应变,确保套管构件已经达到极限承载力。

采用上述建模方法对文献[14]中的 2 组套管试件进行了模拟。其中内核和外管的材料属性按照试验实测值设置,内核两端参考点设置于轴力作用点。图 8.4 对比了试验和有限元模型的荷载-位移曲线。结果表明,采用上述模拟方法可以准确还原套管构件的抗压性能,二者的承载能力几乎一致,可以在此基础上进行进一步的研究分析。

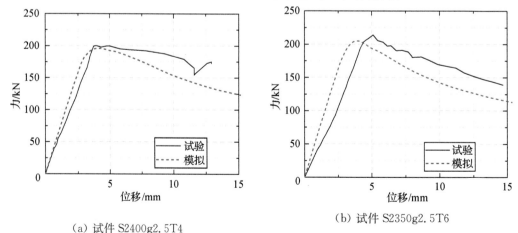

（a）试件 S2400g2.5T4　　　　　　（b）试件 S2350g2.5T6

图 8.4　有限元模型验证

8.1.2.3 关键参数影响规律

图 8.5 给出了所有算例的荷载-位移曲线。图中纵轴表示轴向荷载 P 与内核全截面屈服荷载 $N_y = A_c \sigma_{y,c}$ 的比值,横轴表示轴向变形 Δ 与内核屈服长度 $\Delta_y = l_c \varepsilon_{y,c}$ 的比值。各算例荷载位移曲线中使用"□"标识了内核出现屈服对应的点,使用"○"标识了模型达到极限承载力对应的点。可以看出三个选定参数均会影响套管构件的承载能力,其中内核与外管间的间隙宽度 g 和内核外伸比 ρ 的影响最为显著。保持 g 和 ρ 一定的情况下,改变内核受约束长度 l_{ca} 对套管构件外伸段稳定性的影响较小。

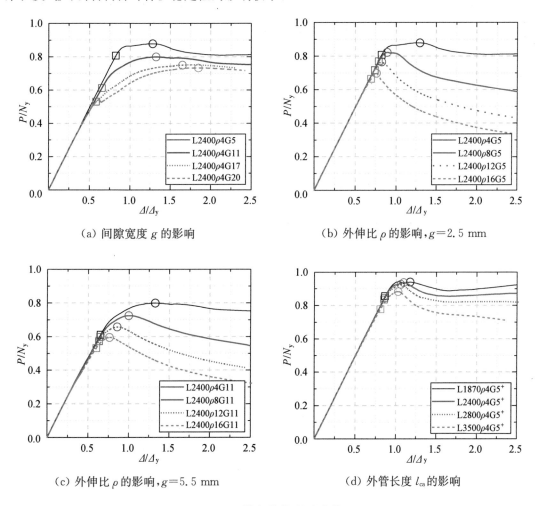

(a) 间隙宽度 g 的影响　　　　　(b) 外伸比 ρ 的影响,$g=2.5$ mm

(c) 外伸比 ρ 的影响,$g=5.5$ mm　　　(d) 外管长度 l_{ca} 的影响

图 8.5　轴向荷载-位移曲线

所有算例中套管构件均发生了端部弯曲破坏。图 8.6~图 8.8 以算例 L2400ρ4G11 和 L2400ρ8G11 为例,详细分析了套管构件承受轴压力作用直至端部弯曲过程中的变形模式与应力分布。如图 8.6 所示,在轴向荷载作用下,由于初弯曲内核发生压弯变形,在挠曲线跨中、凹侧位置处应力最大,钢材首先屈服。

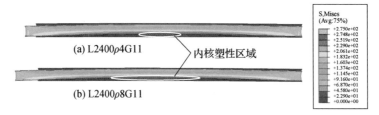

图 8.6　内核屈服对应的应力云图

图 8.7 给出了荷载达到峰值时模型的典型变形模式。当轴压荷载达到峰值时,模型内核和外管均存在较明显的弯曲变形。将沿构件纵向各位置处的内核弯曲挠度减去外管弯曲挠度,得到内核相对于外管的弯曲变形量,如图 8.7 中红色曲线所示。首先可以看出,2 组模型的内核均为单波屈曲变形,这与文献[6]的试验结果一致。此外,对于模型 L2400ρ4G11,其内核中部存在一段平直段,而模型 L2400ρ8G11 的内核屈曲模式则更接近欧拉屈曲,即正弦屈曲波形。由压杆屈曲后挠曲线可知,对于单波形式的屈曲波,当波高和波长相同时,通常中部平直段长度越大,内核端部转角越大[7]。例如,算例 L2400ρ4G11 和 L2400ρ8G11 的相对转角 α 分别为 0.027 4 和 0.023 2,前者为后者的 1.18 倍。

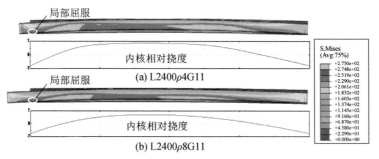

图 8.7　峰值荷载对应的应力云图

为了更清晰地展现套管构件端部失稳的失效过程,图 8.8 给出了 $\Delta=2.5\Delta_y$ 时模型的应变分布。对比图 8.7 和图 8.8 可以看出,在套管构件失效前,塑性区域主要集中在内核受约束部分。当内核外伸区域出现局部屈服时,套管构件达到端部弯曲临界情况,随着压缩变形量增大,构件的抗压强度逐渐减小。由于缺少外管约束,内核外伸段进入弹塑性状态后,弯曲变形快速增大,引起内核应力重分布:内核受约束部分的应力值降低,而内核外伸区域的应力值增大直至出现塑性铰。因此可以认为,套管构件的端部失稳是以内核外伸区域局部屈服开始的,8.1.1.2 节中采用边缘纤维屈服准则[式(8.7)]判断套管构件的端部弯曲是合理的。

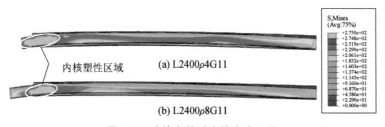

图 8.8　试件失效对应的应力云图

8.1.2.4　解析修正和算例评估

根据 8.1.1 节的理论分析,确定套管构件的端部弯曲临界荷载 P_{max} 需要合理预估内核端部的相对转角 α,并且端部弯曲临界荷载 P_{max} 随着相对转角 α 的增大而减小。图 8.9 给出了极限承载力作用下各模型内核受约束部分的端部相对于外管端部的转角 α。14 组数值算例结果均与理论推导结果保持一致,式(8.12)准确预测了内核相对转角 α 的上限与下限。由于模拟结果在理论预测范围内无规律分布,本研究建议采用相对转角 α 的理论平均值进行计算,即 $\alpha=(8+\pi)g/l_{ca}$,则端部弯曲临界荷载 P_{max} 为:

$$P_{max}=\frac{N_y}{1+\rho\dfrac{A_c D_c}{2I_c}\cdot\dfrac{\pi e_{ca}+[8+\pi-(8-\pi)P_{max}/P_E]g}{1-P_{max}/P_E}} \tag{8.15}$$

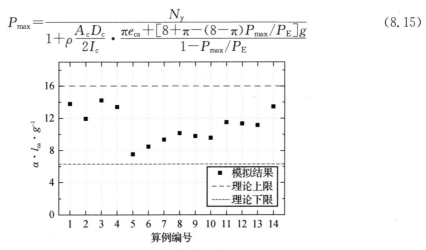

图 8.9　峰值荷载下内核端部的相对转角

图 8.10 对比了 14 组模型的理论以及模拟峰值承载力,其中 P_{max}^+ 和 P_{max}^- 分别表示式(8.13)得到的承载力上限和下限,P_{max} 表示建议采用的端部弯曲临界荷载计算值,F_{max} 表示模拟结果。对比结果表明,本研究建立的简化理论模型可以反映套管构件极限承载力的变化规律:内核与外管间间隙宽度 g、内核外伸段与内核总长的比值 ρ 以及内核受约束长度 l_{ca} 越大,构件承载能力越低,并且尺寸参数 g 和内核外伸比 ρ 的影响相对较大。此外,有限元模型得到的构件承载力基本处于理论模型计算得到的限值范围内。

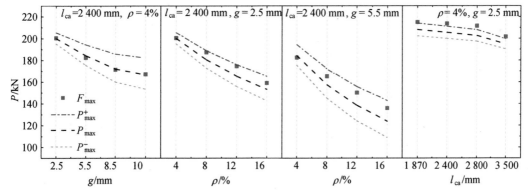

图 8.10　端部失稳套管构件的承载能力

表 8.3 汇总了有限元和理论模型计算结果。从中可以看出,采用式(8.15)可以准确估计套管构件的极限承载力,理论值与模拟结果的相对误差在 $1\%\sim9\%$ 之间。并且,随着内核

177

与外管间隙 g 以及内核外伸比 ρ 增大,理论计算结果逐渐偏于保守。

表 8.3　试验与理论结果对比

算例	F_{max}/kN	P_{max}^+/kN	P_{max}/kN	P_{max}^-/kN	P_{max}^+/F_{max}	P_{max}/F_{max}	P_{max}^-/F_{max}
L2400ρ4G5	200.30	205.28	200.10	195.14	1.02	1.00	0.97
L2400ρ4G11	182.22	194.28	184.36	175.30	1.07	1.01	0.96
L2400ρ4G17	171.35	185.75	171.98	159.96	1.08	1.00	0.93
L2400ρ4G20	167.11	182.03	166.59	153.40	1.09	1.00	0.92
L2400ρ8G5	187.26	188.84	180.53	172.80	1.01	0.96	0.92
L2400ρ12G5	174.43	175.91	165.43	155.94	1.01	0.95	0.89
L2400ρ16G5	159.05	165.25	153.19	142.52	1.04	0.96	0.90
L2400ρ8G11	165.08	172.11	157.44	144.83	1.04	0.95	0.88
L2400ρ12G11	149.98	155.66	138.32	124.09	1.04	0.92	0.83
L2400ρ16G11	135.69	142.68	123.75	108.83	1.05	0.91	0.80
L1870ρ4G5$^+$	214.97	214.00	208.00	202.02	1.00	0.97	0.94
L2400ρ4G5$^+$	213.53	211.11	205.34	199.87	0.99	0.96	0.94
L2800ρ4G5$^+$	211.46	208.02	202.52	197.29	0.98	0.96	0.93
L3500ρ4G5$^+$	201.39	199.52	194.83	190.30	0.99	0.97	0.94

8.1.3　端部弯曲临界力设计方法

根据已开展的系列无缝套管构件[14]和装配式套管构件[6]的轴压试验,本研究选择其中部分试件来验证所提出的内核管端部弯曲承载力计算方法的准确性,如表 8.4 所示。

表 8.4　所选试件的尺寸参数　　　　　　　　　　单位:mm

试件	l_c	d_c	t_c	l_{ca}	d_{ca}	t_{ca}	l_o	g
A1	2 660.56	69.88	4.30	—	—	—	—	—
S2400g2.5T4	2 661.00	69.71	4.16	2 397.60	83.56	4.32	225.40	2.61
S2400g8.5T4	2 661.07	70.00	4.42	2 399.13	94.80	4.31	226.93	8.09
S2400g2.5T6	2 660.07	69.83	4.28	2 398.67	89.02	6.36	226.40	3.24
S2350g2.5T6	2 661.53	69.91	4.38	2 350.07	89.42	6.52	276.47	3.23
A2400g2.5T6	2 659.70	69.74	4.30	2 401.60	88.60	6.28	223.10	3.08
A2400g2.5T6*	2 660.67	70.05	4.33	2 400.50	88.57	6.15	225.17	3.20

注:各尺寸参数命名如图 8.1 所示。

图 8.11~图 8.13 给出了各试件的轴向荷载-位移曲线以及失效模式。荷载-位移曲线的横轴表示试件的轴向压缩变形,纵轴表示试件所承受的轴向荷载。其中分别使用符号"○"和"+"标识了曲线的峰值承载力 F_{max} 点和承载力降低至 $0.85F_{max}$ 点。试验中认为承载力降低至 $0.85F_{max}$ 时构件失效[6],对应的轴向压缩变形为极限变形 Δ_f,用于衡量构件的变形

能力。试验结果表明,采用套管加固显著改善了杆件的受压性能,构件的抗压承载能力以及变形能力有明显提高,所有的套管试件最终均因外伸段屈曲而丧失承载能力。

图 8.11 对比了试件 S2400g2.5T4 和 S2400g8.5T4 的试验结果。二者的区别在于内核与外管间隙宽度。从图 8.11(b)和(c)可以看出,这两组试件变形模式基本相同,弯曲变形集中在内核的上部外伸区域。从图 8.11(a)所示的荷载-位移曲线可以发现,当间隙宽度 g 从 2.5 mm 增加至 8.5 mm,套管构件的变形能力基本保持不变,而峰值承载力 F_{max} 降低了约 6%。更重要的是,间隙宽度 g 增大后,相同轴向压缩变形下内核的弯曲变形更大[6],降低了峰值承载力 F_{max} 点对应的割线刚度。

图 8.12 对比了试件 S2400g2.5T6 和 S2350g2.5T6 的试验结果,研究了外伸段长度 l_o 对外伸段稳定性的影响。当内核外伸长度 l_o 由 225 mm 增加至 275 mm,套管构件的承载力 F_{max} 略有降低(由 227.69 kN 降低至 214.15 kN),而构件的变形能力 $\Delta_{0.85}$ 下降更加显著,由 11.55 mm 降低至 7.97 mm,降幅约为 31%。

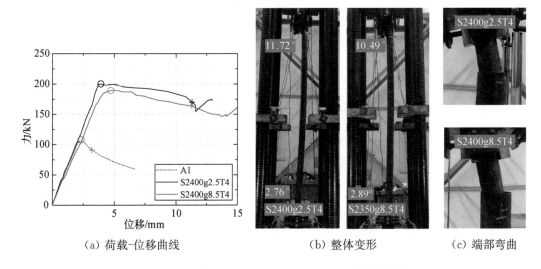

（a）荷载-位移曲线　　　　（b）整体变形　　　　（c）端部弯曲

图 8.11　试件 S2400g2.5T4 和 S2400g8.5T4 的试验结果

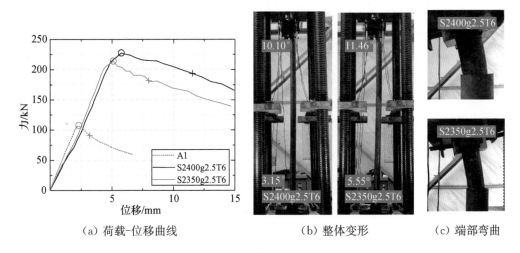

（a）荷载-位移曲线　　　　（b）整体变形　　　　（c）端部弯曲

图 8.12　试件 S2400g2.5T6 和 S2350g2.5T6 的试验结果

图 8.13(b)和(c)对比了装配式套管试件 A2400g2.5T6 和 A2400g2.5T6* 的失效模式。试件 A2400g2.5T6 的外套管耳板垂直位于试件整体弯曲平面，而试件 A2400g2.5T6* 的外套管耳板则位于弯曲平面内。因而，前者外套管所受弯矩绕外套管截面弱轴，后者外套管所受弯矩绕截面强轴。这使得 2 个试件的弯曲变形幅度存在较小差异：在构件失效时，装配式套管试件 A2400g2.5T6 的端部转动变形相对较大。进一步的，图 8.13(a)对比了 2 个装配式套管试件和无缝套管试件的荷载-位移曲线，三者设计尺寸相同。对比结果表明，装配式套管试件和无缝套管试件的抗压性能非常接近，承载能力几乎一致，相对误差小于 4%，变形能力 Δ_f 存在较小差异。因此可以认为在进行套管构件的局部稳定分析时，摩擦型连接的装配式套管与无缝套管性能基本一致，进而，本研究基于无缝套管构件提出的内核外伸段稳定设计方法也适用于装配式套管构件。

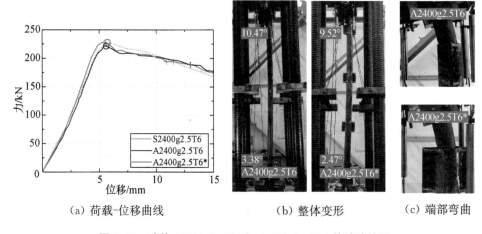

(a) 荷载-位移曲线　　　(b) 整体变形　　　(c) 端部弯曲

图 8.13　试件 A2400g2.5T6 和 A2400g2.5T6* 的试验结果

表 8.5 汇总了上述试件的试验结果。由式(8.15)计算得到的端部弯曲临界力 P_{max} 与其实测承载力 F_{max} 之间的相对误差在 −10% 到 2% 之间。这表明，本研究所提出的简化理论模型能够准确预测套管构件的端部弯曲临界荷载，并且可以将装配式套管构件等效为无缝套管构件校核内核外伸段的稳定性。

表 8.5　试验结果汇总

试件	F_{max}/kN	F_{max}/N_y	Δ_f/mm	$\theta_{t,f}$/(°)	$\theta_{b,f}$/(°)	P_{max}/kN	P_{max}/F_{max}
A1	107.54	0.39	3.19	2.52	2.68	—	—
S2400g2.5T4	200.13	0.74	11.29	11.72	2.76	205.11	1.02
S2400g8.5T4	189.23	0.65	11.22	10.49	2.89	171.16	0.90
S2400g2.5T6	227.69	0.81	11.55	10.10	3.15	211.38	0.93
S2350g2.5T6	214.15	0.75	7.97	11.46	5.55	207.18	0.97
A2400g2.5T6	220.23	0.79	13.84	10.47	3.38	218.58	0.99
A2400g2.5T6*	227.38	0.80	10.91	9.52	2.47	221.52	0.97

注：F_{max} 表示构件的最大承载力；$N_y=\sigma_y A_c$，为内核屈服荷载；Δ_f 表示 $0.85F_{max}$ 对应的轴向变形；$\theta_{t,f}$ 和 $\theta_{b,f}$ 分别为 $0.85F_{max}$ 作用下内核顶端和底端转角。

8.2　整体稳定分析

文献较多关注了套管构件的屈曲约束机制和结构响应,但是很少关注套管构件的整体稳定性。特别是采用装配式外管加固既有杆件时,如螺栓拼装外管[6],拼装外管作为一种组合构件,其抗弯机理不同于普通无缝圆管[14],对其整体稳定性的影响缺乏评估。屈曲约束支撑的相关研究通常忽略约束系统采用组合截面形式对其整体稳定的影响[12,15-16],因而相关的设计建议与设计方法对于无缝套管构件具有一定的适用性,而在装配式套管构件中的合理性仍需进一步验证。

8.2.1　拼装外管承载力性能与需求

8.2.1.1　屈曲约束机制

图 8.14 给出了采用螺栓拼装外套管加固既有空间结构杆件的示意图。构件包含内核和外管两部分。内核为原空间结构杆件,两端铰接并承受轴向荷载。螺栓拼装外管由无缝钢管加工制成:首先将无缝钢管切割分为两个相同的半圆形;然后在半圆形槽钢边缘焊接耳板,耳板沿长均匀分布;最后使用高强螺栓连接耳板包裹内核。其中高强螺栓与对应耳板组成摩擦型连接件。

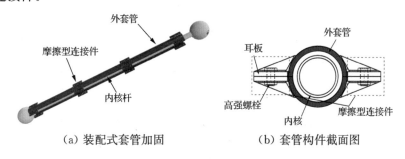

(a) 装配式套管加固　　　　　　(b) 套管构件截面图

图 8.14　装配式套管构件构造示意图

本研究将采用螺栓拼装套管加固的空间压杆称为装配式套管构件,采用无缝套管加固的压杆称为无缝套管构件。图 8.15 给出了装配式套管构件工作机理示意图。当内核在轴压力 P 作用下屈曲并出现较大弯曲变形,导致内核与套管发生接触,其弯曲屈曲变形受外管约束,因而仍具备一定的屈曲后强度。内核与外管间的相互作用分布力为 q。分布力使得装配式外管受弯变形,所承受的弯矩由两片半管单元以及连接件,例如高强螺栓-耳板连接件共同承担,其中连接件主要传递单元间剪力。因而,连接件的力学性能对外管的受弯行为以及套管构件的整体稳定性具有显著影响。

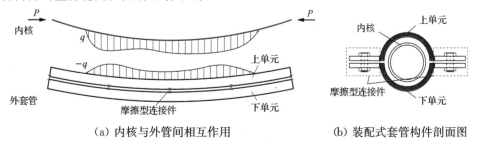

(a) 内核与外管间相互作用　　　　　　(b) 装配式套管构件剖面图

图 8.15　装配式套管构件约束机制

8.2.1.2　拼装外管内力分布

本小节将分析装配式外套管在绕截面弱轴弯矩作用下各组成部分的内力分布。为了简化分析,以下推导过程均基于材料弹性假定。

如图 8.16(a)所示,装配式外管组合截面所受弯矩 M_{ca} 由上下两片对称布置的半管单元承担,根据截面力矩平衡可得:

$$M_{ca} = 2M_{un} + N_{un}e \tag{8.16}$$

式中,M_{un} 和 N_{un} 分别表示半管单元截面所受弯矩和轴向力;e 表示上下半管截面形心之间的距离。

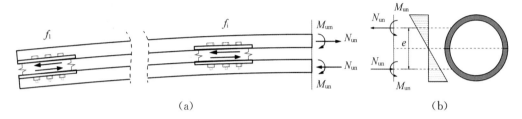

图 8.16　装配式外管内力分布

当摩擦型连接件之间没有相对滑移时,上下半管之间的剪力被完全传递,二者实现理想的组合作用[3],组合截面应变分布满足平截面假定,如图 8.16(b)所示。由于弯矩作用下半管单元与装配式外管的曲率相同,半管单元的截面弯矩 M_{un} 和组合截面弯矩 M_{ca} 之间有如下关系:

$$\frac{M_{ca}}{M_{un}} = \frac{I_{ca}}{I_{un}} \tag{8.17}$$

式中,I_{ca} 表示组合截面的截面惯性矩;I_{un} 为半管单元的截面惯性矩。

然后,将式(8.17)代入式(8.16)可得半管截面轴力 N_{un} 与组合截面弯矩 M_{ca} 之间具有如下关系:

$$\frac{eN_{un}}{M_{ca}} = \frac{I_{ca} - 2I_{un}}{I_{ca}} \tag{8.18}$$

式(8.18)表明任意截面位置处半管单元所受轴力 N_{un} 随着组合截面弯矩 M_{ca} 的增大而增大,而半管所受轴力 N_{un} 与连接件传递的剪力满足纵向的静力平衡,因而 N_{un} 也可表示为:

$$N_{un} = \sum_{j=1}^{i} f_j \tag{8.19}$$

式中,f_j 表示第 j 个连接件间的剪力值;i 表示计算截面与外管端部之间连接件的数量。

可知,单元轴力 N_{un} 增大也使得各连接件的剪力值 f_j 逐渐提高,直至轴力值达到各连接件抗剪承载力的总和。此时,自计算截面至外管端部之间的连接件达到滑移临界状态。将各连接件抗剪承载力 $f_{s,j}$ 代入式(8.19)得到单元轴力 N_{un} 的滑移临界值为 $N_{s,un}$:

$$N_{s,un} = \sum_{j=1}^{i} f_{s,j} \tag{8.20}$$

式中,连接件的抗剪承载力 $f_{s,j}$ 等于摩擦界面的滑移临界力[17],通过下式计算:

$$f_{s,j} = \mu_s n_j N_{b,j} \tag{8.21}$$

式中,n_j 表示第 j 个连接件所用的高强螺栓的数量;$\mu_s = 0.33$,为界面摩擦系数[17],$N_{b,j}$ 表示单个螺栓预紧力。

随后,将式(8.20)计算得到的滑移临界轴力 $N_{s,un}$ 作为单元轴力 N_{un} 代入式(8.18),得到连接件开始滑移时的组合截面弯矩值,称为滑移临界弯矩 M_s:

$$M_s = \frac{I_{ca}e}{I_{ca}-2I_{un}}N_{s,un} \tag{8.22}$$

随着装配式外管截面弯矩 M_{ca} 进一步增大,自计算截面至外管端部的所有连接件均发生相对滑移,如图8.17(a)所示。摩擦型连接件发生相对滑移后,上下半管之间无法实现理想组合作用,组合截面应变分布不满足平截面假定[3]。首先,考虑到上下半管单元之间仅沿界面发生纵向错动,二者的截面曲率仍保持一致,因而上下单元的截面弯矩值 M_{un} 大小始终相等。其次,本章节认为摩擦型连接件在发生界面滑移后,其剪力值 $f_j = f_{s,j}$,保持不变,则单元轴力始终为 $N_{s,un}$。图8.17(b)给出了这一情形下组合截面的应力分布。连接件滑移后组合截面的弯矩值 M_{ca} 可表示为:

$$M_{ca} = 2M_{un} + N_{s,un}e \tag{8.23}$$

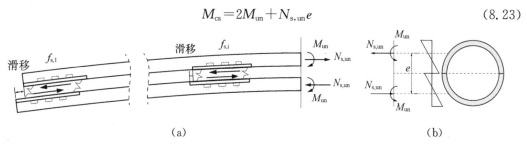

图8.17 连接件滑移后外管内力分布

8.2.1.3 外管抗弯承载能力

在既有的屈曲约束构件整体稳定设计理论中,通常认为外套管进入弹塑性状态后抗弯刚度降低,在 $P\text{-}\Delta$ 效应下弯曲变形加剧,引发构件整体失稳,并基于平截面假定与边缘纤维屈服准则计算外套管的抗弯承载力 M_y。因而,确定螺栓拼装外管的抗弯承载力首先需要分析其截面刚度,从而确定外管受弯失效准则。

8.2.1.2节基于材料弹性假设开展了理论分析。结果表明,在连接件滑移前,即截面弯矩 M_{ca} 小于滑移临界弯矩 M_s,组合截面应变分布满足平截面假定(如图8.16所示),截面惯性矩 I_{ca} 可以通过平行轴定理计算:

$$I_{ca} = 2I_{un} + e^2 A_{un}/2 \tag{8.24}$$

式中,I_{un} 和 A_{un} 分别为半管单元的截面惯性矩与横截面积;e 表示上下半管截面形心之间的距离。

在连接件滑移后,即截面弯矩 M_{ca} 大于滑移临界弯矩 M_s,组合截面应变分布如图8.17所示。其中半管单元轴力 $N_{un} = N_{s,un}$ 以及形心距 e 保持不变,因而弯矩增量仅由上下半管单元分别承担,则连接件滑移后组合截面的截面惯性矩 $I_{u,ca}$ 为:

$$I_{u,ca} = 2I_{un} \tag{8.25}$$

图8.18给出了弹性情况下组合截面弯矩 M_{ca} 与曲率 κ 之间的关系。从中可以清晰看出,连接件发生滑移后,装配式套管组合截面的抗弯刚度出现了显著降低。对于试验中采用的圆环形组合截面[如图8.15(b)所示],连接件滑移将导致组合截面的抗弯刚度降低约 81.06%[$(1-I_{u,ca}/I_{ca})\times100\%$]。可以看出,连接件滑移对于组合截面的抗弯刚度具有主导

作用,因而本研究认为这同样会引发套管构件发生整体失稳。

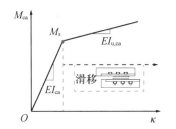

图 8.18   材料弹性条件下装配式外管抗弯刚度

将式(8.20)代入式(8.22)可知,螺栓拼装外管的截面滑移临界弯矩 M_s 与计算截面至外管端部的连接件抗剪承载力 $f_{s,j}$ 的合力有关,如下式所示:

$$M_s = \frac{I_{ca}e}{I_{ca} - 2I_{un}} \sum_{j=1}^{i} f_{s,j} \tag{8.26}$$

当上下半管单元使用多个摩擦型连接件连接时,自外管端部至跨中,各计算截面的连接件数量 i 逐渐增加,其滑移临界弯矩 M_s 也逐渐增大,如图 8.19 所示。图中 x_j 表示第 j 个摩擦型连接件外侧边缘与外管端面的间距。

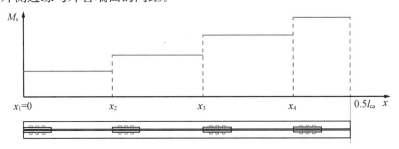

图 8.19   装配式外管滑移临界弯矩分布

结合边缘纤维屈服准则,螺栓拼装外管任意截面的抗弯承载能力应当取该计算截面的屈服弯矩 M_y 和连接滑移弯矩 M_s 的较小值,如图 8.20 所示。则截面抗弯承载力 R_{ca} 可以通过下式计算:

$$R_{ca} = \min(M_y, M_s) \tag{8.27}$$

式中, M_y 表示基于平截面假定计算得到的外管屈服弯矩; M_s 表示滑移临界弯矩,通过式(8.26)计算得到。

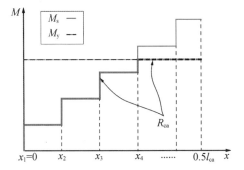

图 8.20   装配式外管抗弯承载力分布

8.2.1.4　外管弯矩分布形式

为了计算外管弯矩分布,采用如图 8.21 所示的力学模型[5]。图中蓝色细实线(y_c)和橙色粗实线(y_{ca})分别表示内核和外套管的挠曲线,黑色虚线(y_0)为二者的初始挠度,$y_0 = e_0\sin(\pi x / l_{ca})$,式中 e_0 表示初弯曲幅值。构件内核承受轴向荷载 P,外套管和内核间的相互作用使用未知分布力 $q(x)$ 表示。

理论推导基于如下假定:① 假设内核和外套管沿全长的抗弯刚度保持一致,其中内核刚度记为 $E_c I_c$,当装配式外套管保持弹性且各连接件无滑移,其截面抗弯刚度为 $E_{ca} I_{ca}$;② 内核发生低阶屈曲变形时对套管构件的整体稳定性最不利,因此假设内核相对外管发生一阶屈曲变形;③ 考虑到内核屈服后抗弯刚度 $E_c I_c$ 显著低于外管截面抗弯刚度 $E_{ca} I_{ca}$,忽略小量可得 $E_c I_c / E_{ca} I_{ca} = 0$。

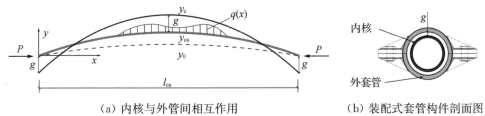

（a）内核与外管间相互作用　　　（b）装配式套管构件剖面图

图 8.21　套管构件整体稳定分析模型

基于内核和外管的剪力平衡可以建立如下微分方程:

$$\begin{cases} E_{ca} I_{ca}(y_{ca} - y_0)^{iv} = -q(x) \\ E_c I_c(y_c - y_0)^{iv} + P y_c'' = q(x) \end{cases} \tag{8.28}$$

根据假定②以及变形协调,内核挠曲线 y_c 和外管挠曲线 y_{ca} 之间有如下关系:

$$y_c - y_{ca} = 2g\sin(\pi x / l_{ca}) - g \tag{8.29}$$

结合式(8.29)可以求解式(8.28)给出的微分方程,得到外管挠曲线 y_{ca},进而可得外管截面弯矩 M_{ca},如下式所示:

$$M_{ca} = -E_{ca} I_{ca}(y_{ca} - y_0)'' = P\frac{e_0 + 2g}{1 - P/P_E}\sin\left(\frac{\pi}{l_{ca}}x\right) \tag{8.30}$$

式中,$P_E = (\pi^2 E_{ca} I_{ca})/l_{ca}^2$,为外管的欧拉屈曲临界荷载;$x$ 为计算截面至外管端部的距离。上式表明,外管弯矩沿管长呈半正弦波形分布,其跨中截面的弯矩值最大。Usami 等人[15]建立了一种不同的理论模型来求解屈曲约束支撑发生整体屈曲变形时约束部件的跨中弯矩,分析结果与式(8.30)保持一致。

8.2.1.5　整体稳定设计方法

本章使用式(8.30)估计轴向荷载 P 作用下外套管的截面弯矩 M_{ca}。由于由式(8.27)得到的截面抗弯承载力 R_{ca} 也呈现自端部向跨中逐渐增大的特点,则为避免外套管受弯失效,其任意截面的抗弯承载力 R_{ca} 均应满足:

$$R_{ca} \geqslant M_{ca} \tag{8.31}$$

结合式(8.27),上式也可表述为:

$$\begin{cases} M_y \geqslant M_{ca} \\ M_s \geqslant M_{ca} \end{cases} \tag{8.32}$$

首先将式(8.30)代入$M_y \geqslant M_{ca}$,可以得到外管任意截面受弯屈服时对应的轴向荷载P,即失效时取等号,其最小值为外套管材料屈服对应的整体失稳临界荷载$P_{cr,y}$:

$$P_{cr,y} = \min\left[\frac{P_E}{1+P_E(e_0+2g)\sin(\pi x/l_{ca})/M_y}\right] \tag{8.33}$$

同样可得连接件滑移对应的整体失稳临界荷载$P_{cr,s}$:

$$P_{cr,s} = \min\left[\frac{P_E}{1+P_E(e_0+2g)\sin(\pi x/l_{ca})/M_s}\right] \tag{8.34}$$

进而,装配式套管构件的整体失稳临界荷载P_{cr}为式(8.33)和式(8.34)计算结果的较小值:

$$P_{cr} = \min(P_{cr,y}, P_{cr,s}) \tag{8.35}$$

考虑到装配式外管通常采用两片等截面半管单元组成,各连接件的抗剪性能一致且沿长均匀分布,针对这一情形将进一步讨论分析。为便于说明,记连接件的抗剪承载力为f_s,相邻连接件的中心距为l_a,因而第j个连接件外侧边缘与外管端部的间距为$x_j=(j-1)l_a$。

图8.22描述了装配式外管的抗弯承载力R_{ca}与截面弯矩M_{ca}之间的关系,图中R_{ca}为组合截面的滑移临界弯矩M_s与屈服弯矩M_y间较小值。为满足式(8.31)以避免构件发生整体失稳,M_{ca}曲线应当始终位于M_y和M_s曲线下方。

首先注意到M_y可通过截面尺寸参数和材料属性计算得到,且为定值,而外管截面弯矩M_{ca}沿长呈半正弦波分布,其最大值位于外管跨中。因此,当M_y满足下式要求时,可以避免外管材料屈服导致套管构件整体失稳:

$$M_y \geqslant M_{ca}(x=0.5l_{ca}) \tag{8.36}$$

将式(8.30)代入式(8.36),取等号得到对应的整体失稳临界荷载$P_{cr,y}$为:

$$P_{cr,y} = \frac{P_E}{1+P_E(e_0+2g)/M_y} \tag{8.37}$$

此外,图8.22中点A_j的横坐标为第j个连接件外边缘位置$x_j=(j-1)l_a$,纵坐标为对应截面的滑移临界弯矩M_s。当$x_j=(j-1)l_a$时,该位置处计算截面与外管端部之间的连接件数量$i=j-1$。将连接件数量$i=j-1$以及抗剪承载力$f_{s,j}=f_s$代入式(8.26)可得:

$$M_s(x=x_j) = (j-1)f_s\frac{I_{ca}e}{I_{ca}-2I_{un}} \tag{8.38}$$

上式表明各A_j点之间满足线性关系,结合截面弯矩M_{ca}沿长呈半正弦波分布的规律可知,为避免连接件滑移导致套管构件整体失稳,只需满足点A_2位于M_{ca}曲线上方,即:

$$f_s\frac{I_{ca}e}{I_{ca}-2I_{un}} \geqslant M_{ca}(x=l_a) \tag{8.39}$$

将式(8.30)代入式(8.39),取等号得到对应的整体失稳临界荷载$P_{cr,s}$为:

$$P_{cr,s} = \frac{P_E}{1+P_E(e_0+2g)\sin\left(\frac{l_a}{l_{ca}}\pi\right)\Big/\left(\frac{I_{ca}-2I_{un}}{f_sI_{ca}e}\right)} \tag{8.40}$$

进而,装配式套管整体失稳临界荷载P_{cr}为式(8.37)和式(8.40)计算结果的较小值。

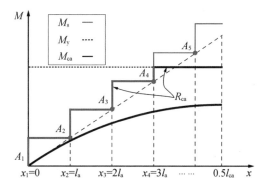

图 8.22　装配式外管的抗弯承载力以及抗弯需求分布

基于上述讨论可以进一步发现,如果避免装配式外管各连接件发生滑移,那么套管构件的整体失稳临界状态将总是由边缘纤维屈服准则确定的,其整体失稳临界荷载 $P_{cr}=P_{cr,y}$ [式(8.37)]。为此,由式(8.40)计算得到的 $P_{cr,s}$ 应当不小于式(8.37)的计算结果 $P_{cr,y}$:

$$\frac{P_{\mathrm{E}}}{1+P_{\mathrm{E}}(e_0+2g)\sin\left(\frac{l_{\mathrm{a}}}{l_{\mathrm{ca}}}\pi\right)\Big/\left(\frac{I_{\mathrm{ca}}-2I_{\mathrm{un}}}{I_{\mathrm{ca}}f_{\mathrm{s}}e}\right)}\geqslant\frac{P_{\mathrm{E}}}{1+P_{\mathrm{E}}(e_0+2g)/M_{\mathrm{y}}} \tag{8.41}$$

整理式(8.41)可得,连接件抗剪承载力 f_{s} 以及中心间距 l_{a} 应当满足下式要求:

$$\frac{f_{\mathrm{s}}}{\sin(\pi l_{\mathrm{a}}/l_{\mathrm{ca}})}\geqslant\frac{I_{\mathrm{ca}}-2I_{\mathrm{un}}}{I_{\mathrm{ca}}}\cdot\frac{M_{\mathrm{y}}}{e} \tag{8.42}$$

值得注意的是,式中连接件中心间距 l_{a} 在大于 $0.5l_{\mathrm{ca}}$ 时取为 $0.5l_{\mathrm{ca}}$,以考虑仅在外管两端布置连接件的情况。

8.2.2　整体失稳试验判别和理论评估

第 7 章已经给出了采用无缝套管构件[14]和装配式管构件[6]的轴向加载试验。本章节选择其中部分试件进一步探究螺栓拼装外管对套管构件变形模式和整体稳定性的影响,如表8.6 所示。

表 8.6　所选试件尺寸参数　　　　单位:mm

编号	试件	l_c	d_c	t_c	l_{ca}	d_{ca}	t_{ca}	g
1	S2400g2.5T4	2 661.00	69.71	4.16	2 397.60	83.56	4.32	2.61
2	S2400g2.5T6	2 660.07	69.83	4.28	2 398.67	89.02	6.36	3.24
3	A2400g2.5T4	2 661.50	69.91	4.24	2 399.93	84.03	4.54	2.52
4	A2400g2.5T6	2 659.70	69.74	4.30	2 401.60	87.72	6.28	2.71
5	A2400g2.5T6*	2 660.67	70.05	4.33	2 400.50	87.61	6.15	2.63
6	A2450g2.5T6	2 660.67	69.89	4.37	2 454.00	87.75	6.27	2.66
7	A2450g2.5T10	2 660.60	70.11	4.40	2 451.17	96.95	10.77	2.65

注:各尺寸参数如图 8.1 所示,上标*表示安装时外管耳板位于套管弯曲屈曲平面内。

8.2.2.1　不同外管抗压性能差异

图 8.23、图 8.24 和图 8.25 给出了各试件的荷载-位移曲线以及荷载-跨中挠度曲线。

荷载-位移曲线的纵轴表示试件所承受的轴向荷载,横轴表示试件的轴压变形。荷载-跨中挠度曲线的横轴表示外管跨中挠度值。图中分别使用符号圆点、三角和方块标识了各试件因为构件整体失稳、内核端部失稳以及耦合破坏[6]导致的抗压强度退化对应的点。试件的峰值承载力记为 F_{max}。

图 8.23 对比了相同尺寸参数的无缝套管构件和装配式套管构件的抗压性能,其中外管的长度 l_{ca}=2 400 mm、壁厚 t_{ca}=4 mm。装配式套管试件发生了整体失稳破坏,无缝套管试件为耦合破坏模式。

图 8.23(a)给出了上述试件的荷载-位移曲线,可以看出,装配式套管构件的抗压承载力(181.38 kN)明显低于无缝套管试件(200.13 kN),相差约 9.37%。图 8.23(b)给出了外管跨中挠度随荷载的变化曲线,可以看出,在轴压力低于 160 kN 时,无缝外管与装配式外管的跨中挠度基本一致,随后螺栓拼装外管的挠度值快速增大,当轴压力达到 181.38 kN 时,装配式外管的跨中挠度达到了 22.89 mm,远大于无缝外管的挠度值 6.99 mm。这表明在套管构件所受轴压较小时,外管弯矩也较小,螺栓拼装外管与同尺寸无缝外管的约束作用基本一致;随着轴压力增加,外管弯矩增大,螺栓拼装外管的约束能力显著低于无缝外管,降低了套管构件的整体稳定性以及抗压承载力。

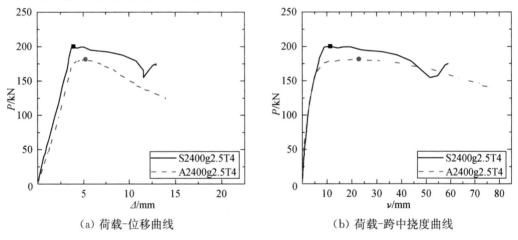

(a) 荷载-位移曲线　　　　　　　　(b) 荷载-跨中挠度曲线

图 8.23　无缝套管与装配式套管对比,t_{ca}=4 mm

图 8.24 则对比了 l_{ca}=2 400 mm、t_{ca}=6 mm 的三组试件的试验结果。其中装配式套管试件 A2400g2.5T6 内核绕外管组合截面的弱轴发生弯曲屈曲,试件 A2400g2.5T6* 内核绕组合截面强轴发生弯曲屈曲。试件 A2400g2.5T6 发生了耦合破坏,试件 S2400g2.5T6 和 A2400g2.5T6* 为内核端部失稳破坏。

由图 8.24 (a)给出的荷载-位移曲线可知,试件 A2400g2.5T6* 的抗压性能与无缝套管试件 S2400g2.5T6 基本一致,二者承载能力几乎相同,F_{max} 分别为 227.38 kN 和 227.69 kN。另外,试件 A2400g2.5T6 的抗压承载力 F_{max}=221.23 kN,略低前两者,相比无缝套管试件 S2400g2.5T6降低约 2.84%。图 8.24(b)给出了三组试件的荷载-跨中挠度曲线,从中可以看出,在峰值荷载 F_{max} 作用下,试件 A2400g2.5T6* 与无缝试件 S2400g2.5T6 的跨中挠度几乎相同,而试件 A2400g2.5T6 的挠度略大。上述荷载-位移和荷载-跨中挠度关系均表明,对于装配式套管,内核绕螺栓拼装外管组合截面弱轴屈曲时,套管构件的抗压性能略低。此外,试验中发现,

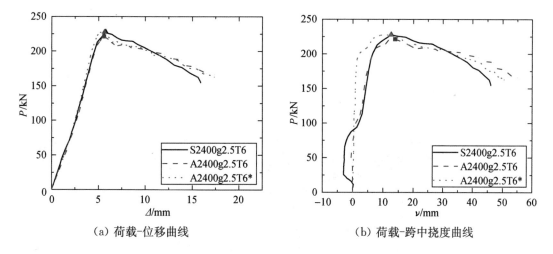

（a）荷载-位移曲线　　　　　　　　（b）荷载-跨中挠度曲线

图 8.24　无缝套管与装配式套管对比，$t_{ca} = 6$ mm

当外管 $l_{ca} = 2\,400$ mm、$t_{ca} = 6$ mm 时，装配式套管与无缝套管的轴线曲线几乎相同，此时套管构件的承载能力主要取决于内核端部稳定性。

图 8.25 中进一步研究了外管壁厚 t_{ca} 对装配式套管抗压性能的影响，相关试件的外管长度更长，$l_{ca} = 2\,450$ mm，从而减小了内核顶端无约束长度。轴压荷载作用下，试件 A2450g2.5T6 发生了整体失稳，试件 A2450g2.5T10 仍为内核端部破坏。如图 8.25（a）所示，当外管壁厚 t_{ca} 由 6 mm 增加至 10 mm，套管构件的抗压承载力 F_{max} 由 221.69 kN 增加至 237.85 kN，提高约 20 kN。同时，在 221.69 kN 轴压力作用下，试件 A2450g2.5T10 的外管跨中挠度也远低于试件 A2450g2.5T6，二者挠度值分别为 3.61 mm 和 17.17 mm。此外，试件 A2450g2.5T10（$t_{ca} = 10$ mm）的荷载-位移曲线中存在一段屈服平台：试件在位移 $\Delta = 5.36$ mm，$P = 221.23$ kN 时出现了明显的刚度降低，直至 $\Delta = 10.52$ mm 时达到峰值承载力 $F_{max} = 237.85$ kN。这表明试件 A2450g2.5T10 在失效前，内核发生了较为充分的轴向塑性变形，其抗压承载力 F_{max} 接近试件内核的全截面屈服荷载（252 kN）。因而，在外管壁厚较厚时，进一步增加壁厚能够显著提高构件的整体稳定性进而提高抗压承载力，但增加壁厚 t_{ca} 对于套管构件延性的改善更值得关注。

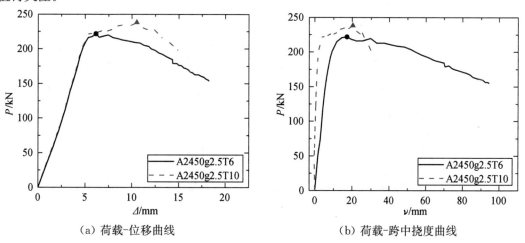

（a）荷载-位移曲线　　　　　　　　（b）荷载-跨中挠度曲线

图 8.25　无缝套管与装配式套管对比，$l_{ca} = 2\,450$ mm

8.2.2.2 变形模式理论解析和应用

图 8.26 给出了所有套管试件失效时的变形图,包括套管构件的整体变形和内核顶端的局部变形。本研究认为试件的抗压强度降低至 $0.85F_{max}$ 时,试件失效[6]。根据试件失效时外套管的弯曲程度和内核顶端的局部集中变形,将试件失效模式分为内核端部失稳(例如 S2400g2.5T6)、整体失稳(例如 A2400g2.5T4),以及两者的耦合破坏(例如 S2400g2.5T4)。

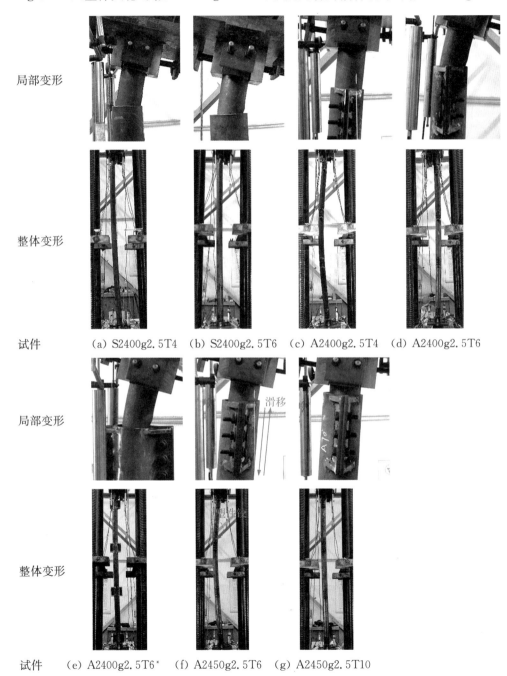

局部变形

整体变形

试件 (a) S2400g2.5T4 (b) S2400g2.5T6 (c) A2400g2.5T4 (d) A2400g2.5T6

局部变形

整体变形

试件 (e) A2400g2.5T6* (f) A2450g2.5T6 (g) A2450g2.5T10

图 8.26 套管构件失效模式汇总

试验中测量了内核顶端转角 θ_t、内核底端转角 θ_b 以及外管跨中挠度 ν,来量化评估套管

构件在轴压荷载 P 作用下的弯曲变形。文献[6]根据试验试件的变形模式,认为试件失效时内核两端转角比值 $\theta_{t,f}/\theta_{b,f} \geqslant 3$ 时,套管构件的内核顶部外伸段发生了严重的集中变形,对应内核端部失稳失效模式。

为了更准确地量化评估外管的弯曲变形,本章建立了如图 8.27 所示的构件弯曲分析模型。图中 l_t 和 l_b 分别表示外套管顶面和底面到对应铰接点的距离,计算 l_t 时考虑了构件失效时的轴压变形 Δ_f。从中可以看出,套管构件失效时,外管跨中实测挠度 v_f 是由两端铰接装置的转动变形以及外管的弯曲变形共同产生的。忽略内核两端外伸区域的弯曲,则受弯导致的外管跨中挠度值可以通过实测挠度 v_f 修正得到,记为弯曲变形挠度 $v_{c,f}$:

$$v_{c,f} = v_f - (l_t\theta_{t,f} + l_b\theta_{b,f})/2 \tag{8.43}$$

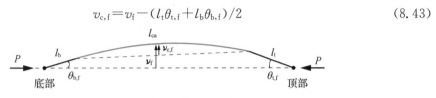

图 8.27　外管跨中挠度修正方法

在屈曲约束系统中,外约束装置所受弯矩可以近似看作正弦分布[5]。基于这一假定,进而能够得到外套管跨中截面受弯屈服所对应的跨中挠度,即受弯屈服挠度 v_y。定义试件失效时外管弯曲变形挠度值 $v_{c,f}$ 与受弯屈服挠度 v_y 的比值为外管变形系数 r,表示如下:

$$r = \frac{\pi^2}{2} \cdot \frac{E_{ca}}{\sigma_{y,ca}} \cdot \frac{d_{ca}v_{c,f}}{l_{ca}^2} \tag{8.44}$$

式中,E_{ca} 为外管钢材的弹性模量;$\sigma_{y,ca}$ 为外管钢材的屈服强度,取值为 $\sigma_{0.2}$。

变形系数 $r \geqslant 1$ 说明试件失效时外管已经屈服且出现了较为明显的弯曲变形,对应整体失稳失效模式。此外,当 $r \geqslant 1$ 且 $\theta_{t,f}/\theta_{b,f} \geqslant 3$ 时,试件为耦合破坏模式。各试件的失效模式判定如图 8.28 所示,图中横坐标为试件编号,与表 8.6 和表 8.7 一致。

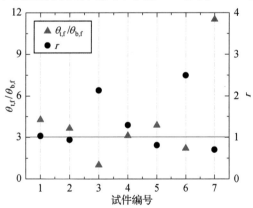

图 8.28　失效模式定义

表 8.7 汇总了各试件的试验结果。基于表中给出的各试件的转角比值 $\theta_{t,f}/\theta_{b,f}$ 与外管变形系数 r,可以进一步分析螺栓拼装外管对套管构件变形、失效模式的影响。

对比试件 S2400g2.5T4 和 A2400g2.5T4 可知,与同尺寸的无缝外管相比,螺栓拼装外管的变形系数 r 更大(2.13>1.03),更易出现弯曲变形,使得装配式套管构件的整体稳定性相对较差。对比试件 S2400g2.5T6 和 A2400g2.5T6 也可以得出相同的结论。这主要是因为螺栓拼装外管的耳板滑移同时削弱了自身的抗弯刚度和抗弯承载力,加速了约束系统的失效。此外,在试件 A2450g2.5T6 的加载过程中发现,顶部耳板出现了肉眼可见的相对滑移,最终外管在第二耳板外侧边缘处受弯屈服,导致构件整体失稳破坏,如图 8.26(f)所示。以上试验现象均表明,外管连接件的性能对装配式套管整体稳定性具有显著影响。

表 8.7　试验结果汇总

编号	试件	P_{max}/kN	Δ_f/mm	ν_f/mm	$\theta_{t,f}$	$\theta_{b,f}$	$\theta_{t,f}/\theta_{b,f}$	r	失效模式
1	S2400g2.5T4	200.13	11.29	48.08	11.72	2.76	4.25	1.03	耦合失稳
2	S2400g2.5T6	227.69	11.55	40.13	10.49	2.89	3.63	0.94	端部失稳
3	A2400g2.5T4	181.38	9.56	63.33	5.20	5.32	0.98	2.13	整体失稳
4	A2400g2.5T6	221.23	13.84	46.94	10.47	3.38	3.10	1.29	耦合失稳
5	A2400g2.5T6*	227.38	10.91	35.61	9.52	2.47	3.85	0.81	端部失稳
6	A2450g2.5T6	217.08	13.71	64.66	8.43	3.87	2.18	2.49	整体失稳
7	A2450g2.5T10	237.85	14.92	30.49	11.73	1.02	11.50	0.70	端部失稳

8.2.2.3　试验与理论结果对比

对于试件套管的圆环形组合截面,半管单元的截面惯性矩 I_{un}、形心间距 e 分别为:

$$I_{un} = \left(\frac{\pi}{16} - \frac{1}{2\pi}\right)(d_{ca} - t_{ca})^3 t_{ca} \tag{8.45}$$

$$e = \frac{2}{\pi}(d_{ca} - t_{ca}) \tag{8.46}$$

式中,d_{ca} 和 t_{ca} 分别为圆环形组合截面的外直径和壁厚。圆环形组合截面的截面惯性矩 I_{ca} 为:

$$I_{ca} = \frac{\pi}{8}(d_{ca} - t_{ca})^3 t_{ca} \tag{8.47}$$

将式(8.45)~(8.47)代入式(8.27),可得组合截面抗弯承载力 R_{ca}:

$$R_{ca} = \frac{\pi}{4} \min\left[\frac{d_{ca}}{t_{ca}}(d_{ca} - t_{ca})^3 \sigma_{y,ca}, (d_{ca} - t_{ca})N_{s,un}\right] \tag{8.48}$$

式中,$\sigma_{y,ca} = \sigma_{0.2}$,为外管钢材的屈服强度;$N_{s,un}$ 为半管单元截面滑移临界力,通过式(8.21)和(8.20)计算得到。试验中使用的 M10 高强螺栓预紧力 N_b 可表示为[18]:

$$N_b = \frac{T_b}{0.146 d_b} \tag{8.49}$$

式中,T_b 为拧紧扭矩,d_b 为螺栓公称直径,本研究中分别取为 32 N·m 和 10 mm。由上式可得 $N_b = 21.92$ kN。

图 8.29 给出了各拼装外管截面抗弯承载力 R_{ca} 的分布,以及在实测峰值荷载 F_{max} 作用下的截面弯矩 M_{ca} 的分布,其中 M_{ca} 通过式(8.30)计算,初弯曲幅值 $e_0 = 0.0005 l_{ca}$。为了便于对比,图中左右纵轴分别为 R_{ca} 和 M_{ca} 与组合截面屈服弯矩 M_y 的比值。

理论计算结果表明,除试件 A2450g2.5T10 外的所有装配式套管试件均存在整体失稳风险,这一结论与试验结果一致:装配式套管试件 A2400g2.5T4、A2400g2.5T6 和

A2450g2.5T6 的外套管均发生了较为严重的弯曲变形($r>1$)。

此外,对于正弦分布的弯矩作用,各装配式套管的危险截面并非跨中截面,而是中部耳板外侧边缘截面。这主要是因为试验中各耳板施加的预紧力较小,组合截面的抗弯承载力 R_{ca} 均是由耳板滑移条件控制的。理论模型准确预测了试件 A2450g2.5T6 的失效模式,如图 8.26(f)所示。其他试件的变形模式与理论结果存在差异,其可能原因是摩擦型高强螺栓连接发生滑移后螺栓接触螺栓孔壁,抗剪承载力进一步提高[19]。

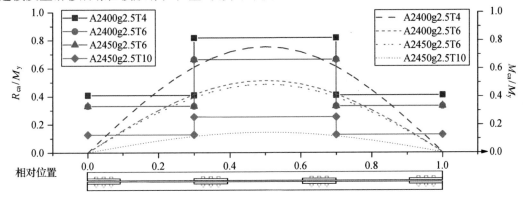

图 8.29　螺栓拼装外管抗弯承载力以及截面弯矩分布

表 8.8 对比了装配式套管试件的整体失稳临界荷载理论值 P_{cr} 与实测承载力 F_{max}。对于所有发生耦合破坏和整体失稳的试件,由式(8.35)得到的预测值与试验结果基本吻合,相对误差小于 10%,且理论计算结果偏于保守,可以应用于装配式套管构件整体稳定性设计。

表 8.8　理论结果与试验结果对比

试件	失效模式	F_{max}/kN	P_{cr}/kN	$(P_{cr}/F_{max}-1)\times100\%$
A2400g2.5T4	整体失稳	181.38	163.52	−9.85
A2400g2.5T6	耦合失稳	221.23	209.12	−5.47
A2450g2.5T6	整体失稳	217.08	210.37	−3.09
A2450g2.5T10	端部失稳	237.85	317.47	33.48

8.3　本章小结

本章根据已开展的无缝外套管和螺栓拼装外套管加固铰接杆件的轴压试验,对比分析了两种套管构件的抗压性能和失效变形特征,分别建立了内核一端外伸、两端铰接条件下套管构件的端部稳定分析模型[1],以及考虑外管连接件滑移的整体稳定理论模型[2],主要结论如下:

(1) 从套管试件试验对比可知,受连接件抗剪性能的影响,装配式外管的抗弯刚度与抗弯承载力均低于同尺寸无缝套管,进而削弱了装配式套管构件的整体稳定性,而装配式套管构件与无缝套管构件的端部稳定性差异较小。

(2) 理论分析结果表明,对于内核一端外伸、两端铰接的套管构件,其外伸段局部稳定性主要与内核截面尺寸、内核外伸段与内核总长的比值 ρ、内核与外管的间隙宽度 g、内核与外管的整体屈曲临界力 P_E 有关。间隙宽度 g 和内核外伸比 ρ 越大、整体屈曲临界力 P_E 越小,则套管构件的端部弯曲风险越高,其中参数 ρ 和 g 的影响更为显著。

(3)套管构件的端部失稳破坏通常是由于内核外伸段在压弯作用下进入塑性引发的,可以采用边缘纤维屈服作为这一失效模式的临界状态;建立了内核外伸段受压屈曲临界荷载计算方法,理论结果与有限元、试验结果的相对误差均小于 10%,可适用于无缝套管构件和具有摩擦型螺栓-耳板拼接外管的装配式套管构件。

(4)提出了装配式套管整体失稳临界状态:外管边缘纤维屈服或连接件滑移。具有多个连接件的装配式外管的截面抗弯承载力沿长变化,这使得套管构件发生整体失稳时,受弯破坏的截面位置取决于截面弯矩和抗弯承载力相对大小;根据装配式外管抗弯承载力分布,提出了装配式套管构件整体失稳临界荷载计算公式,计算结果与试验结果的相对误差小于10%,可用于装配式套管设计以避免发生整体失稳破坏。

(5)针对装配式外管采用两片等截面半管单元,各连接件抗剪性能一致且沿长均匀分布的情况,给出了外管连接件间距以及抗剪承载力的设计建议,此时装配式套管构件的整体稳定性可按无缝套管构件设计。

参考文献

[1] Shi H R,Chen Y,Wang C L,et al. Flexural failure of the unrestrained segment for sleeved compression struts with pinned ends[J]. Thin-Walled Structures,2023,184:110462.

[2] Shi H R,Chen Y,Wang C L,et al. Overall stability analysis of compression struts strengthened with bolted built-up outer casings[J]. Journal of Constructional Steel Research,2023,200:107661.

[3] Phan D K,Rasmussen K J R. Flexural rigidity of cold-formed steel built-up members [J]. Thin-Walled Structures,2019,140:438-449.

[4] Zhao X F,Tan P,Ma H T,et al. Analysis and application of sleeved column considering the extension of the inner core[J]. Thin-Walled Structures,2021,167:108184.

[5] Palazzo G,López-Almansa F,Cahís X,et al. A low-tech dissipative buckling restrained brace. Design,analysis,production and testing[J]. Engineering Structures,2009,31:2152-2161.

[6] Chen Y,Wang C L,Wang C,et al. Experimental study and performance evaluation of compression members in space structures strengthened with assembled outer sleeves [J]. Thin-Walled Structures,2022,173:108999.

[7] Wu J,Liang R,Wang C,et al. Restrained buckling behavior of core component in buckling-restrained braces[J]. International Journal of Advanced Steel Construction,2012,8:212-225.

[8] Dehghani M,Tremblay R. An analytical model for estimating restrainer design forces in bolted buckling-restrained braces[J]. Journal of Constructional Steel Research,2017,138:608-620.

[9] Genna F,Bregoli G. Small amplitude elastic buckling of a beam under monotonic axial

loading,with frictionless contact against movable rigid surfaces[J]. Journal of Mechanics of Materials and Structures,2014,9:441-463.

[10] Yun X,Gardner L. Stress-strain curves for hot-rolled steels[J]. Journal of Constructional Steel Research,2017,133:36-46.

[11] Hoveidae N,Rafezy B. Overall buckling behavior of all-steel buckling restrained braces[J]. Journal of Constructional Steel Research,2012,79:151-158.

[12] Chou C C,Chen S Y. Subassemblage tests and finite element analyses of sandwiched buckling-restrained braces[J]. Engineering Structures,2010,32:2108-2121.

[13] Feng J,Ren S X,Zhang Q,et al. Numerical investigation on the buckling behavior of damaged steel members constrained by outer tubes[J]. Structures,2021,34: 1068 -1079.

[14] 曾滨,许庆,陈映,等. 空间结构压杆的套管加固失效模式试验研究[J]. 工程力学, 2022,39:212-221.

[15] Usami T,Ge H,Kasai A. Overall buckling prevention condition of buckling-restrained braces as a structural control damper[C]. 14th World Conference on Earthquake Engineering,2008.

[16] Zhao J X,Wu B,Ou J P. Effect of brace end rotation on the global buckling behavior of pin-connected buckling-restrained braces with end collars[J]. Engineering Structures,2012, 40:240-253.

[17] Committee R. Specification for structural joints using ASTM A325 or A490 Bolts [S]. AISC Inc,Chicago,Illinois,USA. 2004.

[18] Yu Q M,Yang X J,Zhou H L. An experimental study on the relationship between torque and preload of threaded connections[J]. Advances in Mechanical Engineering, 2018,10(8):1-10.

[19] Grondin G Y,Jin M,Georg J. Slip critical bolted connections: A reliability analysis for design at the ultimate limit state[R]. The American Institute of Steel Construction,2007.

9 耐腐蚀铝合金应用

利用铝合金提高结构及构件在工业环境和沿海环境中的耐久性成为业界关注的焦点。铝合金表面自然生成的氧化铝可作为天然薄膜保护铝合金避免大气中化学腐蚀成分的影响。除了优异的耐腐蚀性能外,铝合金还有很多优点:轻质,密度仅为钢材的三分之一,方便施工;易于加工,构件的截面形状多样;可回收,提供了更大的经济和环境效益。铝合金结构的研究已经比较深入,但铝合金消能器的研究仍相对较少,特别是铝合金屈曲约束构件或耗能杆等消能器很少受到关注。本章拓展了耐腐蚀铝合金的应用,开展了拼装式铝合金屈曲约束构件[1]、挤压式铝合金屈曲约束构件[2]和铝合金竹形耗能杆[3]的系列试验,以期促进铝合金消能器在工业环境和沿海环境中的应用。

9.1 拼装式屈曲约束构件

9.1.1 内核端部拼装式角铝的提出

如图 9.1(a)所示,通常的屈曲约束支撑(BRB)主要由内核部件(BM)、一对通过高强螺栓连接的约束部件(RM)以及包裹 BM 的无黏结材料组成。无黏结材料用于减少 BM 和 RM 之间的摩擦。在系列试验中,主要使用 1 mm 厚的丁基橡胶密封材料作为无黏结材料。如图 9.1(b)所示,BM 和 RM 之间的间隙分别为 d 和 d_0,可容纳无黏结材料。

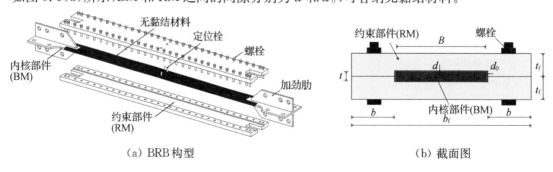

(a) BRB 构型　　　　　　　　　　　　　　(b) 截面图

图 9.1　常用屈曲约束支撑示意

为了提高 BM 在无约束区域的平面外刚度,通过在其两端焊接加劲肋来扩大 BM 端部截面,形成局部弹性段,方便跟结构连接。然而,铝合金 BRB 初探试验表明,其低周疲劳性能主要受加劲肋焊缝的影响。因此,本章提出了拼装式铝合金 BRB,其示意图如图 9.2 所示。与图 9.1 中 BRB 主要区别在于,在 BM 的两端,四个角铝部件放置在 BM 两侧,通过螺栓装配,防止 BM 在无约束区域发生平面外屈曲,也避免了焊接加劲肋对低周疲劳性能的影响。图 9.3 显示了角铝部件的组装过程。为了区分两种类型的铝合金 BRB,端部带有焊接加劲肋的 BRB 称为焊接 BRB,而端部角铝装配的 BRB 称为拼装式 BRB。

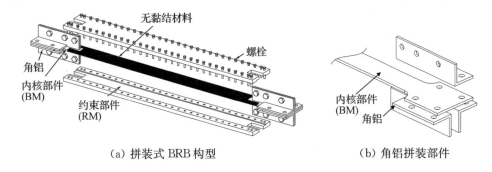

（a）拼装式 BRB 构型　　　　　　　　（b）角铝拼装部件

图 9.2　拼装式铝合金 BRB

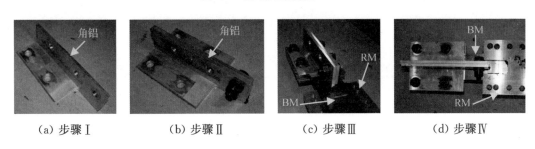

（a）步骤Ⅰ　　　（b）步骤Ⅱ　　　（c）步骤Ⅲ　　　（d）步骤Ⅳ

图 9.3　角铝部件拼装过程

9.1.2　试件设计和加载

图 9.4 给出了焊接 BRB 的 BM 尺寸。拼装式 BRB 的 BM 尺寸与焊接 BRB 相同,但端部焊接加劲肋被四个角铝构件替代,其尺寸如图 9.5 所示。在 BM 中部,将两个圆柱形定位栓点焊到 BM 表面,以防止试验时 BM 和 RM 沿纵向的相对滑动。考虑到铝合金可能与其他材料发生接触腐蚀,所以选择 A6061S-T6 铝合金板来加工所有试件的 RM,设计尺寸如图 9.6 所示。

表 9.1 给出了铝合金 BRB 试件列表及试件实测尺寸。其中,A508-RS-Ⅰ 和 A508-RS 系列试件为焊接 BRB,A606-WS 和 A606-NS 系列试件是拼装式 BRB。试件的命名由三部分组成:第一部分,"A508"或"A606"表示 BM 采用的铝合金型号分别为 A5083P-O 和 A6061S-T6;第二部分,"RS"表示同时焊接了加劲肋和定位栓,"WS"和"NS"分别表示有和没有定位栓;第三部分为加载模式,如"1.0"表示应变幅值为 1‰ 的等幅加载,"I1"或"R1"分别表示不同的变幅加载模式。表 9.2 给出了内核 BM 的材料性能。

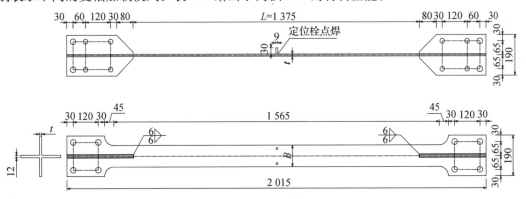

图 9.4　焊接 BRB 内核尺寸(单位:mm)

（a）实物图

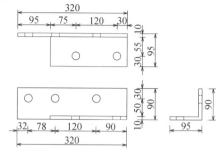
（b）设计尺寸（单位:mm）

图 9.5   角铝构件详图

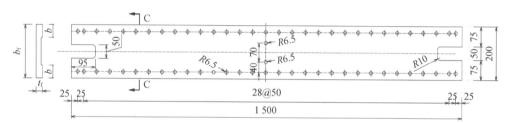

图 9.6   约束构件设计尺寸（单位:mm）

表 9.1   铝合金 BRB 试件实测尺寸和特征

系列	试件	铝材型号	L/mm	B/mm	t/mm	A/mm²	l	P_0/kN	δ_0/mm
A508-RS-Ⅰ	A508-RS-Ⅰ1	A5083P-O	1 375	100.0	10.8	1 080.0	437	105.0	1.83
	A508-RS-Ⅰ2			100.0	10.0	1 000.0	471	97.6	
	A508-RS-Ⅰ3			101.0	10.0	1010.0	472	98.6	
A508-RS	A508-RS-0.5	A5083P-O	1 375	100.0	10.1	1 010.0	472	107.1	2.01
	A508-RS-1.0			100.0	10.1	1 010.0	472	107.1	
	A508-RS-1.5			100.0	10.1	1 010.0	472	107.1	
	A508-RS-2.0			99.9	10.3	1 030.0	463	109.2	
A606-WS	A606-WS-1.0	A6061S-T6	1 375	100.4	10.1	1 017.1	470	255.0	5.10
	A606-WS-2.0			100.1	10.2	1 017.6	469	255.1	
	A606-WS-2.5			100.4	10.1	1 013.7	472	254.1	
	A606-WS-3.0			100.3	10.1	1015.7	470	254.6	
	A606-WS-R1			100.1	10.2	1 017.7	468	255.1	
A606-NS	A606-NS-1.0	A6061S-T6	1 375	100.5	10.3	1 032.1	463	254.4	4.70
	A606-NS-2.0			100.4	10.3	1 030.8	464	254.1	
	A606-NS-2.5			100.2	10.2	1 022.0	467	251.9	
	A606-NS-3.0			100.2	10.1	1 012.2	472	249.5	
	A606-NS-R1			100.3	10.2	1 023.1	467	252.2	
	A606-NS-R2			100.4	10.1	1 014.0	472	250.0	

注：L 为不含十字截面端部的 BM 的屈服段名义长度，B 为宽度，t 为厚度，A 为截面面积，l 为弱轴长细比，P_0 等于 $A\sigma_0$，δ_0 等于 $L\varepsilon_0$。符号 L、B 和 t 在图 9.1(b) 和图 9.4 中说明。

表 9.2　内核部件的材料性能

系列	铝合金型号	E/GPa	$\sigma_{0.2}$/MPa	σ_0/MPa	$\varepsilon_{0.2}$/%	ε_0/%	σ_u/MPa	ε_u/%	ν
A508-RS-Ⅰ	A5083P-O	73.3	122	97.6	0.366	0.133	307	20.9	0.32
A508-RS	A5083P-O	72.4	132	106	0.381	0.146	316	19.9	0.31
A606-WS	A6061S-T6	67.5	278.5	250.7	0.613	0.371	301	9.7	0.32
A606-NS	A6061S-T6	72.1	273.8	246.5	0.58	0.342	300.9	7.82	0.33

注：E 为弹性模量，$\sigma_{0.2}$ 是 0.2% 条件屈服强度，σ_0 分别为 $0.8\sigma_{0.2}$（A5083P-O）和 $0.9\sigma_{0.2}$（A6061S-T6），$\varepsilon_{0.2}$ 为 0.2% 条件屈服强度对应的应变，ε_0 为 σ_0 对应的应变，σ_u 是极限强度，ε_u 是极限应变，ν 是泊松比。

试件的加载装置如图 9.7 所示，铝合金试件水平放置，两端连接在加载钢架上。位移计分别监测试件两端的水平位移并计算得到试件屈服段位移，来作为试件的加载控制位移。图 9.8 给出了以应变表示的试验加载制度。试件加载控制位移为加载应变与屈服段名义长度 L 的乘积。

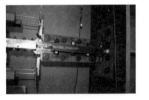

（b）焊接 BRB 端部连接

（a）加载设备　　　　　　　　　　　　（c）拼装式 BRB 端部连接

图 9.7　铝合金 BRB 加载装置

如图 9.8(a) 所示，加载模式 A 是 A508-RS-Ⅰ系列测试中采用的渐增加载制度。第一个加载幅值 $0.5\varepsilon_0$ 被用来测试加载设备和测量装置。在试件 A508-RS-Ⅰ3 的试验中，加载幅值从 ε_0 依次增加 ε_0 至 $10\varepsilon_0$，保持该幅值直到破坏；在试件 A508-RS-Ⅰ1 的试验中，增量 ε_0 被替换为 $\varepsilon_{0.2}$。在试件 A508-RS-Ⅰ2 的试验中，加载幅值增加到 $11\varepsilon_0$，然后从 $11\varepsilon_0$ 下降至 $10\varepsilon_0$，保持该幅值直到破坏。

在其他加载制度中，首先以 $0.5\varepsilon_0$ 和 ε_0 为幅值先后分别加载一个循环来评估设备。如图 9.8(b) 所示，加载模式 B 为等幅加载，直到试件失效。在 A606-WS-R1 和 A606-NS-R1 试件的加载模式 C 中，应变幅值从 ε_0 增加到 1%（n_1 圈）、2%（n_2 圈）和 2.5%，保持 2.5% 幅值直至试件失效，如图 9.8(c) 所示。试件 A606-NS-R2 的加载模式与模式 C 几乎相同，只是加载幅值逐渐减小。

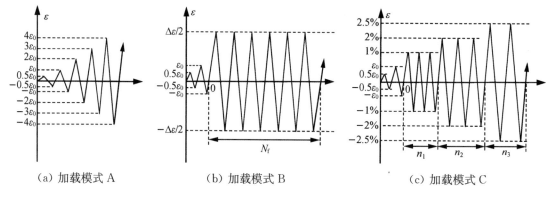

(a) 加载模式 A   (b) 加载模式 B   (c) 加载模式 C

图 9.8　试件加载模式

9.1.3　滞回曲线和失效模式

9.1.3.1　滞回曲线

图 9.9 和图 9.10 给出了所有试件的应力-应变曲线，BRB 受拉时为正向。所有试件在加载过程中都具有稳定的滞回曲线，未发生整体失稳，甚至部分试件的最大应变幅值达到 3%。除试件 A606-NS-R2 外，所有试件在失效前强度迅速下降，当轴向荷载下降超过最大轴力的 10% 后停止加载。其中，试件 A606-NS-R2 以 1% 应变幅值加载到 100 圈后停止加载，以保护加载设备，确保安全。

试件 A508-RS-2.0 和 A606-WS-2.5 的加幅值相对较大，其滞回曲线拉压不对称，受压承载力调整系数约为 1.1～1.15。在相对较小的应变条件下，部分试件的滞回曲线几乎是对称的，如试件 A508-RS-1.0 和 A606-WS-1.0。分析其原因为随着压应变幅度的增加，BM 发生多波变形，与 RM 之间的接触力和摩擦力随之增加。在应变幅较大时，最大压应力与最大拉应力有显著不同。

如图 9.9 所示，A508-RS 系列试件在相等的应变幅值下，第一个滞回环几乎不受应变硬化效应影响，而其他滞回环受到应变硬化效应的影响，承载力逐渐增大。如图 9.10 所示，A606-WS 和 A606-NS 系列试件的所有滞回曲线环几乎没有应变硬化现象，因为内核材料 A6061S-T6 铝合金都进行过热处理，导致 A606-WS 系列与 A508-RS 系列的滞回曲线规律明显不同。

在试件 A606-NS-1.0 滞回曲线中标记了应变滑移，分析原因可能是 BM 和约束角铝之间的滑移所致。然而，在之后的循环加载中未观察到此现象。在试件 A606-NS-2.5 的滞回曲线中，在受压阶段观察到了较小的应力波动，可能是 BM 局部屈曲导致的应力下降。

对比 A508-RS 与 A606-WS 或 A606-NS 系列试件的滞回曲线，可发现应变硬化导致 A5083P-O 铝合金强度提高后与 A6061S-T6 铝合金相当。采用 A5083P-O 铝合金加工 BM 的 BRB 比采用 A6061S-T6 铝合金制造 BM 的 BRB 更快屈服并开始耗能。

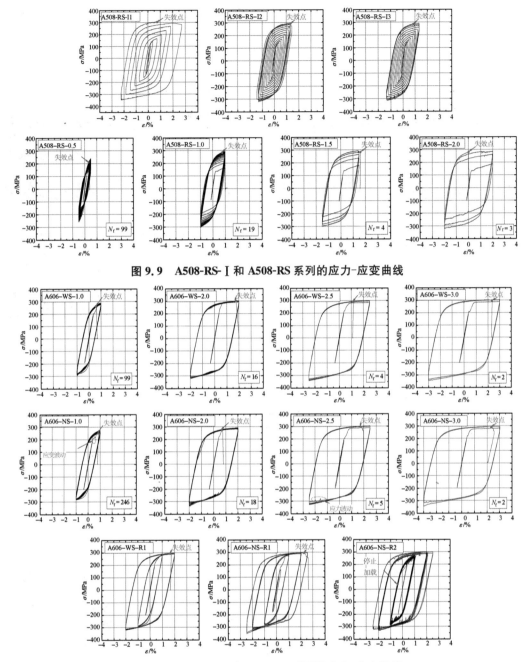

图 9.9　A508-RS-Ⅰ和 A508-RS 系列的应力-应变曲线

图 9.10　A606-WS 和 A606-NS 系列的应力-应变曲线

9.1.3.2　失效位置和形态

图 9.11～图 9.13 给出了所有试件的失效位置和破坏形态。如图 9.11 所示，所有 A508-RS-Ⅰ和 A508-RS 系列试件都在焊接加劲肋端部断裂，但由于加载速度相对较高，无法观察到裂纹扩展。考虑到焊接铝合金 BRB 失效明显受到焊接加劲肋的影响，所以提出了拼装式铝合金 BRB。

如图 9.12 所示，A606-WS 系列试件虽然采用了拼装式角铝部件来避免焊接加劲肋，但是裂纹从定位栓点焊位置开始发展，导致 BM 断裂失效。尽管点焊很小，但对铝合金 BRB

性能仍有显著的不利影响,因此对不带定位栓的拼装式 BRB 进行了试验,如图 9.13 所示。A606-NS 系列试件的断裂随机发生在 BM 的跨中。对比试件 A606-NS-3.0 和 A606-NS-R1,发现在 BM 断裂之前出现颈缩现象。

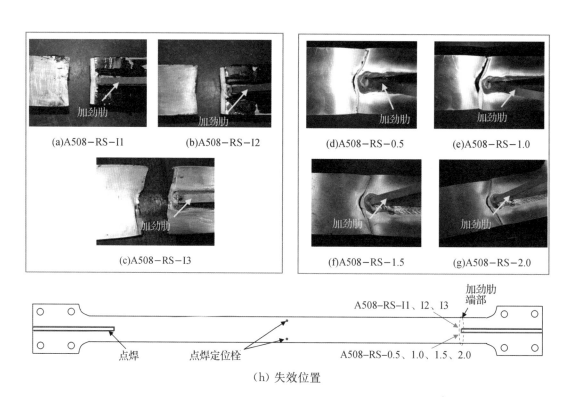

图 9.11　A508-RS-Ⅰ 和 A508-RS 系列试件失效位置和形态

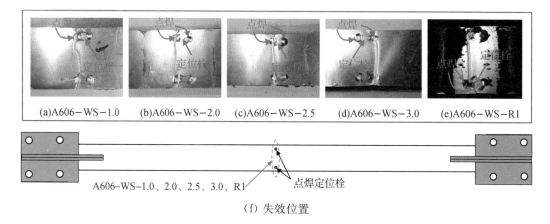

图 9.12　A606-WS 系列试件失效位置和形态

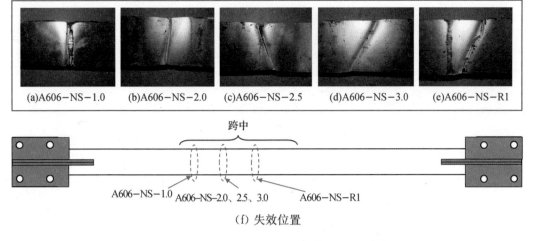

(a)A606-NS-1.0 (b)A606-NS-2.0 (c)A606-NS-2.5 (d)A606-NS-3.0 (e)A606-NS-R1

跨中

A606-NS-1.0 A606-NS-2.0、2.5、3.0 A606-NS-R1

（f）失效位置

图 9.13 A606-NS 系列试件失效位置和形态

9.1.3.3 低周疲劳性能

表 9.3 汇总了所有铝合金 BRB 试验结果。试件 A508-RS-1.0 和 A606-WS-1.0 都是应变幅值 1.0% 的等幅加载，疲劳圈数 N_f 从 19 次增加到 99 次，而对比试件 A508-RS-2.0 和 A606-WS-2.0，疲劳圈数 N_f 则从 3 次增加到 16 次。结合 A508-RS 和 A606-WS 系列的失效模式，可知虽然 BM 的铝合金型号不同，但焊接加劲肋显著降低了铝合金 BRB 的低周疲劳性能，拼装式铝合金 BRB 的低周疲劳强度比焊接 BRB 好得多。

A606-WS 和 A606-NS 系列试件的试验结果表明，随着加载幅值的增加，试件低周疲劳圈数迅速下降，但在相同应变幅值下，二者性能又有不同。例如，与试件 A606-WS-2.0 相比，试件 A606-NS-2.0 的疲劳圈数 N_f 增加到 18 次。但是，试件 A606-WS-3.0 和 A606-NS-3.0 的 N_f 值相同。在变幅加载下，试件 A606-NS-R1 性能优于试件 A606-WS-R1。综上可知，当加载幅值 ≤2.5% 时，与点焊定位栓的拼装式铝合金 BRB 相比，无定位栓的拼装式铝合金 BRB 试件有着更好的低周疲劳性能。

表 9.3 铝合金 BRB 试件试验结果汇总

系列	试件	$\Delta\varepsilon/2/\%$	$\Delta\varepsilon/\%$	N_f	n_i	D	失效位置	加载模式
A508-RS-Ⅰ	A508-RS-Ⅰ1	—	—	—	—	1.644	肋端部	模式 A
	A508-RS-Ⅰ2	—	—	—	—	1.425	肋端部	模式 A
	A508-RS-Ⅰ3	—	—	—	—	1.215	肋端部	模式 A
A508-RS	A508-RS-0.5	0.5	1.0	99	—	1.377	肋端部	模式 B
	A508-RS-1.0	1.0	2.0	19	—	1.718	肋端部	模式 B
	A508-RS-1.5	1.5	3.0	4	—	1.098	肋端部	模式 B
	A508-RS-2.0	2.0	4.0	3	—	1.558	肋端部	模式 B

系列	试件	$\Delta\varepsilon/2/\%$	$\Delta\varepsilon/\%$	N_f	n_i	D	失效位置	加载模式
A606-WS	A606-WS-1.0	1.0	2.0	99	—	1.107	定位栓	模式 B
	A606-WS-2.0	2.0	4.0	16	—	2.057	定位栓	模式 B
	A606-WS-2.5	2.5	5.0	4	—	1.049	定位栓	模式 B
	A606-WS-3.0	3.0	6.0	2	—	1.010	定位栓	模式 B
	A606-WS-R1	1.0	2.0	—	5	0.958	定位栓	模式 C
		2.0	4.0	—	7			
A606-NS	A606-NS-1.0	1.0	2.0	246	—	1.256	跨中	模式 B
	A606-NS-2.0	2.0	4.0	18	—	1.792	跨中	模式 B
	A606-NS-2.5	2.5	5.0	5	—	1.292	跨中	模式 B
	A606-NS-3.0	3.0	6.0	2	—	1.110	跨中	模式 B
	A606-NS-R1	1.0	2.0	—	5	1.654	跨中	模式 C
		2.0	4.0	—	10			
		2.5	5.0	—	2			
	A606-NS-R2	2.5	5.0	—	2	>2.03	无	模式 C
		2.0	4.0	—	10			
		1.0	2.0	—	100			

注：$\Delta\varepsilon/2$ 为加载幅值，$\Delta\varepsilon$ 为应变幅，N_f 为失效圈数，n_i 为 $\Delta\varepsilon_i$ 对应的圈数，D 为累积损伤指数，由式 (9.15)、式(9.16)和式(9.17)可得到。

9.1.4 疲劳寿命评估与预测

9.1.4.1 疲劳曲线

总应变包括弹性应变和塑性应变，Manson-Coffin 方程给出了疲劳圈数 N_f 与各应变范围之间的关系如下[4]：

$$\Delta\varepsilon_e = C_e \cdot (N_f)^{-k_e} \tag{9.1}$$

$$\Delta\varepsilon_p = C_p \cdot (N_f)^{-k_p} \tag{9.2}$$

式中，$\Delta\varepsilon_e$ 为弹性应变幅；$\Delta\varepsilon_p$ 为塑性应变幅；N_f 为失效循环数；C 和 k 为与材料相关的常数。因此，基于总应变的疲劳寿命可表示为：

$$\Delta\varepsilon = C_e \cdot (N_f)^{-k_e} + C_p \cdot (N_f)^{-k_p} \tag{9.3}$$

考虑到弹性应变远小于塑性应变，上式可表示为：

$$\Delta\varepsilon = \overline{C} \cdot (N_f)^{-k} \tag{9.4}$$

根据 A508-RS、A606-WS 和 A606-NS 系列试件的试验结果，通过最小二乘法得到 $\overline{C}$ 和 k 的值，如表 9.4 所示。铝合金 BRB 的 Manson-Coffin 方程如下：

$$\Delta\varepsilon = 0.056 \cdot (N_f)^{-0.371} \quad \text{（焊接 BRB）} \tag{9.5a}$$

$$\Delta\varepsilon = 0.072 \cdot (N_f)^{-0.248} \quad \text{（带定位栓拼装式 BRB）} \tag{9.5b}$$

$$\Delta\varepsilon = 0.070 \cdot (N_f)^{-0.214} \quad \text{(无定位栓拼装式 BRB)} \tag{9.5c}$$

图 9.14(a)给出了焊接 BRB 和拼装式 BRB(带或不带定位栓)的试验结果和低周疲劳曲线。显然,两种拼装式 BRB 的低周疲劳性能优于焊接 BRB,并且加劲肋焊接显著降低了铝合金 BRB 的低周疲劳性能。此外,在小应变幅值下,无定位栓的拼装式 BRB 的疲劳寿命大于带定位栓拼装式 BRB,而在相对较大的应变下,疲劳寿命几乎一致。另一方面,图 9.14(a)给出了钢 BRB 的低周疲劳曲线和试验结果[5]。结果表明,无定位栓的拼装式 BRB 在较小应变幅下疲劳性能高于钢 BRB,但在较大的应变幅下疲劳性能较低。

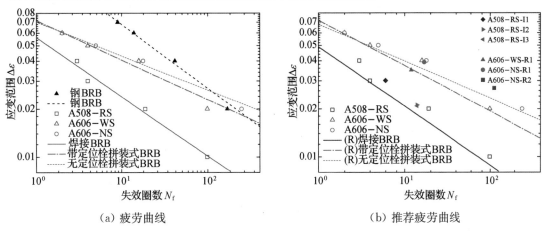

(a) 疲劳曲线　　　　　　　　　(b) 推荐疲劳曲线

图 9.14　金属 BRB 的疲劳曲线对比

表 9.4　疲劳曲线和 Miner 方程常数

系列	铝材型号	$\overline{C}$	k	$\overline{C}^*$	k^*	m[式(9.11)]	C[式(9.11)]
A508-RS	A5083P-O	0.056	0.371	0.049	0.371	2.692	3.4×10^3
A606-WS	A6061S-T6	0.072	0.248	0.072	0.285	2.511	1.0×10^4
A606-NS	A6061S-T6	0.070	0.214	0.068	0.232	4.319	1.1×10^4

通过最小二乘法从试验结果得到标准差,推荐铝合金 BRB 的 Manson-Coffin 方程如下,并在表 9.4 中给出了 $\overline{C}^*$ 和 k^* 的值。

$$\Delta\varepsilon = 0.049 \cdot (N_f)^{-0.371} \quad \text{(焊接 BRB)} \tag{9.6a}$$

$$\Delta\varepsilon = 0.072 \cdot (N_f)^{-0.285} \quad \text{(带定位栓拼装式 BRB)} \tag{9.6b}$$

$$\Delta\varepsilon = 0.068 \cdot (N_f)^{-0.232} \quad \text{(无定位栓拼装式 BRB)} \tag{9.6c}$$

为了在图 9.14(b)中加入变幅加载的试验结果,由式(9.5)和式(9.9)可得等效应变 ε_{eq} 如下[6]:

$$\varepsilon_{eq} = \left(\frac{\sum \varepsilon_i^{1/k} \cdot N_i}{N}\right)^k \tag{9.7}$$

$$N = \sum N_i \tag{9.8}$$

从图 9.14(b)可以看出,除 A606-WS-R1 试件外,所有变幅加载试件都处于推荐疲劳曲线的上方,试件 A606-WS-R1 也接近推荐的疲劳曲线。需要说明的是,上述建议 Manson-Coffin 方程在应用于工程设计之前,仍需要补充少量铝合金 BRB 试验来验证。

9.1.4.2　Miner 法则的应用

定义 $D_i = 1/N_{f,i}$ 为一次应变幅 Δe_i 循环造成的损伤,其中 $N_{f,i}$ 为应变幅 Δe_i 对应的疲劳圈数。因此,整个应变时间历程中的累积损伤可以表示为:

$$D = \sum \frac{n_i}{N_{f,i}} \tag{9.9}$$

式中,n_i 为应变幅 Δe_i 的循环次数;D 为累积损伤指数。当累积损伤达到 1.0 时,构件发生疲劳失效。将式(9.4)代入式(9.9),累积损伤指数与应变范围的关系表示如下:

$$D = \overline{C}^{1/k} \cdot \sum n_i \cdot (\Delta \varepsilon_i)^{1/k} = C \cdot \sum n_i \cdot (\Delta \varepsilon_i)^m \tag{9.10}$$

采用雨流法计算应变幅 Δe_i 对应的频率 n_i[4]。C 和 m 的值列于表 9.4 中。焊接 BRB、带或不带定位栓的拼装式 BRB 的累积损伤可表示为:

$$D_{A508\text{-}RS} = 3.4 \times 10^3 \sum n_i \cdot (\Delta \varepsilon_i)^{2.692} \tag{9.11a}$$

$$D_{A606\text{-}WS} = 1.0 \times 10^4 \sum n_i \cdot (\Delta \varepsilon_i)^{2.511} \tag{9.11b}$$

$$D_{A606\text{-}NS} = 1.1 \times 10^4 \sum n_i \cdot (\Delta \varepsilon_i)^{4.319} \tag{9.11c}$$

式(9.11)可用于验证本章的试验结果。表 9.3 中给出了 A508-RS-I、A508-RS、A606-WS 和 A606-NS 试件的累积损伤指数。除 A606-WS-R1 试样外,所有试件都是安全的。

9.2　挤压式屈曲约束构件

9.2.1　铝合金挤压成型工艺

上文给出了铝合金 BRB 的低周疲劳试验,通过分析也发现了焊接对铝合金低周疲劳性能有显著影响,如何避免焊接影响是铝合金 BRB 生产过程中需要重点考虑的问题。考虑到铝合金特有的挤压成型工艺,可用来制备内核部件 BM,如图 9.15 所示。在挤压成型的十字形截面型铝基础上加工得到了试验用 BM,与图 9.1 所示 BM 相比,避免了加劲肋和定位栓的焊接。

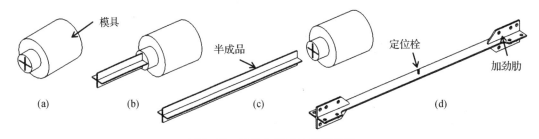

图 9.15　铝合金 BM 的挤压流程

9.2.2　试件设计和加载

图 9.16 给出了 BM 的设计尺寸和实物照片。如图 9.16(c)所示,BM 的加劲肋和定位栓一体成型,避免了焊接。与 9.1.2 节的铝合金 BRB 相比,除了 BM 生产工艺不同,其余部件尺寸和 BRB 装配方式都相同。下文将研究通过挤压成型生产的 BM 与 RM 组装成的 BRB(称为挤压式 BRB)。表 9.5 列出了所有的挤压式铝合金 BRB 试件,命名方式也与

9.1.2节相同。表9.6和表9.7分别给出了试验用铝合金的组分和材料性能。试件的加载装置与9.1.2节中相同,加载制度也基本相同,只不过幅值略有差别。

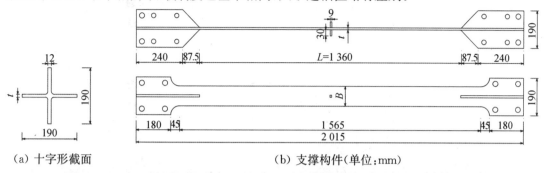

（a）十字形截面　　　　　　　　　　　（b）支撑构件(单位:mm)

（c）实物照片

图 9.16　挤压成型的 BM

表 9.5　挤压式铝合金 BRB 试件实测尺寸和特征参数

系列	试件	L/mm	B/mm	t/mm	A/mm²	λ	P_0/kN	δ_0/mm
EA-WS	EA-WS-R1	1 360	99.9	10.0	999	471	185.4	3.94
	EA-WS-1.0		99.9	10.1	1 009	465	187.3	3.94
	EA-WS-1.5		100.1	10.1	1 011	466	187.6	3.94
	EA-WS-2.0		100.0	10.2	1 020	462	189.3	3.94
	EA-WS-2.5		99.8	10.2	1 018	461	188.9	3.94
	EA-WS-D1		100.1	10.2	1 021	462	189.5	3.94
	EA-WS-D2		100.0	10.1	1 010	466	187.5	3.94
EA-NS	EA-NS-R1		100.1	10.0	1 001	471	185.8	3.94
	EA-NS-1.5		100.1	10.1	1 011	466	187.6	3.94
	EA-NS-2.0		100.2	10.1	1 012	466	187.8	3.94

表 9.6　BM 和 RM 铝合金型号和组分表

型号	化学组分/%							
	Si	Fe	Cu	Mn	Mg	Cr	Zn	Ti
HS63S-T5	0.57	0.21	0.01	0.02	0.76	0.01	0.01	0.02
A6061S-T6	0.08	0.26	0.01	0.02	2.62	0.18	0.02	—

表 9.7　BM 和 RM 铝合金材料性能对比

型号	E/GPa	$\sigma_{0.2}$/MPa	σ_0/MPa	$\varepsilon_{0.2}$/%	ε_0/%	σ_u/MPa	ε_u/%	ν	部件
HS63S-T5	64.9	206.3	185.6	0.52	0.28	230.3	8.02	0.35	BM
A6061S-T6	72.1	273.8	246.5	0.58	0.34	300.9	7.82	0.33	RMs

注：E 为弹性模量，$\sigma_{0.2}$ 是 0.2% 条件屈服强度，σ_0 为 $0.9\sigma_{0.2}$，$\varepsilon_{0.2}$ 为 0.2% 条件屈服强度对应的应变，ε_0 为 σ_0 对应的应变，σ_u 是极限强度，ε_u 是极限应变，ν 是泊松比。

9.2.3　疲劳性能和破坏形态

9.2.3.1　滞回曲线

图 9.17 给出了所有挤压式铝合金 BRB 试件的应力-应变曲线，BRB 的拉伸状态表示为正方向。在所有应变幅值下，即使加载应变值达 2.5%，试件都表现出稳定的循环滞回曲线。在加载应变值较大时，试件 EA-WS-2.0 和 EA-WS-2.5 的滞回环略有不对称。例如，EA-WS-2.0 试样的最大压应力比其最大拉应力大 4.5%。在相同的加载应变值和构件形式下，钢 BRB 的最大压应力比其最大拉应力大 5.7%[5]。此外，应变硬化效应对 BRB 的第一个滞回环影响较小，但对后续滞回环影响较大。结果与钢 BRB[5] 和 A5083P-O 铝合金制造BRB[1] 的试验结果相似。

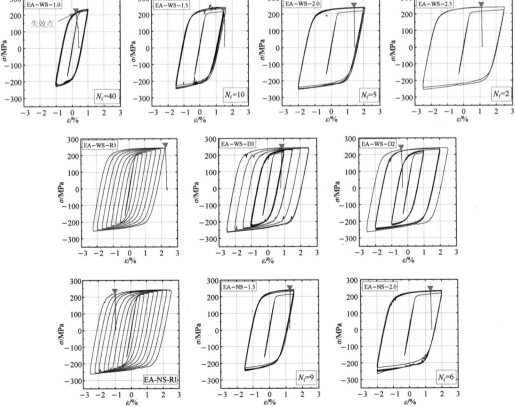

图 9.17　挤压式铝合金 BRB 试件的应力-应变曲线

9.2.3.2　低周疲劳性能

试验对比了定位栓对挤压式 BRB 性能的影响。如表 9.8 所示,在加载应变幅值 1.5%作用下,试件 EA-WS-1.5 和 EA-NS-1.5 的疲劳圈数 N_f 分别为 10 次和 9 次,而在载应变幅值 2%作用下,试件 EA-WS-2.0 和 EA-NS-2.0 的疲劳圈数 N_f 分别为 5 次和 6 次。因此,当挤压式 BRB 水平放置且加载应变幅值≤2.0%时,定位栓对其低周疲劳性能无明显影响。

表 9.8　挤压式铝合金 BRB 试验结果

系列	试件	$\Delta\varepsilon/2/\%$	$\Delta\varepsilon/\%$	N_f	n_i	D	失效位置
EA-WS	EA-WS-R1	—	—	—	—	1.14	中部
	EA-WS-1.0	1.0	2.0	40	—	1.40	左端
	EA-WS-1.5	1.5	3.0	10	—	1.22	中部
	EA-WS-2.0	2.0	4.0	5	—	1.41	右端
	EA-WS-2.5	2.5	5.0	2	—	1.01	中部
	EA-WS-D1	1.0	2.0	—	8	1.88	中部
		1.5	3.0	—	2		
		2.0	4.0	—	1		
		2.5	5.0	—	2		
	EA-WS-D2	1.0	2.0		4	1.72	右端
		2.0	4.0		4		
		2.5	5.0		1		
EA-NS	EA-NS-R1	—	—	—	—	1.45	中部
	EA-NS-1.5	1.5	3.0	9	—	1.09	中部
	EA-NS-2.0	2.0	4.0	6	—	1.70	中部

9.2.3.3　失效模式

图 9.18 为挤压式 BRB 的破坏形态,图 9.19 为在等幅值 2%作用下拼装式铝合金 BRB 和钢 BRB 的破坏形态[1,5]。挤压式 BM 的断裂诱发了试件失效,其破坏位置是随机的。通过对比有无定位栓的试件,发现定位栓对断裂位置和形态没有显著影响。挤压试件的断口比拼装式铝合金试件的断口粗糙得多,造成差异的可能原因是挤压过程中存在的随机缺陷影响了失效模式。图 9.20 对比了铝合金和钢 BRB 试件滞回曲线的最后一个滞回环。铝合金 BRB 的加载速度为 0.15 mm/s,在 BM 断裂瞬间作动器力迅速降为零。但是钢 BRB 破坏时,作动器的力缓慢下降,所以被认为是延性失效,而且从 BM 失效形态也观察到裂缝发展的过程,如图 9.19(b)和图 9.20(c)所示。因此,认为挤压式铝合金 BRB 的破坏为脆性断裂,断裂前未发生明显的颈缩塑性变形。

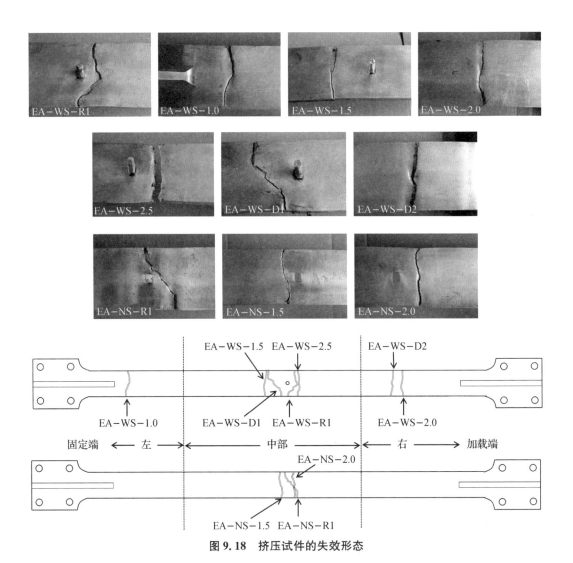

图 9.18　挤压试件的失效形态

（a）拼装式铝合金 BRB [1]　　　（b）钢 BRB [5]

图 9.19　BM 破坏形态

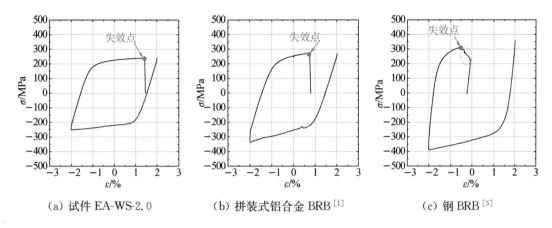

（a）试件 EA-WS-2.0　　　（b）拼装式铝合金 BRB[1]　　　（c）钢 BRB[5]

图 9.20　BRB 试件的最后一圈滞回环

9.2.3.4　疲劳曲线及损伤评估

根据等应变幅值下带定位栓的挤压式 BRB 的试验结果,利用最小二乘法得到 $\overline{C}$ 和 k 的值。挤压式 BRB 的 Manson-Coffin 方程表示为:

$$\Delta\varepsilon = 0.063 \cdot (N_f)^{-0.306} \tag{9.12}$$

如图 9.21(a)所示,部分试件位于式(9.18)的疲劳曲线下方,略有不安全。结合最小二乘法得到的标准差,对挤压式 BRB 的 Manson-Coffin 方程修正为:

$$\Delta\varepsilon = 0.060 \cdot (N_f)^{-0.329} \tag{9.13}$$

根据上式,在图 9.21(a)也加入了变幅加载的试件结果,可以看出变幅加载试件位于式(9.13)推荐的疲劳曲线上方。进一步,图 9.21(b)对比了课题组研究的具有相近构造但材料不同的 BRB 的疲劳曲线[1,5]。挤压式铝合金 BRB 的低周疲劳性能优于焊接铝合金 BRB,但低于拼装式铝合金 BRB 或钢 BRB。

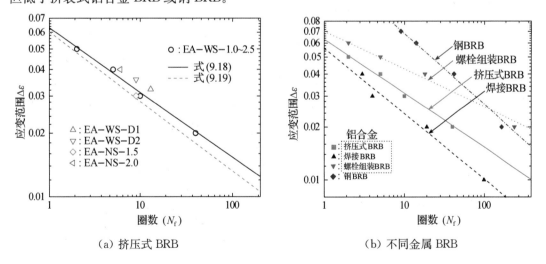

（a）挤压式 BRB　　　　　　　（b）不同金属 BRB

图 9.21　BRB 低周疲劳曲线

根据 9.1.4 节相关推导,也可得到挤压式铝合金 BRB 的累积损伤指数表示为:

$$D = 5.1 \times 10^3 \cdot \sum n_i \cdot (\Delta\varepsilon_i)^{3.04} \tag{9.14}$$

利用试验结果来评估式(9.14)的有效性,累积损伤指数 D 如表 9.8 所示,表明该公式对挤压式铝合金 BRB 的评估是保守而有效的。

9.3 铝合金竹形耗能杆

9.3.1 试件尺寸和加载制度

根据第 6 章提出的小型竹形耗能杆,进一步研发铝合金竹形耗能杆(Aluminum Alloy Bamboo-shaped Energy Dissipater,ABED),其构件设计如图 6.3 所示。在第一批 ABED 试件的低周疲劳试验后,发现竹节弹性应变 ε_e 与竹间塑性应变 ε_p 的比值较大,ABED 试件的弹性应变不能忽略。当不同的 L_{sl}、L_{se} 和竹间数目的 ABED 试件加载至相同的轴向应变时,在 ABED 试件中将产生不同的 ε_p,而为了便于比较不同 ABED 试件间低周疲劳性能的差异,需要控制不同 ABED 试件具有相同的 ε_p。因此第二批次 ABED 试件的设计中,通过调整过渡段长度 L_{tr},始终保持竹间总长 L_p 与竹节、过渡段总长 L_E 的比值为 2.3。但是在试件 S2-L40S20G1-V 中,为了保证过渡段能够提供足够的往复加载空间,L_p 与 L_E 的比值调整为 2,该调整对 ε_p 的影响不大。

表 9.9 给出了所有的 ABED 试件,其命名分为三部分:第一部分中,S1 代表 A6061-S1 批次铝合金,S2 表示 A6061-S2 批次铝合金;中间部分表示 ABED 试件的尺寸,其中 Lx 代表 x mm 的竹间,Sy 代表 y mm 的竹节,S5 代表边竹节为 5 mm 且中竹节为 10 mm,其中竹节保持为 10 mm 是防止中竹节开口造成的应力集中,G1 和 G2 分别表示竹节与外约束套管内壁间隙为 0.5 mm 和 0.25 mm;最后一部分表示试件采用的加载制度,其中 C1、C2 和 C3 分别代表加载幅值为 0.57%、0.86% 和 1.14% 的常幅加载,V 代表变幅加载,括号中的数字表示 ABED 试件竹间的数目,其余不含括号的 ABED 试件均有四个竹间段。以试件 S2-L40S5G1-V(6) 为例,该 ABED 试件由 S2 批次铝合金制作而成,共有 6 个 40 mm 的竹间段,一个 10 mm 的中竹节以及 4 个 5 mm 的边竹节,竹节与外约束套管内壁的间隙大小为 0.5 mm,且试件采用变幅加载制度进行测试。

表 9.9 ABED 试件的竹形内核与外套管实测尺寸

批次	试件编号	d_{sl} /mm	d_{se} /mm	$L_{sl,1}/L_{sl,2}$ /mm	L_{se} /mm	L_{tr} /mm	L_{total} /mm	L_{ct} /mm	d_1 /mm	A_{sl}/A_{se}
S1	S1-L40S20G1-C1	19.0	14.1	19.3/19.3	40.7	30.1	280.9	260.0	0.50	1.8
	S1-L40S20G1-C2	19.0	14.0	19.9/19.9	40.4	30.1	281.5	260.0	0.50	1.8
	S1-L40S20G1-C3	19.0	14.1	19.4/19.4	41.0	30.0	282.2	260.0	0.50	1.8
	S1-L40S20G2-C1	19.5	14.0	19.8/19.8	40.8	29.9	282.4	260.0	0.25	1.9
	S1-L40S20G2-C2	19.4	14.0	19.8/19.8	40.3	29.8	280.2	260.0	0.30	1.9
	S1-L40S20G2-C3	19.5	14.0	19.4/19.4	41.6	30.1	284.8	260.0	0.25	1.9

批次	试件编号	d_{sl} /mm	d_{se} /mm	$L_{sl,1}/L_{sl,2}$ /mm	L_{se} /mm	L_{tr} /mm	L_{total} /mm	L_{ct} /mm	d_1 /mm	A_{sl}/A_{se}
S2	S2-L40S5G1-V	18.9	13.8	10.0/5.0	40.2	24.9	230.6	210.0	0.55	1.9
	S2-L40S5G1-V(6)	19.0	13.9	10.0/5.0	40.1	37.5	345.6	325.0	0.50	1.9
	S2-L60S5G1-V	19.0	13.8	9.8/5.0	60.2	42.5	345.6	325.0	0.50	1.9
	S2-L80S20G1-V(2)	19.1	13.8	20.0/20.0	80.1	25.1	230.4	210.0	0.45	1.9
	S2-L40S20G1-V	18.9	14.0	20.2/20.2	39.6	10.2	239.4	230.0	0.55	1.8
	S2-L60S20G1-V	18.9	13.9	20.1/20.1	59.7	22.5	344.1	325.0	0.55	1.8

注：d_{sl} 是竹节直径；d_{se} 是竹间直径；L_{sl} 是竹节长度；L_{se} 是竹间长度；L_{tr} 是过渡段长度；L_{total} 是不包含两端夹持端的内核总长；L_{ct} 是外约束套管长度。

ABED 试件竖直放置于液压伺服疲劳机上，采用如图 9.22 所示的两种加载制度，定义平均轴向应变为竹节形内核轴向位移除以内核总长 L_{total}。图 9.22 与表 9.10 中的应变幅值 $\Delta\varepsilon$ 表示每一循环加载中的最大应变绝对值，与 9.1 节和 9.2 节略有不同。如图 9.22 所示，正式测试前，试件首先经历 4 圈应变幅值为 0.23% 的常幅加载，用以检验加载测试装置的有效性。在常幅加载（Constant Strain Amplitude，CSA）制度中，共采用三种不同的应变幅值 0.57%、0.86% 和 1.14%，直到破坏。变幅加载（Variable Strain Amplitude，VSA）制度中，应变幅值从 0.312 5% 开始，每个幅值加载两圈，增量为 0.312 5%，增加到 1.25%，最后稳定在 0.937 5% 直至试件破坏。

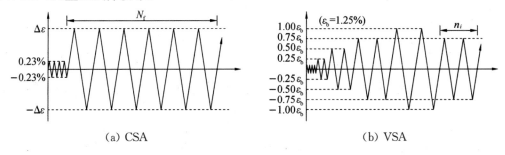

(a) CSA   (b) VSA

图 9.22 ABED 试件加载制度

9.3.2 滞回曲线与变形模式

9.3.2.1 滞回曲线

图 9.23 和图 9.24 给出了所有 ABED 试件的滞回曲线，应力应变正方向表示 ABED 试件拉伸状态。所有试件均表现出稳定的滞回性能，加载全过程无局部或整体屈曲。表 9.10 总结了 ABED 试件的试验结果。

如图 9.23 所示，对比试件 S1-L40S20G1-C1 和 S1-L40S20G2-C1 可以发现，在相对较小的应变幅值下，ABED 的疲劳圈数 N_f 随着竹节与外套管间隙 d_1 的减小而增加了 49%，但对于不同 d_1 的试件 S1-L40S20G1-C2 和 S1-L40S20G2-C2，其疲劳圈数 N_f 相近。对比试件 S1-L40S20G1-C3 和 S1-L40S20G2-C3 也发现 d_1 不同但是疲劳圈数 N_f 相近。由此可见，在相对较小的应变幅值下,更小间隙 d_1 能够提高 ABED 的低周疲劳圈数,但是在相对较大的应变幅值下,性能变化并不明显。

如表 9.10 所示,具有四个竹间段的试件 S2-L40S5G1-V 与具有六个竹间段的试件 S2-L40S5G1-V(6)相比,前者在 VSA 中常幅加载阶段圈数 n_i 仅比后者多两圈,说明竹间数目对于 ABED 试件低周疲劳性能的影响有限。试件 S2-L80S20G1-V(2)与 S2-L40S5G1-V 相比,可认为将试件 S2-L40S5G1-V 的边竹节移至中竹节处,发现试件 S2-L80S20G1-V(2)的 n_i 仅比试件 S2-L40S5G1-V 少两圈。虽然边竹节的移动对于 n_i 的影响有限,但是在试件的设计中,当竹节数量变多时,仍有必要考虑竹节分布的影响。

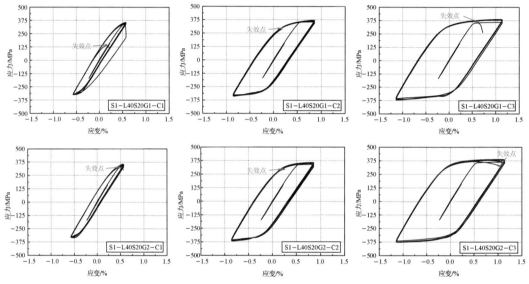

图 9.23 常幅加载下 ABED 试件的滞回曲线

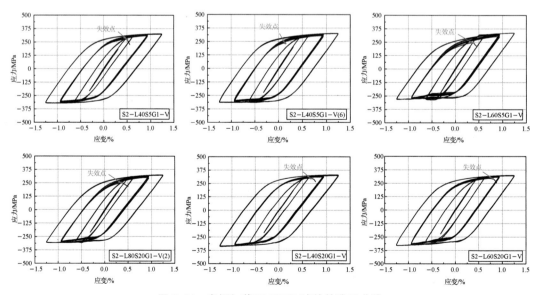

图 9.24 变幅加载下 ABED 试件的滞回曲线

表 9.10　ABED 试验结果汇总

系列	试件	Δε/%	N_f	n_i	CED/(N·m)	接触状态	加载制度
S1	S1-L40S20G1-C1	0.57	53	—	2 657.5	未接触	CSA
	S1-L40S20G1-C2	0.86	23	—	4 404.9	未接触	CSA
	S1-L40S20G1-C3	1.14	7	—	2 539.4	未接触	CSA
	S1-L40S20G2-C1	0.57	79	—	4 181.4	未接触	CSA
	S1-L40S20G2-C2	0.86	24	—	4 713.0	未接触	CSA
	S1-L40S20G2-C3	1.14	6	—	2 219.8	未接触	CSA
S2	S2-L40S5G1-V	—	—	14	3 385.4	未接触	VSA
	S2-L40S5G1-V(6)	—	—	12	4 966.6	未接触	VSA
	S2-L60S5G1-V	—	—	20	6 615.6	接触	VSA
	S2-L80S20G1-V(2)	—	—	12	2 951.5	未接触	VSA
	S2-L40S20G1-V	—	—	20	4 671.3	未接触	VSA
	S2-L60S20G1-V	—	—	14	5 391.1	接触	VSA

注：N_f 是疲劳圈数；n_i 是变幅加载中常幅加载圈数；CED 是累积耗能。

9.3.2.2　破坏位置和形态

各 ABED 试件的破坏形态如图 9.25 所示。对于竹节长为 20 mm 的 ABED 试件，除试件 S1-L40S20G2-C3 以外，其余各试件的破坏面集中于竹间段端部。较为明显的颈缩现象出现在试件 S1-L40S20G2-C3 的竹间段中部。边竹节长度为 5 mm 的 ABED 试件，其破坏一般从竹间段端部或中部开展，破坏面的具体位置受竹间长度影响。具有 5 mm 边竹节和 40 mm 竹间的 ABED 试件，其竹间与外约束套管内壁无接触，试件最终破坏面位于竹间段端部，但是对于具有 5 mm 边竹节和 60 mm 竹间的 ABED 试件，竹间段与外约束套管内壁出现了明显的接触现象，同时试件最终破坏于接触发生处。

中竹节开口处无明显变形与任何破坏迹象，表明开洞未引起 ABED 试件的应力集中破坏，定位栓在加载过程中也未出现明显变形与损坏现象，说明定位栓设置合理，处于有效工作状态。此外，从图 9.25 可以看出，各 ABED 试件的最终破坏面都相当粗糙。

9.3.2.3　内核变形模式

根据 ABED 试件竹形内核的实际变形，针对不同转动模式的竹节，在现有的竹间长度基础上，提出两种不同的竹形内核变形模式，如图 9.26 所示。当竹节转动模式为约束转动时，竹形内核的变形模式为半波变形模式（Half-wave Deformation Mode，HDM），两相邻竹节的竹间段变形可视为相互独立，各个竹间段尚未形成完整波形。当竹节转动模式为自由转动时，竹节形内核将会形成如图 9.27 所示的单波变形模式（Single-wave Deformation Mode，SDM），该种变形模式中，虽然 5 mm 边竹节在外约束套管中能够自由转动且不约束竹间段的转动，但是对于减小竹间段的侧向位移具有显著作用。鉴于此，5 mm 的边竹节和其两边相邻的竹间段将共同为竹形内核中单波的形成提供空间。

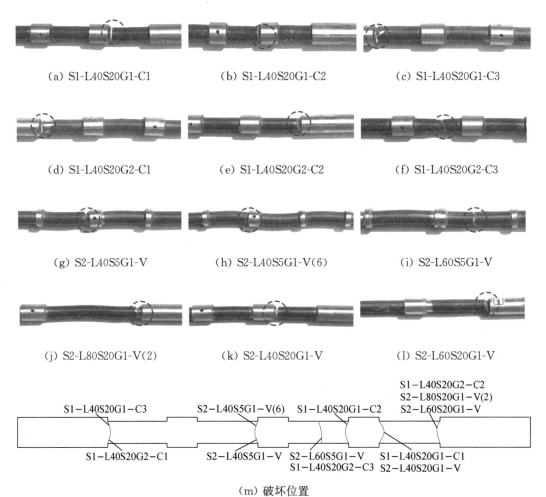

(a) S1-L40S20G1-C1　　(b) S1-L40S20G1-C2　　(c) S1-L40S20G1-C3

(d) S1-L40S20G2-C1　　(e) S1-L40S20G2-C2　　(f) S1-L40S20G2-C3

(g) S2-L40S5G1-V　　(h) S2-L40S5G1-V(6)　　(i) S2-L60S5G1-V

(j) S2-L80S20G1-V(2)　　(k) S2-L40S20G1-V　　(l) S2-L60S20G1-V

（m）破坏位置

图 9.25　ABED 试件破坏位置和形态

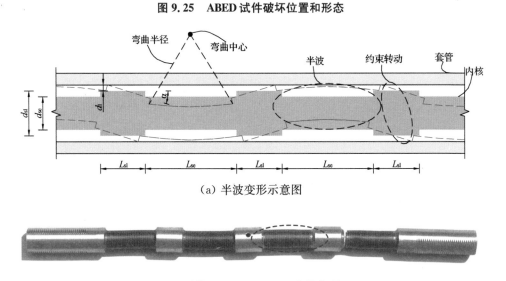

（a）半波变形示意图

（b）试件 S2-L40S20G1-V 内核变形

图 9.26　内核半波变形模式

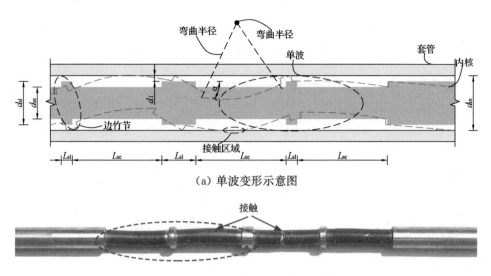

(a) 单波变形示意图

接触

(b) 试件 S2-L60S5G1-V 内核变形

图 9.27　内核单波变形模式

9.3.2.4　承载力调整系数

图 9.28 给出了部分 ABED 试件的承载力调整系数 β。ABED 试件的 β 变化趋势：由于循环硬化的影响[7]，初始加载时 β 值较大，尤以第一圈 β 值最大；随后几圈 β 值逐渐下降，当循环硬化作用稳定后，接触力与摩擦力随着加载圈数的增加逐渐增加，β 值也逐渐增大。除试件 S2-L60S5G1-V 以外，ABED 试件的 β 值约为 1.0，表明 ABED 试件的拉压力基本平衡。

在具有 20 mm 竹节的 ABED 试件中，试件 S2-L60S20G1-V 的 β 值略小于试件 S2-L40S20G1-V，试件 S2-L80S20G1-V（2）的 β 值小于试件 S2-L40S20G1-V 和试件 S2-L60S20G1-V。由此可知当竹节长度为 20 mm 时，β 值随着竹节长度 L_{sl} 的增加而减小。如上节中讨论，5 mm 边竹节连同其两相邻竹间段可视为同一整体，因此可定义试件 S2-L40S5G1-V、S2-L40S5G1-V(6) 和 S2-L60S5G1-V 的有效竹间长度分别为 80 mm、120 mm 和 120 mm。通过对比具有 5 mm 边竹节 ABED 试件的 β 值可发现，试件 S2-L40S5G1-V 的 β 值明显高于试件 S2-L60S5G1-V，表明更大的等效竹间长度导致更小的 β 值。对于具有相同等效竹间长度的试件 S2-L40S5G1-V(6) 和 S2-L60S5G1-V，试件 S2-L40S5G1-V(6) 的 β 值明显大于试件 S2-L60S5G1-V，表明试件 S2-L60S5G1-V 由于竹间段侧向变形较大，刚度下降明显，导致其受压力减小，同时 5 mm 边竹节有效减小竹间段的侧向变形，提高了试件 S2-L40S5G1-V(6) 的 β 值。此外，对比试件 S2-L40S20G1-V 和 S2-L40S5G1-V 的 β 值可以发现，相比于较小竹节，较大的竹节能够提高 ABED 试件的 β 值，同样的规律在试件 S2-L60S20G1-V 和 S2-L60S5G1-V 中也有体现。

基于上述对于 β 值的比较，为控制 ABED 试件的 β 值并设计出拉压相对对称的 ABED 试件，ABED 试件建议设计具有相对较大长度的竹节，较小长度的竹间或较小等效长度的竹间。当 ABED 试件中的竹节较小时，边竹节的数量宜增加。

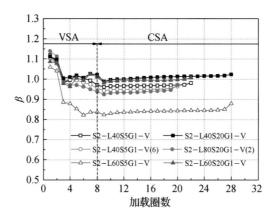

图 9.28　部分 ABED 试件承载力调整系数 β

9.4　本章小结

本章探索了耐腐蚀铝合金在金属阻尼器领域的应用,研发了拼装式铝合金屈曲约束构件[1]、挤压式铝合金屈曲约束构件[2]和铝合金竹形耗能杆(ABED)[3],进行了多组低周往复加载试验,从滞回曲线和失效模式等方面评估了铝合金消能器的性能和存在问题,主要结论如下:

(1) 所有铝合金 BRB 试件都具有稳定的滞回曲线,即使应变幅值高达 3%,均未发生整体屈曲;当加载幅值较小时,滞回环几乎对称;当加载幅值较大时,试件受压承载力较高;当应变幅值≤2%时,拼装式铝合金 BRB 的低周疲劳性能较好,建议了 Manson-Coffin 方程和累积损伤计算公式。

(2) 根据 A508-RS-Ⅰ和 A508-RS 系列试件试验结果,加劲肋焊接显著影响了铝合金 BRB 的低周疲劳性能;对比 A606-WS 和 A606-NS 系列试件的结果,点焊导致拼装式 BRB 的裂缝从点焊趾开始衍生,导致疲劳性能略有降低,不带定位栓的 A606-NS 系列试件具有更好的低周疲劳性能。

(3) 挤压式铝合金 BRB 的内核一体成型,避免了焊接;试验表明其具有稳定的滞回曲线,当试件水平放置且加载幅值小于 2%时,定位栓对试件低周疲劳性能没有明显影响;挤压式 BRB 的断裂位置随机分布在 BM 的屈服段。

(4) 所有 ABED 试件均具有稳定的滞回性能,试件破坏源于材料疲劳断裂;相对较小的竹节与外套管内壁间隙能够提高 ABED 试件的滞回性能,竹间数目的增加对 ABED 低周疲劳性能的影响有限;竹节能够控制 ABED 竹形内核的变形模式,可分为半波变形模式以及单波变形模式。

参考文献

[1] Usami T,Wang C L,Funayama J. Developing high-performance aluminum alloy buckling-restrained braces based on series of low-cycle fatigue tests[J]. Earthquake Engineering & Structural Dynamics,2012,41(4): 643 - 661.

[2] Wang C L,Usami T,Funayama J,et al. Low-cycle fatigue testing of extruded alumin-

ium alloy buckling-restrained braces[J]. Engineering Structures,2013,46: 294 – 301.

[3] Wang C L,Liu Y,Zhou L,et al. Concept and performance testing of an aluminum alloy bamboo-shaped energy dissipater[J]. The Structural Design of Tall and Special Buildings,2018,27(4): e1444.

[4] Stephens R I,Fatemi A,Stephens R R,et al. Metal fatigue in engineering[M]. 2nd ed. New York: John Wiley & Sons,2000.

[5] Usami T,Wang C L,Funayama J. Low-cycle fatigue tests of a type of buckling restrained braces[J]. Procedia Engineering,2011,14: 956 – 964.

[6] Tateishi K,Hanji T,Minami K. A prediction model for extremely low cycle fatigue strength of structural steel[J]. International Journal of Fatigue,2006,29(5): 887 – 896.

[7] Chen Q,Wang C L,Meng S P,et al. Effect of the unbonding materials on the mechanic behavior of all-steel buckling-restrained braces[J]. Engineering Structures,2016,111: 478 – 493.